普通高等教育"十一五"国家级规划教材

Principles and Applications of Transducers

传感器原理及应用

（第2版）

王化祥 张淑英 编著

内 容 提 要

本书以非电量测量技术为主要内容，以信息交换与处理为编写体系，主要适用于少学时选修的非自动化、测控技术与仪器以及电气工程与自动化等专业的学生，学时可安排32学时或28学时。

本书共分为12章，除第1、2章外，其他各章均有一定的独立性。第1、2章介绍了传感器的基本概念及传感器的静、动态特性；第3～10章介绍了一些典型传感器的变换原理、特性、测量电路及应用；第11章介绍了智能传感器和网络传感器的有关内容；第12章介绍了信号变换和抗干扰技术。

本书的内容精练实用、深入浅出，便于读者自学，可作为少学时有关专业的教学用书，也可供从事传感器应用的工程技术人员参考。

本书配套有电子教案，该教案既涵盖"传感器原理及应用"课程的共性知识，又能为教师个性化的教学需要提供参考。

图书在版编目(CIP)数据

传感器原理及应用：少学时 / 王化祥，张淑英编著. —2版. —天津：天津大学出版社，2017.3（2020.8重印）
ISBN 978-7-5618-5792-2

Ⅰ.①传… Ⅱ.①王… ②张… Ⅲ.①传感器－高等学校－教材 Ⅳ.①TP212

中国版本图书馆CIP数据核字(2017)第058484号

出版发行 天津大学出版社
地 址 天津市卫津路92号天津大学内(邮编:300072)
电 话 发行部:022-27403647
网 址 www.tjupress.com.cn
印 刷 天津泰宇印务有限公司
经 销 全国各地新华书店
开 本 185mm×260mm
印 张 14
字 数 359千
版 次 2004年9月第1版 2017年3月第2版
印 次 2020年8月第3次
定 价 29.00元

第 2 版前言

传感器技术(即非电量测量技术)是自动化、测控技术与仪器以及电气工程与自动化等学科主要的专业技术课,也是现代科学技术中的一个重要研究领域。在当今信息时代,随着自动化技术的快速发展,传感器作为获取信息的必要手段,发挥着越来越重要的作用。可以说,没有传感器,便没有现代化的自动测量和控制系统;没有传感器,将不会有现代科学技术的迅速发展。

正是由于传感器技术的重要性,目前国内外均将传感器技术列为优先发展的科技领域之一。国内高校自动化、测控技术与仪器以及电气工程与自动化等学科普遍开设了传感器课程,并将其列为必修课,同时配套有相应的教材和专著。但对于其他学科和专业,目前适用于该课程的教材尚不多见。为此,作者在多年教学科研的基础上,收集整理有关资料,编写了这本教材。

本书主要介绍了一些典型的应用较广泛的传感器,同时根据传感器技术的发展趋势,适当地增加了智能传感器技术有关内容,并补充了相关的例题和习题,使学生通过学习本书,对该课程有较全面的认识和理解。

本书重点放在原理阐述和实际应用介绍上,既保证必要、简明的理论介绍,又结合一定的应用实例,使学生能够举一反三、触类旁通。

本书共分为 12 章,除第 1、2 章外,其他各章均有一定的独立性。第 1、2 章介绍了传感器的基本概念及传感器的静、动态特性;第 3～10 章介绍了一些典型传感器的变换原理、特性、测量电路及应用;第 11 章介绍了智能传感器和网络传感器的有关内容;第 12 章介绍了信号变换和抗干扰技术。学生可以根据情况选学本教材有关内容。本教材主要适用于少学时选修的相关专业,一般可安排 32 学时或 28 学时并可选学相应内容。

本书在编写过程中参阅了国内外相关教材和文献资料,在此向所有参考文献的作者表示诚挚的谢意。

由于作者水平和经验有限,书中的错误和不妥之处在所难免,恳请广大读者批评指教。

本书配套有电子教案,该教案既涵盖“传感器原理及应用”课程的共性知识,又能为教师个性化的教学需要提供参考。如有需要,请以电子邮件联系:zhaosm999@sohu.com。

作者

2017 年 2 月于天津大学

目 录

第1章 绪 论

1.1 传感器的作用

随着现代测量、控制和自动化技术的发展,传感器技术越来越受到人们的重视。特别是近年来,由于科学技术、经济发展及生态平衡的需要,传感器在各个领域中的作用日益显著,尤其是工业生产自动化、能源、交通、灾害预测、安全防卫、环境保护、医疗卫生等领域所开发的各种传感器,不仅可代替人的感官功能,而且在检测人的感官所不能感受的参数方面具有特别突出的优势。例如,冶金工业中连续铸造生产过程中的钢包液位检测,高炉铁水硫、磷含量分析等方面需要各种各样的传感器为操作人员提供可靠的数据。又如,用于工厂自动化柔性制造系统(Flexible Manufacturing System,FMS)中的机械手或机器人可实现高精度在线实时测量,从而保证了产品的产量和质量。在微型计算机广为普及的今天,如果没有各种类型的传感器提供可靠、准确的信息,计算机控制便难以实现。因此,近几年来传感器技术的应用研究在许多工业发达的国家中已经得到普遍重视。

1.2 传感器及传感技术

传感器(Transducer 或 Sensor)是将各种非电量(包括物理量、化学量、生物量等)按一定规律转换成便于处理和传输的另一种物理量(一般为电量)的装置。

过去人们习惯于把传感器仅作为测量工程的一部分加以研究。但是自 20 世纪 60 年代以来,随着材料科学的发展和固体物理效应的不断发现,传感器技术已形成了一个新型的科学技术领域,并建立了一套完整、独立的科学体系——传感器工程学。

传感技术是一门利用各种功能材料实现信息检测的应用技术。它是检测(传感)原理、材料科学、工艺加工等三个要素结合的产物。检测(传感)原理指传感器工作时所依据的物理效应、化学反应和生物反应等机理,各种功能材料则是传感技术发展的物质基础。从某种意义上讲,传感器也就是能感知外界各种被测信号的功能材料。传感技术的研究和开发,不仅要求原理正确、选材合适,而且要求有先进、高精度的加工装配技术。除此之外,传感技术还包括研究如何更好地将传感元件用于各个领域的所谓传感器软件技术,如传感器的选择、标定以及接口技术等。总之,随着科学技术的发展,传感技术的研究开发范围正在不断扩大。

1.3 传感器的组成

传感器一般由敏感元件、转换元件和测量电路三部分组成,有时还需要加辅助电源。其组成可用方框图表示，见图 1-1。

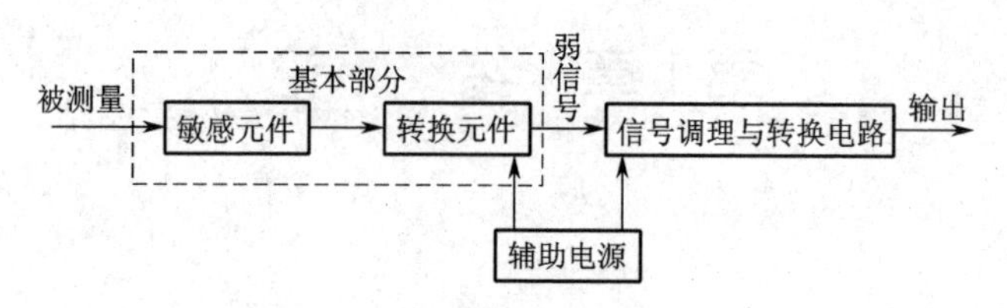

图 1-1　传感器的组成方框图

(1)敏感元件(预变换器)

在完成非电量到电量的变换时，并非所有的非电量均能利用现有手段直接变换为电量，往往是将被测非电量预先变换为另一种易于变换成电量的非电量，然后再变换为电量。能够完成预变换的器件称为敏感元件，又称为预变换器。如在传感器中各种类型的弹性元件常被称为敏感元件，并统称为弹性敏感元件。

(2)转换元件

将感受到的非电量直接转换为电量的器件称为转换元件，如压电晶体、热电偶等。

需要指出的是，有的传感器包括敏感元件和转换元件，如热敏电阻、光电器件等；而另外一些传感器，其敏感元件和转换元件可合二为一，如固态压阻式压力传感器等。

(3)信号调理与转换电路

信号调理与转换电路将转换元件输出的电信号放大并转变成易于处理、显示和记录的信号。信号调理与转换电路的类型视传感器的类型而定，通常采用的有电桥电路、高阻抗输入电路和振荡器电路等。

(4)辅助电源

电源的作用是为传感器提供能源。需要外部接电源的传感器称为无源传感器，不需要外部接电源的传感器称为有源传感器。如电阻式、电感式和电容式传感器是无源传感器，工作时需要外部电源供电；而压电传感器、热电偶为有源传感器，工作时不需要外部电源供电。

1.4　传感器的分类

传感器的种类很多，常采用的分类方法有如下几种。

(1)按输入量分类

当输入量分别为温度、压力、位移、速度、加速度、湿度等非电量时，则相应的传感器称为温度传感器、压力传感器、位移传感器、速度传感器、加速度传感器、湿度传感器等。这种分类方法便于使用者根据测量对象选择所需要的传感器。

(2)按测量原理分类

现有传感器的测量原理主要是基于电磁原理和固体物理学理论。如根据变电阻的原理，相应地有电位器式、应变式传感器；根据变磁阻的原理，相应地有电感式、差动变压器式、电涡流式传感器；根据半导体有关理论，则相应地有半导体力敏、热敏、光敏、气敏等固态传感器。

(3)按结构型和物性型分类

所谓结构型传感器,主要是通过机械结构的几何形状或尺寸的变化,将外界被测参数转换成相应的电阻、电感、电容等物理量的变化,从而检测出被测信号,这种传感器目前应用得较为普遍。物性型传感器则利用材料本身物理性质的变化而实现测量,它是以半导体、电介质、铁电体等作为敏感材料的固态器件。

1.5　传感器的发展趋势

近年来,由于半导体技术已进入超大规模集成化阶段,各种制造工艺和材料性能的研究已达到相当高的水平。这为传感器的发展创造了极为有利的条件。从发展前景来看,它具有以下几个发展趋势。

(1)传感器的固态化

物性型传感器亦称固态传感器,它包括半导体、电介质和强磁性体三类,其中半导体传感器的发展最引人注目。它不仅灵敏度高、响应速度快、小型轻量,而且便于实现传感器的集成化和多功能化。如目前最先进的固态传感器,在一块芯片上可同时集成差压、静压、温度三个传感器,使差压传感器具有温度和压力补偿功能。

(2)传感器的集成化和多功能化

随着传感器应用领域的不断扩大,借助半导体的蒸镀技术、扩散技术、光刻技术、精密细微加工及组装技术等,传感器已经从单个元件、单一功能向集成化和多功能化方向发展。所谓集成化,就是利用半导体技术将敏感元件、信息处理或转换单元以及电源等部件制作在同一块芯片上,如集成压力传感器、集成温度传感器、集成磁敏传感器等。多功能化则意味着传感器具有多种参数的检测功能,如半导体温湿敏传感器、多功能气体传感器等。

(3)传感器的图像化

目前,传感器的应用已从对某一点物理量的测量转向对一维、二维甚至三维空间的测量。现已研制成功的二维图像传感器,有 MOS 型、CCD 型、CID 型全固体式摄像器件等。

(4)传感器的智能化

智能传感器是一种带有微型计算机兼有检测和信息处理功能的传感器。它通常将信号检测、驱动回路和信号处理回路等外围电路全部集成在一块基片上,从而具有自诊断、远距离通信、自动调整零点和量程等功能,表明其向智能化方向前进了一大步。

(5)传感器的网络化

微电子技术、计算技术和无线通信技术等的进步,推动了低功耗、多功能传感器的快速发展,使其在微小体积内能够集成信息采集、数据处理和无线通信等多种功能。无线传感器网络(Wireless Sensor Network, WSN)就是由部署在监测区域内大量的廉价微型传感器节点组成,通过无线通信方式形成的一个多跳的自组织的网络系统,其目的是协同感知、采集和处理网络覆盖区域中感知对象的信息,并发送给观察者。传感器、感知对象和观察者构成了传感器网络的三个要素。如果说 Internet 构成了逻辑上的信息世界,改变了人与人之间的沟通方式,那么无线传感器网络则是将逻辑上的信息世界与客观上的物理世界融合在一起,改变了人类与自然界的交互方式。人们可以通过无线传感器网络直接感知客观世界,从而极大地扩展现有网络的功能和人类认识世界的能力。

第2章 传感器的一般特性

传感器的输入量可分为静态量和动态量两类。静态量指处于稳定状态的信号或变化极其缓慢的信号(准静态)。动态量通常指周期信号、瞬变信号或随机信号。无论对动态量或静态量,传感器输出电量都应当不失真地复现输入量的变化。这主要取决于传感器的静态特性和动态特性。

2.1 传感器的静态特性

在被测量的各个值处于稳定状态时,传感器输出量和输入量之间的关系称为静态特性。

通常,要求传感器在静态情况下的输出—输入关系保持线性。实际上,其输出量和输入量之间的关系(不考虑迟滞及蠕变效应)可由下列方程式确定:

$$Y=a_0+a_1X+a_2X^2+\cdots+a_nX^n \tag{2-1}$$

式中 Y——输出量;

X——输入量;

a_0——零位输出;

a_1——传感器的灵敏度,常用 K 表示;

$a_2,a_3,\cdots,a_n$——非线性项待定常数。

由式(2-1)可见,如果 $a_0=0$,表示静态特性曲线通过原点。此时静态特性曲线是由线性项(a_1X)和非线性项($a_2X^2,\cdots,a_nX^n$)叠加而成的,一般可分为以下四种典型情况。

①理想线性[见图 2-1(a)]:

$$Y=a_1X \tag{2-2}$$

②具有 X 奇次阶项的非线性[见图 2-1(b)]:

$$Y=a_1X+a_3X^3+a_5X^5+\cdots \tag{2-3}$$

③具有 X 偶次阶项的非线性[见图 2-1(c)]:

$$Y=a_1X+a_2X^2+a_4X^4+\cdots \tag{2-4}$$

④具有 X 奇、偶次阶项的非线性[见图 2-1(d)]:

$$Y=a_1X+a_2X^2+a_3X^3+a_4X^4+\cdots \tag{2-5}$$

由此可见,除图 2-1(a)为理想线性关系外,其余均为非线性关系。其中,具有 X 奇次阶项的曲线图 2-1(b),在原点附近一定范围内基本上具有线性特性。

实际应用中,若非线性项的方次不高,则在输入量变化不大的范围内,用切线或割线代替实际的静态特性曲线的某一段,使传感器的静态特性接近于线性,这称为传感器静态特性的线性化。在设计传感器时,应将测量范围选取在静态特性最接近直线的一小段,此时原点可能不在零点。以图 2-1(d)为例,如取 ab 段,则原点在 c 点。传感器静态特性的非线性,使其输出不能成比例地反映被测量的变化情况,而且对动态特性也有一定影响。

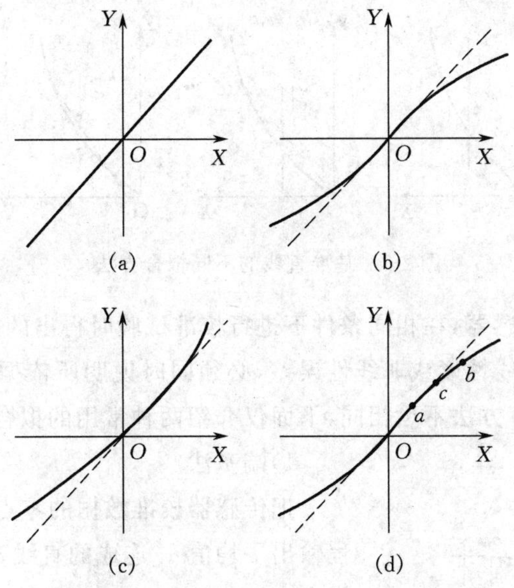

图 2-1 传感器的四种典型静态特性

(a)理想线性 (b)具有 X 奇次阶项的非线性

(c)具有 X 偶次阶项的非线性 (d)具有 X 奇、偶次阶项的非线性

传感器的静态特性是在静态标准条件下测定的。在标准工作状态下，利用一定精度等级的校准设备，对传感器进行往复循环测试，即可得到输出、输入数据。将这些数据列成表格，再画出各被测量值(正行程和反行程)对应输出平均值的连线，即为传感器的静态校准曲线。

传感器静态特性的主要指标有以下几个。

(1)线性度(非线性误差)

在规定条件下，传感器校准曲线与拟合直线间最大偏差与满量程(F·S)输出值的百分比称为线性度(见图 2-2)。

用 δ_L 代表线性度，则

$$\delta_L = \pm\frac{\Delta Y_{max}}{Y_{F \cdot S}} \times 100\% \tag{2-6}$$

式中 ΔY_{max}——校准曲线与拟合直线间的最大偏差；

$Y_{F \cdot S}$——传感器满量程输出，$Y_{F \cdot S} = Y_{max} - Y_0$。

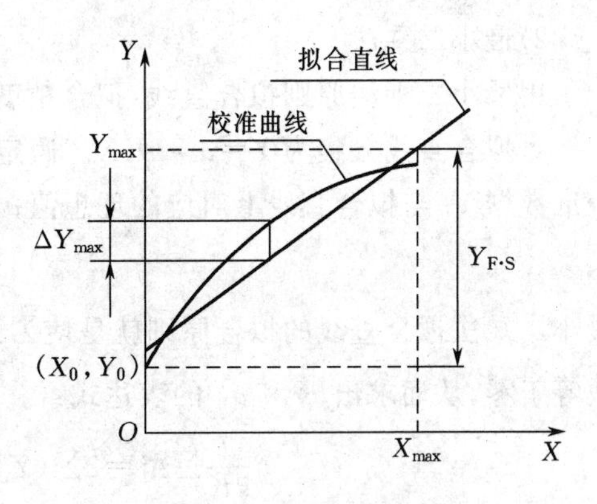

图 2-2 传感器的线性度

由此可知，非线性误差是以一定的拟合直线或理想直线为基准直线算出来的。因而，基准直线不同，所得线性度就不同，见图 2-3。

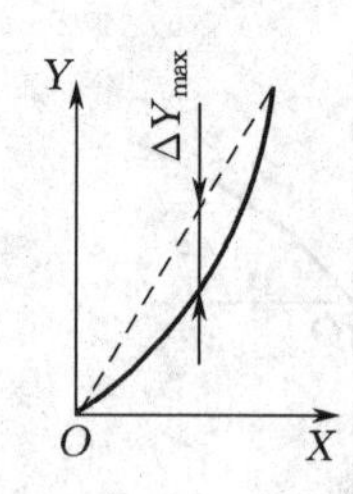

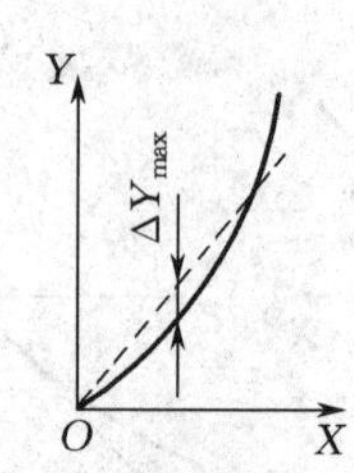

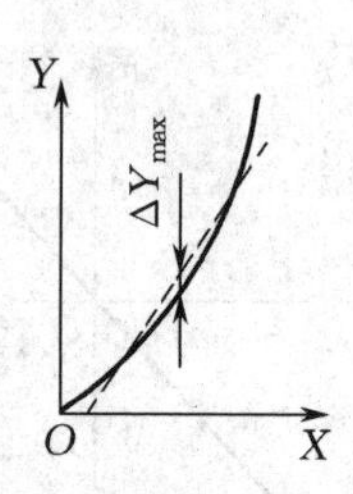

图 2-3　基准直线的不同拟合方法

应当指出，对同一传感器，在相同条件下进行校准试验时得出的非线性误差不会完全一样。因而，不能笼统地说线性度或非线性误差，必须同时说明所依据的基准直线。目前，国内外关于拟合直线的计算方法不尽相同，下面仅介绍两种常用的拟合基准直线的方法。

1）端基法

把传感器校准数据的零点输出平均值 a_0 和满量程输出平均值 b_0 连成的直线 a_0b_0 作为传感器特性的拟合直线（见图 2-4）。其方程式为

$$Y=a_0+KX \tag{2-7}$$

式中　Y——输出量；

X——输入量；

a_0——Y 轴上截距；

K——直线 a_0b_0 的斜率。

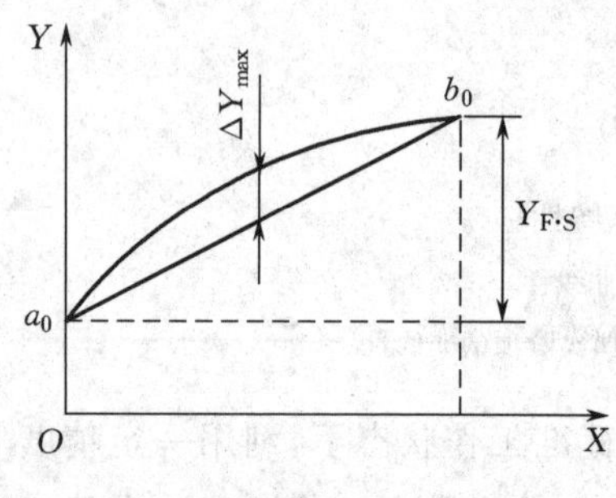

图 2-4　端基线性度拟合直线

由此得到端基法拟合直线方程，按式(2-6)可算出端基线性度。这种拟合方法简单直观，但是未考虑所有校准点数据的分布，拟合精度较低，一般用在特性曲线非线性度较小的情况。

2）最小二乘法

用最小二乘法原则拟合直线，拟合精度最高。其计算方法如下。

令拟合直线方程为 $Y=a_0+KX$。假定实际校准点有 n 个，在 n 个校准数据中，任一个校准数据 Y_i 与拟合直线上对应的理想值 a_0+KX_i 间线差为

$$\Delta_i=Y_i-(a_0+KX_i) \tag{2-8}$$

最小二乘法拟合直线的拟合原则就是使 $\sum_{i=1}^{n}\Delta_i^2$ 为最小值，亦即使 $\sum_{i=1}^{n}\Delta_i^2$ 对 K 和 a_0 的一阶偏导数等于零，从而求出 K 和 a_0 的表达式：

$$\frac{\partial}{\partial K}\sum\Delta_i^2=2\sum(Y_i-KX_i-a_0)(-X_i)=0$$

$$\frac{\partial}{\partial a_0}\sum\Delta_i^2=2\sum(Y_i-KX_i-a_0)(-1)=0$$

联立求解以上二式，可求出 K 和 a_0，即

$$K=\frac{n\sum_{i=1}^{n}X_iY_i-\sum_{i=1}^{n}X_i\cdot\sum_{i=1}^{n}Y_i}{n\sum_{i=1}^{n}X_i^2-(\sum_{i=1}^{n}X_i)^2} \tag{2-9}$$

$$a_0=\frac{\sum_{i=1}^{n}X_i^2\cdot\sum_{i=1}^{n}Y_i-\sum_{i=1}^{n}X_i\cdot\sum_{i=1}^{n}X_iY_i}{n\sum_{i=1}^{n}X_i^2-(\sum_{i=1}^{n}X_i)^2} \tag{2-10}$$

式中　n——校准点数。由此得到最佳拟合直线方程，由式(2-6)可算得最小二乘法线性度。

通常采用差动测量方法减小传感器的非线性误差。例如，某位移传感器特性方程式为

$$Y_1=a_0+a_1X+a_2X^2+a_3X^3+a_4X^4+\cdots$$

另有一个与之完全相同但感受相反方向位移的位移传感器，其特性方程式为

$$Y_2=a_0-a_1X+a_2X^2-a_3X^3+a_4X^4-\cdots$$

在差动输出情况下，其特性方程式可写成

$$\Delta Y=Y_1-Y_2=2(a_1X+a_3X^3+a_5X^5+\cdots) \tag{2-11}$$

可见采用此方法后，由于消除了 X 偶次项而使非线性误差大大减小，灵敏度提高一倍，零点偏移也消除了，因此差动式传感器得到了广泛应用。

(2)灵敏度

传感器的灵敏度指到达稳定工作状态时输出变化量与引起此变化的输入变化量之比。由图 2-5 可知，线性传感器校准曲线的斜率就是静态灵敏度 K，其计算式为

$$K=\frac{\text{输出变化量}}{\text{输入变化量}}=\frac{\Delta Y}{\Delta X} \tag{2-12}$$

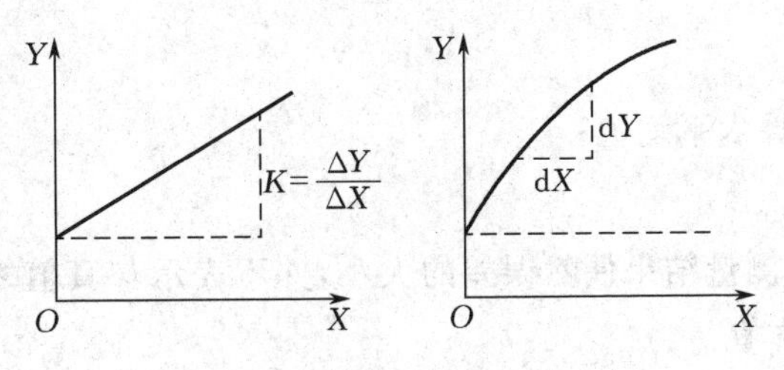

图 2-5　传感器灵敏度的定义

非线性传感器的灵敏度用 $\mathrm{d}Y/\mathrm{d}X$ 表示，其数值等于所对应的最小二乘法拟合直线的斜率。

(3)迟滞

迟滞是指在相同工作条件下作全测量范围校准时，在同一次校准中对应同一输入量的正行程和反行程，其输出值间的最大偏差(见图 2-6)。其数值用最大偏差或最大偏差的一半与满量程输出值的百分比表示，即

$$\delta_h=\pm\frac{\Delta H_{max}}{Y_{F\cdot S}}\times100\% \tag{2-13}$$

或

$$\delta_h=\pm\frac{\Delta H_{max}}{2Y_{F\cdot S}}\times100\% \tag{2-14}$$

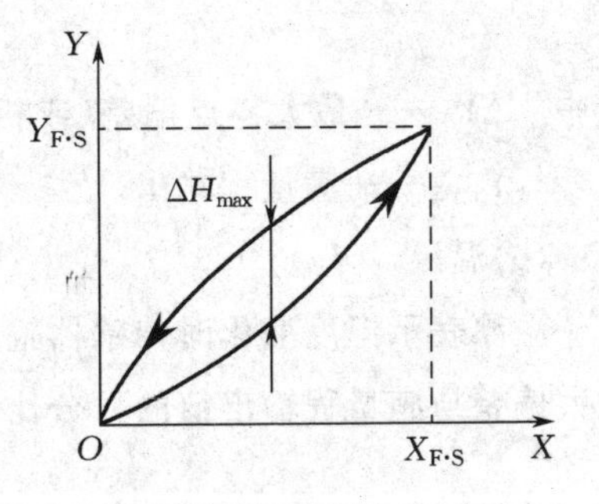

图 2-6　传感器的迟滞特性

式中　ΔH_{max}——输出值在正、反行程间的最大偏差；

δ_h——传感器的迟滞。

迟滞现象反映了传感器机械结构和制造工艺上的缺陷，如轴承摩擦、间隙、螺钉松动、元件腐蚀或碎裂及积塞灰尘等。

(4)重复性

重复性是指在同一工作条件下，输入量按同一方向在全测量范围内连续变动多次所得特性曲线的不一致性(见图 2-7)。其数值用各测量值正、反行程标准偏差最大值的 2 倍或 3 倍与满量程输出值的百分比表示，即

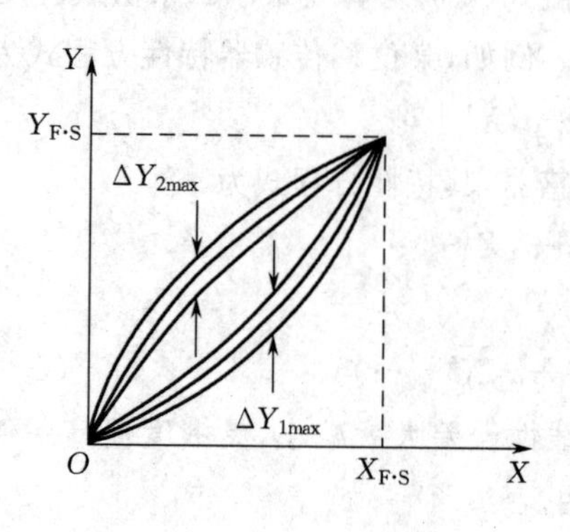

图 2-7　传感器的重复性

$$\delta_k = \pm \frac{2\sigma \sim 3\sigma}{Y_{F\cdot S}} \times 100\% \tag{2-15}$$

式中　δ_k——传感器的重复性；

σ——传感器的标准偏差；

$Y_{F\cdot S}$——满量程输出。

当用贝塞尔公式计算标准偏差 σ 时，则有

$$\sigma = \sqrt{\frac{\sum_{i=1}^{n}(Y_i - \overline{Y})^2}{n-1}} \tag{2-16}$$

式中　Y_i——测量值；

$\overline{Y}$——测量值的算术平均值；

n——测量次数。

重复性所反映的是测量结果偶然误差的大小，并不表示与真值之间的差别。有时重复性虽然很好，但可能远离真值。

(5)零点漂移

传感器无输入(或某一输入值不变)时，每隔一段时间进行读数，其输出值偏离零值(或原指示值)的现象，即为零点漂移(简称零漂)。

$$零漂 = \frac{\Delta Y_0}{Y_{F\cdot S}} \times 100\% \tag{2-17}$$

式中　ΔY_0——最大零点偏差(或相应偏差)；

$Y_{F\cdot S}$——满量程输出。

(6)温漂

温漂表示温度变化时传感器输出值偏离原指示值的程度。一般以温度变化 1 ℃ 输出最大偏差与满量程输出值的百分比来表示。

$$温漂 = \frac{\Delta_{max}}{Y_{F\cdot S}\Delta T} \times 100\% \tag{2-18}$$

式中　Δ_{max}——输出最大偏差；

ΔT——温度变化范围；

$Y_{F \cdot S}$——满量程输出。

(7)精度

精度是反映系统误差和随机误差的综合误差指标，一般用方和根法或代数和法计算。用重复性、线性度、迟滞三项的方和根或简单代数和表示(方和根法用得较多)如下：

$$\delta=\sqrt{\delta_L^2+\delta_h^2+\delta_k^2} \tag{2-19}$$

或

$$\delta=\delta_L+\delta_h+\delta_k \tag{2-20}$$

当一个传感器或传感器系统设计完成并实际定标后，人们有时又以工业上仪表精度的定义给出其精度，它是以最大量程下的绝对误差与最大量程的比值来衡量的，这种比值称为相对(于满量程的)百分误差。例如，某温度传感器的刻度为 0～100 ℃，即测量范围为 100 ℃，若在这个测量范围内，最大测量误差不超过 0.5 ℃，则其相对百分误差为

$$\delta=\frac{0.5}{100}=0.5\%$$

相对百分误差去掉“%”后的值称为仪表的精度。它划分成若干等级，如 0.1 级、0.2 级、0.5 级、1.0 级等。例中的温度传感器的精度即为 0.5 级。

(8)阈值、分辨力

当一个传感器的输入量值从零开始缓慢地增加时，只有在达到某一最小值后才能测出输出变化，这个最小值就称为传感器的阈值。

当一个传感器的输入量值从非零的任意值缓慢增加时，只有在超过某一输入增量后输出才显示变化，这个输入增量称为传感器的分辨力。有时用该值相对于满量程输入值的百分比表示，则称为分辨率。

阈值表征传感器最小可测出的输入量值，即零位附近的分辨率。

2.2　传感器的动态特性

所谓动态特性是指当被测量随时间变化时，表征传感器的输出值与输入值之间关系的数学表达式、曲线或数表。当测量某些随时间变化的参数时，只考虑静态特性指标是不够的，还必须考虑其动态性能指标，只有这样才能使检测、控制正确、可靠。当传感器在测量动态压力、振动、上升温度等量时，均离不开动态指标。实际被测量随时间变化的形式可能是多种多样的，所以在研究动态特性时，通常根据正弦变化与阶跃变化这两种标准输入来考察传感器的响应特性。传感器的动态特性分析和动态标定均以这两种标准输入状态为依据。对于任一传感器，只要输入量是时间的函数，则其输出量也应是时间的函数。

为了便于分析和处理传感器的动态特性，同样需要建立数学模型，用数学中的逻辑推理和运算方法来研究传感器的动态响应。对于线性系统动态响应的研究，最广泛使用的数学模型是普通线性常系数微分方程，只要对微分方程求解，就可得到动态性能指标。

传感器的动态性能指标分为时域和频域两种。

(1)时域性能指标

通常在阶跃函数作用下测定传感器动态性能的时域指标。在理想情况下,阶跃输入信号的大小对过渡过程的曲线形状是没有影响的,但在实际进行过渡过程实验时,应保持阶跃输入信号在传感器特性曲线的线性范围内。图 2-8 所示为单位阶跃作用下过渡过程曲线。

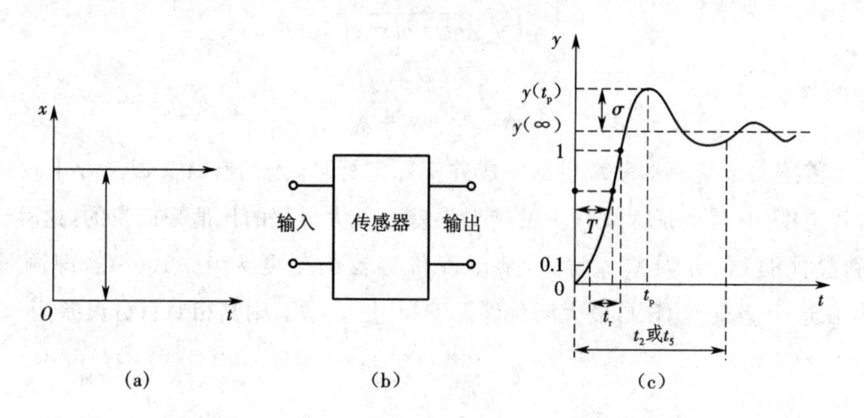

图 2-8　单位阶跃作用于传感器的动态特性

(a)输入信号　(b)传感器的简图　(c)特性曲线

通常用下述四个指标来表示传感器的动态性能。

①时间常数 T,即输出值上升到稳态值 $y(\infty)$的 63%所需的时间。

②上升时间 t_r,即输出值从稳态值 $y(\infty)$的 10%上升到 90%所需的时间。

③响应时间 t_5、t_2,即输出值分别达到稳态值 $y(\infty)$的 95%、98%所需的时间。

④超调量。在过渡过程中,如果输出量的最大值 $y(t_p)<y(\infty)$,则响应无超调;如果 $y(t_p)>y(\infty)$,则有超调,且

$$\sigma=\frac{y(t_p)-y(\infty)}{y(\infty)}\times 100\% \tag{2-21}$$

输出量 $y(t)$跟随输入量的时间快慢是标定传感器动态性能的重要指标。确定这些性能指标的分析表达式以及技术指标的计算方法,因不同阶次(如一阶、二阶或高阶次传感器)的动态数学模型而异。

(2)频域性能指标

通常在正弦函数作用下测定传感器动态性能的频域指标。在标定压力传感器的频域性能指标时,常采用正弦波压力信号发生器。

如图 2-9 所示,频域常有如下指标。

①通频带 ω_b,指对数幅频特性曲线上幅值衰减 3 dB 时所对应的频率范围。

②工作频带 ω_{g1} 或 ω_{g2},指幅值误差为±5%或±10%时所对应的频率范围。

一个传感器的频域性能指标可按上述方面来标定,至于具体为多少,可视其应用需要来定。

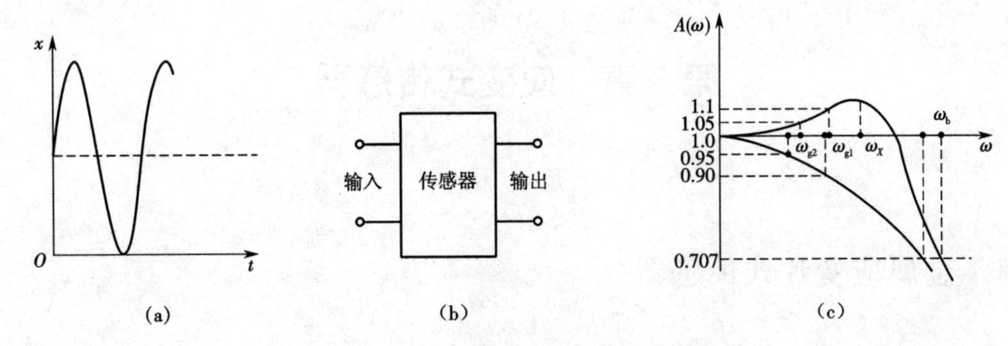

图 2-9　正弦压力作用于传感器的频域特性

(a)输入信号　(b)传感器的简图　(c)特性曲线

第3章　应变式传感器

3.1　金属应变片式传感器

金属应变片式传感器的核心元件是金属应变片，它可将试件上的应变变化转换成电阻变化。

应用时将应变片用黏合剂牢固地粘贴在被测试件表面上。当试件受力变形时，应变片的敏感栅也随同变形，引起应变片电阻值变化，通过测量电路将其转换为电压或电流信号输出。

应变式传感器已成为目前非电量电测技术中非常重要的检测手段，广泛地应用于工程测量和科学实验中。它具有以下几个特点。

①精度高，测量范围广。对测力传感器而言，量程从零点几牛至几百千牛，精度可达0.05%F·S(F·S表示满量程)；对测压传感器而言，量程从几十帕至几百吉帕，精度为0.1%F·S。应变测量范围一般为数微应变($\mu\varepsilon$)至数千微应变(1 $\mu\varepsilon$ 相当于长度为1 m的试件，其变形为1 μm时的相对变形量，即1 $\mu\varepsilon=1\times10^{-6}\ \varepsilon$)。

②频率响应特性较好。一般电阻应变式传感器的响应时间为10^{-7} s，半导体应变式传感器可达10^{-11} s，若能在弹性元件设计上采取措施，则应变式传感器可测几十甚至上百千赫兹的动态过程。

③结构简单，尺寸小，质量轻。应变片粘贴在被测试件上，对其工作状态和应力分布的影响很小，同时使用维修方便。

④可在高(低)温、高速、高压、强烈振动、强磁场及核辐射和化学腐蚀等恶劣条件下正常工作。

⑤易于实现小型化、固态化。随着大规模集成电路工艺的发展，目前有的已将测量电路甚至A/D转换器与传感器一体化。传感器可直接接入计算机进行数据处理。

⑥价格低廉，品种多样，便于选择。

但是应变式传感器也存在一定缺点：在大应变状态中具有较明显的非线性，半导体应变式传感器的非线性更为严重；应变式传感器输出信号微弱，故它的抗干扰能力较差，因此信号线需要采取屏蔽措施；应变式传感器测出的只是一点或应变栅范围内的平均应变，不能显示应力场中应力梯度的变化等。

尽管应变式传感器存在上述缺点，但可采取一定补偿措施，因此它仍不失为非电量电测技术中应用最广和最有效的敏感元件。

3.1.1　金属丝式应变片

1. 应变效应

设有一根长度为 l、截面面积为 S、电阻率为 ρ 的金属丝，其电阻 R 为

$$R=\rho\frac{l}{S} \tag{3-1}$$

对式(3-1)两边取对数，得

$$\ln R=\ln\rho+\ln l-\ln S$$

等式两边微分，则得

$$\frac{dR}{R}=\frac{d\rho}{\rho}+\frac{dl}{l}-\frac{dS}{S} \tag{3-2}$$

式中 $\frac{dR}{R}$——电阻的相对变化；

$\frac{d\rho}{\rho}$——电阻率的相对变化；

$\frac{dl}{l}$——金属丝长度的相对变化，即轴向应变 ε；

$\frac{dS}{S}$——截面面积的相对变化，因为 $S=\pi r^2$，r 为金属丝的半径，则 $dS=2\pi r dr$，$\frac{dS}{S}=2\cdot\frac{dr}{r}$，其中$\frac{dr}{r}$为金属丝半径的相对变化，即径向应变 ε_r。

由材料力学知道，在弹性范围内金属丝沿长度方向伸长时，径向(横向)尺寸缩小，反之亦然。即轴向应变 ε 与径向应变 ε_r 存在下列关系：

$$\varepsilon_r=-\mu\varepsilon \tag{3-3}$$

式中 μ——金属材料的泊松比。

根据实验研究结果，金属材料电阻率相对变化与其体积相对变化之间有下列关系：

$$\frac{d\rho}{\rho}=C\frac{dV}{V} \tag{3-4}$$

式中 C——金属材料的某个常数，例如康铜(一种铜镍合金)丝 $C\approx1$；

V——金属材料的体积。

体积相对变化$\frac{dV}{V}$与应变 ε、ε_r 之间有下列关系：

$$V=Sl$$

$$\frac{dV}{V}=\frac{dS}{S}+\frac{dl}{l}=2\varepsilon_r+\varepsilon=-2\mu\varepsilon+\varepsilon=(1-2\mu)\varepsilon$$

由此得

$$\frac{d\rho}{\rho}=C\frac{dV}{V}=C(1-2\mu)\varepsilon$$

将上述各关系式一并代入式(3-2)，得

$$\frac{dR}{R}=C(1-2\mu)\varepsilon+\varepsilon+2\mu\varepsilon=[(1+2\mu)+C(1-2\mu)]\varepsilon=K_S\varepsilon \tag{3-5}$$

式中：K_S 对于一种金属材料在一定应变范围内为一常数。将微分 dR、dl 改写成增量 ΔR、Δl，可写成下式：

$$\frac{\Delta R}{R}=K_S\frac{\Delta l}{l}=K_S\varepsilon \tag{3-6}$$

即金属丝电阻的相对变化与金属丝的伸长或缩短之间存在比例关系。比例系数 K_S 称为金属丝的应变灵敏度系数，其物理意义为单位应变引起的电阻相对变化。由式(3-5)可知，K_S 由两部分组成。前一部分仅由金属丝的几何尺寸变化引起，一般金属的 $\mu\approx0.3$，因此$(1+2\mu)\approx1.6$。后一部分为电阻率随应变而引起的变化，它除与金属丝的几何尺寸变化有关外，还与金属本身的特性有关，如康铜 $C\approx1$，$K_S\approx2.0$；其他金属或合金，K_S 一般在 1.8～3.6 范围内。

2. 应变片的结构与材料

图 3-1 为电阻应变片的典型结构。它由敏感栅、基底、盖片、引线和黏合剂等组成。这几部分所选用的材料将直接影响应变片的性能，因此应根据使用条件和要求合理地加以选择。

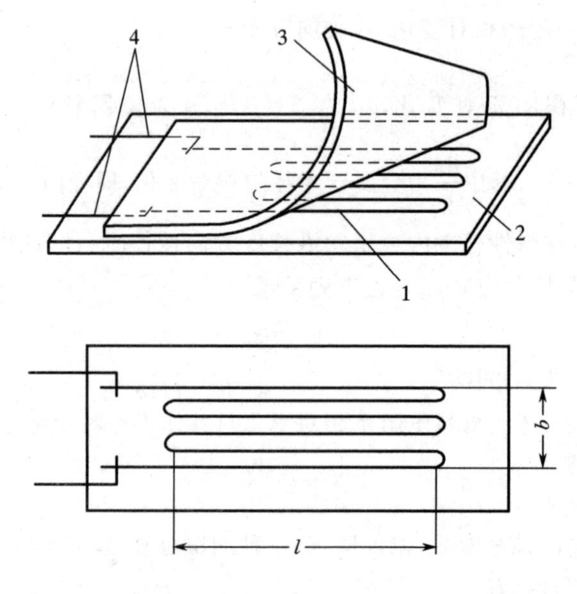

图 3-1　电阻应变片构造示意

1—敏感栅；2—基底；3—盖片；4—引线

(1)敏感栅

敏感栅是应变片最重要的组成部分，由某种金属细丝绕成栅形。一般用于制造应变片的金属细丝直径为 0.015～0.05 mm。电阻应变片的电阻值有 60 Ω、120 Ω、200 Ω 等各种规格，以 120 Ω 最为常用。敏感栅在纵轴方向的长度称为栅长，图中用 l 表示。在与应变片轴线垂直的方向上，敏感栅外侧之间的距离称为栅宽，图中用 b 表示。应变片栅长大小关系到所测应变的准确度，应变片测得的应变大小实际上是应变片栅长和栅宽所在面积内的平均轴向应变量。栅长有 100 mm、200 mm 及 1 mm、0.5 mm、0.2 mm 等规格，分别有不同的用途。

对敏感栅的材料有如下要求：

①应变灵敏系数较大，并在所测应变范围内保持常数；

②具有高而稳定的电阻率，以便于制造小栅长的应变片；

③电阻温度系数要小；

④抗氧化能力强，耐腐蚀性能好；

⑤在工作温度范围内能保持足够的抗拉强度；

⑥加工性能良好，易于拉制成丝或轧制成箔材；

⑦易于焊接，对引线材料的热电势小。

对于上述要求，需根据应变片的实际使用情况，合理地加以选择。

常用敏感栅材料的主要性能如表 3-1 所示。

表 3-1　常用敏感栅材料的主要性能

<table>
<tr><th>材料名称</th><th>主要成分的质量分数/%</th><th>灵敏度系数 K_S</th><th>电阻率 ρ/($\times10^{-6}\ \Omega\cdot m$)</th><th>电阻温度系数 α/($\times10^{-6}$/°C)</th><th>线膨胀系数 β/($\times10^{-6}$/°C)</th><th>最高工作温度/°C</th></tr>
<tr><td>康铜</td><td>Cu(55)
Ni(45)</td><td>2.0</td><td>0.45～0.52</td><td>±20</td><td>15</td><td>250(静态)
400(动态)</td></tr>
<tr><td>镍铬合金</td><td>Ni(80)
Cr(20)</td><td>2.1～2.3</td><td>1.0～1.1</td><td>110～130</td><td>14</td><td>450(静态)
800(动态)</td></tr>
<tr><td>卡玛合金
(6J-22)</td><td>Ni(74)
Cr(20)
Al(3)
Fe(3)</td><td rowspan="2">2.4～2.6</td><td rowspan="2">1.24～1.42</td><td rowspan="2">±20</td><td rowspan="2">13.3</td><td rowspan="2">400(静态)
800(动态)</td></tr>
<tr><td>伊文合金
(6J-23)</td><td>Ni(75)
Cr(20)
Al(3)
Cu(2)</td></tr>
<tr><td>镍铬铁合金</td><td>Ni(36)
Cr(8)
Mo(0.5)
Fe(55.5)</td><td>3.2</td><td>1.0</td><td>175</td><td>7.2</td><td>230(动态)</td></tr>
<tr><td>铁铬铝合金</td><td>Cr(25)
Al(5)
V(2.6)
Fe(67.4)</td><td>2.6～2.8</td><td>1.3～1.5</td><td>±30～40</td><td>11</td><td rowspan="3">800(静态)
1 000(动态)</td></tr>
<tr><td>铂</td><td>Pt(100)</td><td>4.6</td><td>0.1</td><td>3 000</td><td>8.9</td></tr>
<tr><td>铂合金</td><td>Pt(80)
Ir(20)</td><td>4.0</td><td>0.35</td><td>590</td><td>13</td></tr>
<tr><td>铂钨</td><td>Pt(91.5)
W(8.5)</td><td>3.2</td><td>0.74</td><td>192</td><td>9</td><td>800(静态)</td></tr>
</table>

(2)基底和盖片

基底用于保持敏感栅、引线的几何形状和相对位置；盖片既保持敏感栅和引线的形状和相对位置，又可保护敏感栅。最早的基底和盖片多用专门的薄纸制成。基底厚度一般为 0.02～0.04 mm，基底的全长称为基底长，其宽度称为基底宽。

(3)黏合剂

黏合剂用于将敏感栅固定于基底上,并将盖片与基底粘贴在一起。使用金属应变片时,也需用黏合剂将应变片基底粘贴在构件表面某个方向和位置上,以便将构件受力后的表面应变传递给应变计的基底和敏感栅。

常用的黏合剂分为有机和无机两大类。有机黏合剂用于低温、常温和中温场合,常用的有聚丙烯酸酯、酚醛树脂、有机硅树脂及聚酰亚胺等。无机黏合剂用于高温场合,常用的有磷酸盐、硅酸盐、硼酸盐等。

(4)引线

引线是从应变片的敏感栅中引出的细金属线。它常用直径0.1～0.15 mm的镀锡铜线或扁带形的其他金属材料制成。引线材料的性能要求为电阻率低、电阻温度系数小、抗氧化性能好、易于焊接。大多数敏感栅材料均可制作引线。

3. 主要特性

(1)灵敏度系数

金属应变丝的电阻相对变化与它所感受的应变之间具有线性关系,用灵敏度系数 K_S 表示。当金属丝做成应变片后,其电阻—应变特性与金属单丝情况不同,因此需用实验方法重新测定。

实验表明,金属应变片的电阻相对变化 $\frac{\Delta R}{R}$ 与应变 ε 在很宽的范围内均呈线性关系。即

$$\frac{\Delta R}{R}=K\varepsilon$$

$$K=\frac{\Delta R}{R}\Big/\varepsilon \tag{3-7}$$

式中:K 为金属应变片的灵敏度系数。应当指出的是,K 是在试件受一维应力作用,应变片的轴向与主应力方向一致,且试件材料为钢材(泊松比为0.285)时测得的。

测量结果说明,应变片的灵敏度系数 K 恒小于线材的灵敏度系数 K_S。究其原因,除胶层传递变形失真外,横向效应也是一个不可忽视的因素。

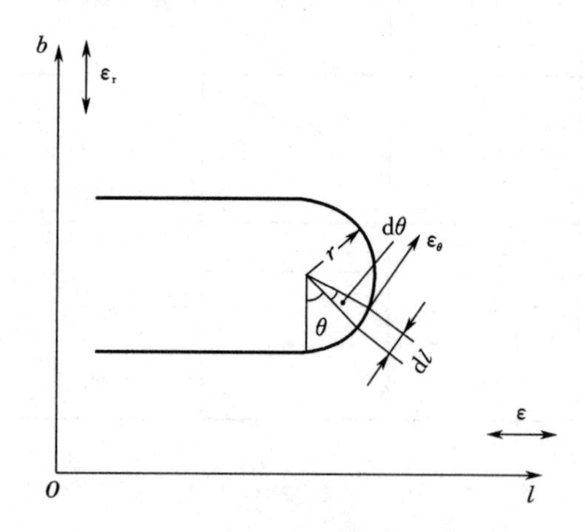

图 3-2　丝绕式应变片敏感栅的半圆弧形部分

(2)横向效应

金属应变片由于敏感栅的两端为半圆弧形的横栅,测量应变时,构件的轴向应变 ε 使敏感栅电阻发生变化,其横向应变 ε_r 也将使敏感栅半圆弧部分的电阻发生变化(除了 ε 起作用外),应变片的这种既受轴向应变影响又受横向应变影响而引起电阻变化的现象称为横向效应。

图3-2表示应变片敏感栅半圆弧部分的形状,沿轴向应变为 ε,沿横向应变为 ε_r。

4. 温度误差及其补偿

(1)温度误差

对用于测量应变的金属应变片,人们希望

其阻值仅随应变变化，而不受其他因素的影响。实际上，应变片的阻值受环境温度(包括被测试件的温度)影响很大，主要原因有两方面：其一是应变片的电阻丝具有一定的温度系数；其二是电阻丝材料与测试材料的线膨胀系数不同。

设环境引起的构件温度变化为 Δt(℃)时，粘贴在试件表面的应变片敏感栅材料的电阻温度系数为 α_t，则应变片产生的电阻相对变化为

$$\left(\frac{\Delta R}{R}\right)_1=\alpha_t\Delta t \tag{3-8}$$

同时，由于敏感栅材料和被测构件材料两者线膨胀系数不同，当 Δt 存在时，引起应变片的附加应变，其值为

$$\varepsilon_{2t}=(\beta_e-\beta_g)\Delta t \tag{3-9}$$

式中 β_e——试件材料的线膨胀系数(1/℃)；

β_g——敏感栅材料的线膨胀系数(1/℃)。

相应的电阻相对变化为

$$\left(\frac{\Delta R}{R}\right)_2=K(\beta_e-\beta_g)\Delta t$$

因此，由温度变化引起的总电阻相对变化为

$$\left(\frac{\Delta R}{R}\right)_t=\left(\frac{\Delta R}{R}\right)_1+\left(\frac{\Delta R}{R}\right)_2=\alpha_t\Delta t+K(\beta_e-\beta_g)\Delta t \tag{3-10}$$

相应的虚假应变 ε_t 为

$$\varepsilon_t=\left(\frac{\Delta R}{R}\right)_t\Big/K=\frac{\alpha_t}{K}\Delta t+(\beta_e-\beta_g)\Delta t$$

上式为应变片粘贴在试件表面上，当试件不受外力作用，在温度变化 Δt 时，应变片的温度效应。用应变形式表现出来，称为热输出。式(3-10)表明，应变片热输出的大小不仅与应变计敏感栅材料的性能(α_t、β_g)有关，而且与被测试件材料的线膨胀系数(β_e)有关。

(2)温度补偿

1)单丝自补偿应变片

由式(3-10)可以看出，若使应变片在温度变化 Δt 时的热输出值为零，必须使

$$\alpha_t+K(\beta_e-\beta_g)=0$$

即

$$\alpha_t=K(\beta_g-\beta_e) \tag{3-11}$$

每一种材料的被测试件，其线膨胀系数 β_e 均为确定值，可以在有关的材料手册中查到。在选择应变片时，若应变片的敏感栅是用单一的合金丝制成的，且其电阻温度系数 α_t 和线膨胀系数 β_g 满足式(3-11)的条件，即可实现温度自补偿。具有这种敏感栅的应变片称为单丝自补偿应变片。

单丝自补偿应变片的优点是结构简单，制造和使用都比较方便，但它必须在具有一定线膨胀系数的试件上使用，否则不能达到温度自补偿的目的。

2)双丝组合式自补偿应变片

这种温度自补偿应变片由两种不同电阻温度系数(一种为正值，一种为负值)的材料串联组成敏感栅，以达到在一定的温度范围内、在一定材料的试件上实现温度补偿的目的，如

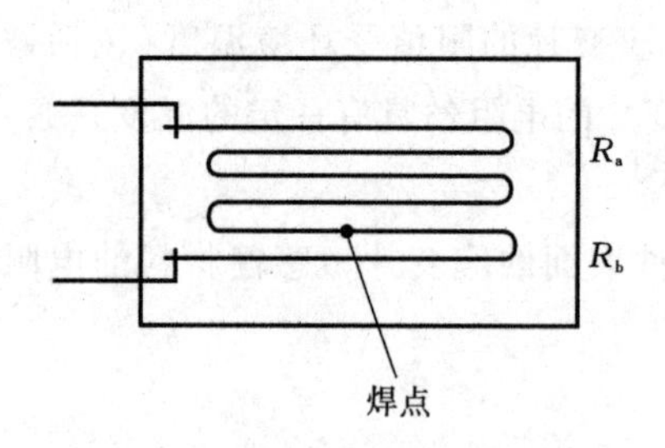

图 3-3　双丝组合式自补偿应变片

图 3-3 所示。

这种应变片的自补偿条件要求粘贴在某种试件上的两段敏感栅随温度变化而产生的电阻增量大小相等、符号相反，即

$$(\Delta R_a)_t = -(\Delta R_b)_t$$

所以，两段敏感栅的电阻大小可按下式选择：

$$\frac{R_a}{R_b} = -\frac{(\Delta R_b/R_b)_t}{(\Delta R_a/R_a)_t} = -\frac{\alpha_b + K_b(\beta_e - \beta_b)}{\alpha_a + K_a(\beta_e - \beta_a)}$$

该补偿方法的优点是，制造时可以调节两段敏感栅的丝长，以实现对某种材料的试件在一定温度范围内获得较好的温度补偿，补偿效果可达±0.45 $\mu\varepsilon$/°C。

3)电路补偿法

如图 3-4 所示，电桥输出电压与桥臂参数的关系为

$$U_{SC} = A(R_1R_4 - R_2R_3) \tag{3-12}$$

式中　A——由桥臂电阻和电源电压决定的常数。

由上式可知，当 R_3 和 R_4 为常数时，R_1 和 R_2 对输出电压的作用方向相反。利用这个基本特性可实现对温度的补偿，并且补偿效果较好，这是最常用的补偿方法之一。

测量应变时，使用两个应变片：一片贴在被测试件的表面，如图3-5中 R_1，称为工作应变片；另一片贴在与被测试件材料相同的补偿块上，如图 3-5 中 R_2，称为补偿应变片。在工作过程中，补偿块不承受应变，仅随温度发生变形。

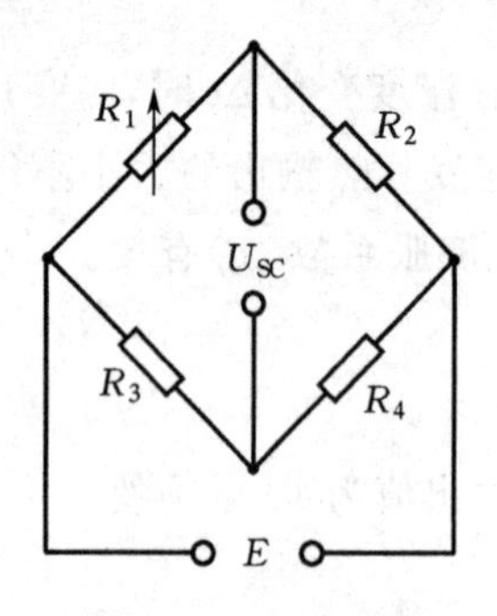

图 3-4　电路补偿法

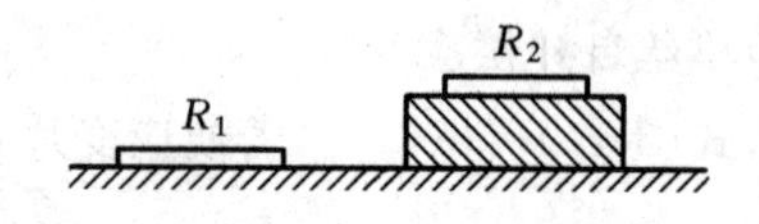

图 3-5　补偿应变片粘贴示意

当被测试件不承受应变时，R_1 和 R_2 处于同一温度场，调整电桥参数，可使电桥输出电压为零，即

$$U_{SC} = A(R_1R_4 - R_2R_3) = 0$$

上式中可以选择 $R_1 = R_2 = R$ 及 $R_3 = R_4 = R'$。

当温度升高或降低时，若 $\Delta R_{1t} = \Delta R_{2t}$，即两个应变片的热输出相等，由式(3-12)可知电桥的输出电压为零，即

$$\begin{aligned} U_{SC} &= A[(R_1 + \Delta R_{1t})R_4 - (R_2 + \Delta R_{2t})R_3] \\ &= A[(R + \Delta R_{1t})R' - (R + \Delta R_{2t})R'] \\ &= A(RR' + \Delta R_{1t}R' - RR' - \Delta R_{2t}R') \end{aligned}$$

$$=AR'(\Delta R_{1t}-\Delta R_{2t})=0$$

若此时有应变作用，只会引起电阻 R_1 发生变化，R_2 不承受应变。故由式(3-12)可得输出电压为

$$U_{SC}=A[(R_1+\Delta R_{1t}+R_1K\varepsilon)R_4-(R_2+\Delta R_{2t})R_3]=AR'RK\varepsilon$$

由上式可知，电桥输出电压只与应变 ε 有关，与温度无关。最后应当指出的是，为达到完全补偿，需满足下列三个条件：

①R_1 和 R_2 须属于同一批号，即它们的电阻温度系数 α、线膨胀系数 β、应变灵敏度系数 K 均相同，两片的初始电阻值也要求相同；

②用于粘贴补偿片的构件和粘贴工作片的试件，两者材料必须相同，即要求两者线膨胀系数相等；

③两应变片处于同一温度环境中。

此方法简单易行，能在较大温度范围内进行补偿。其缺点是上面 3 个条件不易满足，尤其是条件③。在某些测试条件下，温度场梯度较大，R_1 和 R_2 很难处于相同温度点。

根据被测试件承受应变的情况，可以不另加专门的补偿块，而是将补偿片贴在被测试件上，这样既能起到温度补偿作用，又能提高输出的灵敏度，如图 3-6 所示的贴法。图 3-6(a)为一个受弯曲应变的梁，应变片 R_1 和 R_2 的变形方向相反，上面受拉，下面受压，应变绝对值相等，符号相反，它们接入电桥的相邻臂后，可使输出电压增加一倍。当温度变化时，应变片 R_1 和 R_2 的阻值变化的符号相同、大小相等，电桥不产生输出，达到了补偿的目的。图 3-6(b)是一个受单向应力的构件，将工作应变片 R_2 的轴线顺着应变方向，补偿应变片 R_1 的轴线和应变方向垂直，R_1 和 R_2 接入电桥相邻臂，此时电桥的输出电压为

$$U_{SC}=AR_1R_2K(1+\mu)\varepsilon$$

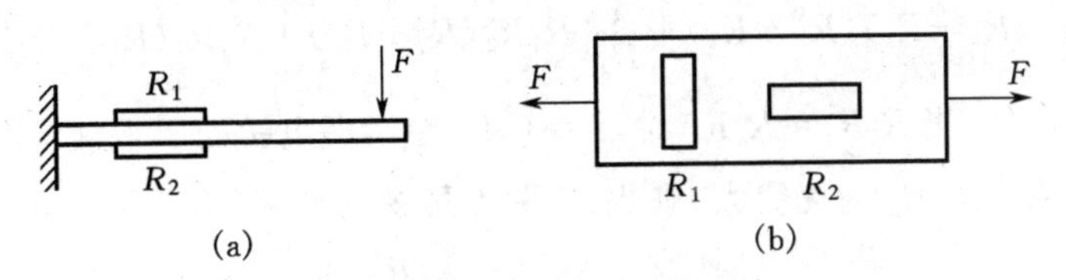

图 3-6 温度补偿应变片粘贴方法

(a)构件受弯曲应力 (b)构件受单向应力

3.1.2 金属箔式应变片

箔式应变片的工作原理与电阻丝式应变片的基本相同。它的电阻敏感元件不是金属丝栅，而是通过光刻、腐蚀等工序制成的薄金属箔栅，故称箔式电阻应变片，见图 3-7。金属箔的厚度一般为 0.003～0.010 mm，它的基片和盖片多为胶质膜，基片厚度一般为 0.03～0.05 mm。

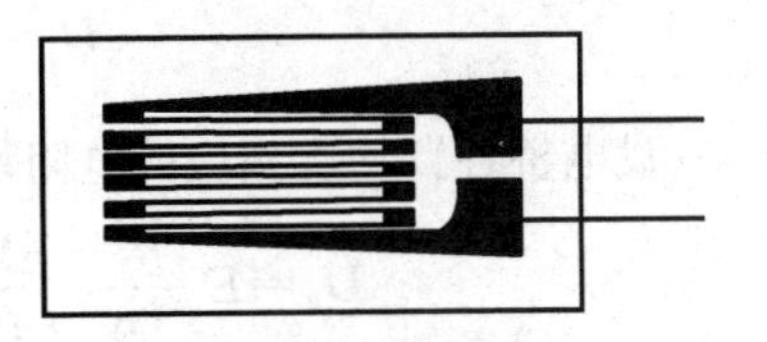

图 3-7 金属箔式应变片

金属箔式应变片和金属丝式应变片相比较，有如下特点。

①金属箔栅很薄，因而它所感受的应力状态与试件表面的应力状态更为接近。尤其是当箔材和丝材具有同样的截面面积时，箔材与黏结层的接触面积比丝材大，因而能更好地和试件共同工作。此外，箔栅的端部较宽，横向效应较小，从而提高了应变测量的精度。

②箔材表面积大，散热条件好，故允许通过较大电流，因而可以输出较大信号，提高了测量灵敏度。

③箔栅的尺寸准确、均匀，且能制成任意形状，特别是为制造应变花和小标距应变片提供了条件，从而扩大了应变片的使用范围。

④便于成批生产。

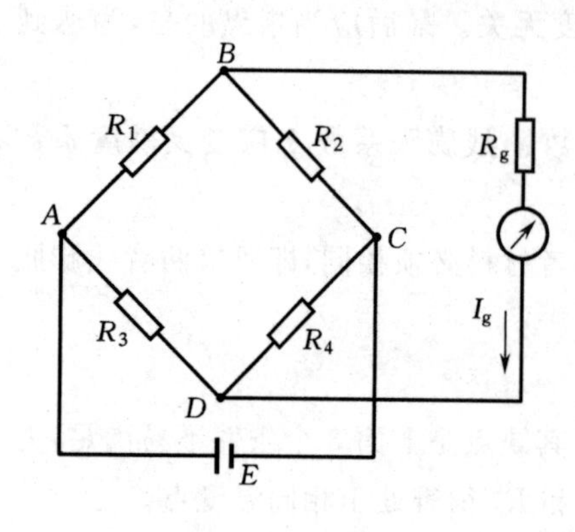

图 3-8　直流电桥原理

金属箔式应变片的缺点是：生产工序较为复杂；因引出线的焊点采用锡焊，故不适于高温环境下测量；价格相对较高。

3.1.3　测量电路

电阻应变片的测量电路多采用交流电桥（配交流放大器），其原理和直流电桥相似。直流电桥比较简单（见图 3-8），因此首先分析直流电桥。

由图 3-8 可知：当电源 E 为电势源，其内阻为零时，根据等效发电机原理可求出检流计中流过的电流 I_g 与电桥各参数之间的关系为

$$I_g=\frac{E(R_1R_4-R_2R_3)}{R_g(R_1+R_2)(R_3+R_4)+R_1R_2(R_3+R_4)+R_3R_4(R_1+R_2)} \tag{3-13}$$

式中　R_g——负载电阻。因而其输出电压 U_g 为

$$\begin{aligned}U_g&=I_gR_g\\&=\frac{E(R_1R_4-R_2R_3)}{(R_1+R_2)(R_3+R_4)+\frac{1}{R_g}[R_1R_2(R_3+R_4)+R_3R_4(R_1+R_2)]}\end{aligned} \tag{3-14}$$

由以上两式可见，当 $R_1R_4=R_2R_3$ 时，$I_g=0$，$U_g=0$，即电桥处于平衡状态。

若电桥的负载电阻 R_g 为无穷大，则 B、D 两点可视为开路，上式可以简化为

$$U_g=E\frac{R_1R_4-R_2R_3}{(R_1+R_2)(R_3+R_4)} \tag{3-15}$$

设 R_1 为应变片的阻值，工作时 R_1 有一增量 ΔR，当为拉伸应变时，ΔR 为正；当为压缩应变时，ΔR 为负。在上式中以 $R_1+\Delta R$ 代替 R_1，则

$$U_g=E\frac{(R_1+\Delta R)R_4-R_2R_3}{(R_1+\Delta R+R_2)(R_3+R_4)} \tag{3-16}$$

设电桥各臂均有相应的电阻增量 ΔR_1、ΔR_2、ΔR_3、ΔR_4 时，由式(3-16)得

$$U_g=E\frac{(R_1+\Delta R_1)(R_4+\Delta R_4)-(R_2+\Delta R_2)(R_3+\Delta R_3)}{(R_1+\Delta R_1+R_2+\Delta R_2)(R_3+\Delta R_3+R_4+\Delta R_4)} \tag{3-17}$$

实际使用时一般多采用等臂电桥或对称电桥，下面主要介绍等臂电桥。

当 $R_1=R_2=R_3=R_4=R$ 时，称为等臂电桥。此时式(3-17)可写为

$$U_g=E\frac{R(\Delta R_1-\Delta R_2-\Delta R_3+\Delta R_4)+\Delta R_1\Delta R_4-\Delta R_2\Delta R_3}{(2R+\Delta R_1+\Delta R_2)(2R+\Delta R_3+\Delta R_4)} \tag{3-18}$$

一般情况下，$\Delta R_i(i=1,2,3,4)$很小，即 $R\gg\Delta R_i$，略去式(3-18)中的高阶微量，并利用

式(3-7)得到

$$U_g = \frac{E}{4}\left(\frac{\Delta R_1}{R} - \frac{\Delta R_2}{R} - \frac{\Delta R_3}{R} + \frac{\Delta R_4}{R}\right)$$
$$= \frac{EK}{4}(\varepsilon_1 - \varepsilon_2 - \varepsilon_3 + \varepsilon_4) \tag{3-19}$$

上式表明：

①当 $\Delta R_i \ll R$ 时，输出电压与应变呈线性关系。

②若相邻两桥臂的应变极性一致，即同为拉应变或压应变时，输出电压为两者之差；若相邻两桥臂的极性不同，即一为拉应变，另一为压应变时，输出电压为两者之和。

③若相对两桥臂的应变极性一致，输出电压为两者之和；若相对两桥臂的应变极性相反，输出电压为两者之差。

利用上述特点可以进行温度补偿和提高测量的灵敏度。

当仅桥臂 AB 单臂工作时，输出电压为

$$U_g = \frac{E}{4} \times \frac{\Delta R}{R} = \frac{E}{4}K\varepsilon \tag{3-20}$$

由式(3-19)和式(3-20)可知，当假定 $R \gg \Delta R$ 时，输出电压 U_g 与应变 ε 呈线性关系。当上述假定不成立时，用按线性关系进行刻度的仪表来测量此种情况下的应变，必然带来非线性误差。

当考虑单臂工作时，即 AB 桥臂变化 ΔR，则由式(3-16)得到

$$U_g = \frac{E\Delta R}{4R + 2\Delta R} = \frac{E}{4} \cdot \frac{\Delta R}{R}\left(1 + \frac{1}{2}\frac{\Delta R}{R}\right)^{-1}$$
$$= \frac{E}{4}K\varepsilon\left(1 + \frac{1}{2}K\varepsilon\right)^{-1} \tag{3-21}$$

由上式展开级数，得

$$U_g = \frac{E}{4}K\varepsilon\left[1 - \frac{1}{2}K\varepsilon + \frac{1}{4}(K\varepsilon)^2 - \frac{1}{8}(K\varepsilon)^3 + \cdots\right] \tag{3-22}$$

则电桥的相对非线性误差为

$$\delta = \frac{\frac{E}{4}K\varepsilon - \frac{E}{4}K\varepsilon\left[1 - \frac{1}{2}K\varepsilon + \frac{1}{4}(K\varepsilon)^2 - \frac{1}{8}(K\varepsilon)^3 + \cdots\right]}{\frac{E}{4}K\varepsilon}$$
$$= \frac{1}{2}K\varepsilon - \frac{1}{4}(K\varepsilon)^2 + \frac{1}{8}(K\varepsilon)^3 - \cdots \tag{3-23}$$

由上式可知，$K\varepsilon$ 愈大，δ 愈大。通常 $K\varepsilon \ll 1$，上式可近似地写为

$$\delta \approx \frac{1}{2}K\varepsilon \tag{3-24}$$

设 $K=2$，要求非线性误差 $\delta < 1\%$，试求允许测量的最大应变值 ε_{max}。由上式得到

$$\frac{1}{2}K\varepsilon_{max} < 0.01$$

$$\varepsilon_{max} < \frac{2 \times 0.01}{K} = \frac{2 \times 0.01}{2} = 0.01 = 10\,000\ \mu\varepsilon$$

上式表明：如果被测应变大于 10 000 $\mu\varepsilon$，采用等臂电桥时的非线性误差大于 1%。

3.1.4　应变式传感器

金属应变片，除了用于测定试件应力、应变外，还被制造成多种应变式传感器用来测定力、扭矩、加速度、压力等其他物理量。

应变式传感器包括两个部分：一部分是弹性敏感元件，用于将被测物理量(如力、扭矩、加速度、压力等)转换为弹性体的应变值；另一部分是应变片，作为转换元件将应变转换为电阻的变化。

(1)圆柱式力传感器

圆柱式力传感器的弹性元件分为实心和空心两种，如图 3-9 所示。

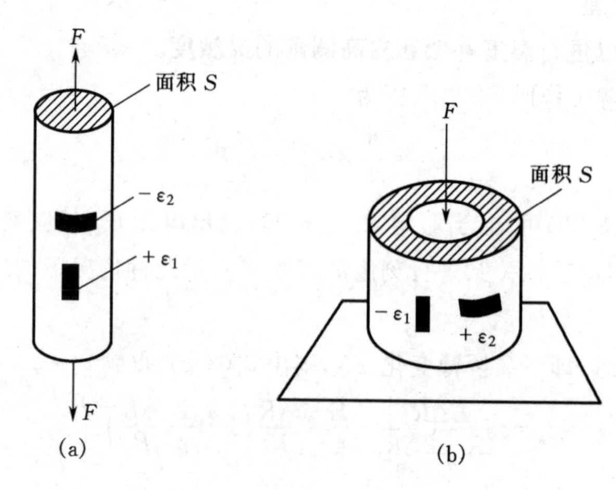

图 3-9　圆柱式力传感器

(a)实心结构　(b)空心结构

在轴向布置一个或几个应变片，在圆周方向布置同样数目的应变片，后者取符号相反的横向应变，从而构成了差动对。由于应变片沿圆周方向分布，所以非轴向荷载分量被补偿，在与轴线任意夹角的 α 方向，其应变为

$$\varepsilon_\alpha=\frac{\varepsilon_1}{2}[(1-\mu)+(1+\mu)\cos 2\alpha] \tag{3-25}$$

式中　ε_1——沿轴向的应变；

μ——弹性元件的泊松比。

轴向应变片感受的应变：当 $\alpha=0$ 时，

$$\varepsilon_\alpha=\varepsilon_1=\frac{F}{SE} \tag{3-26}$$

圆周方向应变片感受的应变：当 $\alpha=90°$时，

$$\varepsilon_\alpha=\varepsilon_2=-\mu\varepsilon_1=-\mu\frac{F}{SE} \tag{3-27}$$

式中　F——荷载(N)；

E——弹性元件的杨氏模量(N/m^2)；

S——弹性元件截面面积(m^2)。

(2)梁式力传感器

等强度梁弹性元件是一种特殊形式的悬臂梁,见图3-10。

梁的固定端宽度为b_0,自由端宽度为b,梁长为L,梁厚为h。这种弹性元件的特点是,其截面沿梁长方向按一定规律变化,当集中力F作用在自由端时,距作用力任何距离的截面上应力相等。因此,沿着这种梁的长度方向上的截面抗弯模量W的变化与弯矩M的变化成正比,即

$$\sigma=\frac{M}{W}=\frac{6FL}{bh^2}=\text{常数} \tag{3-28}$$

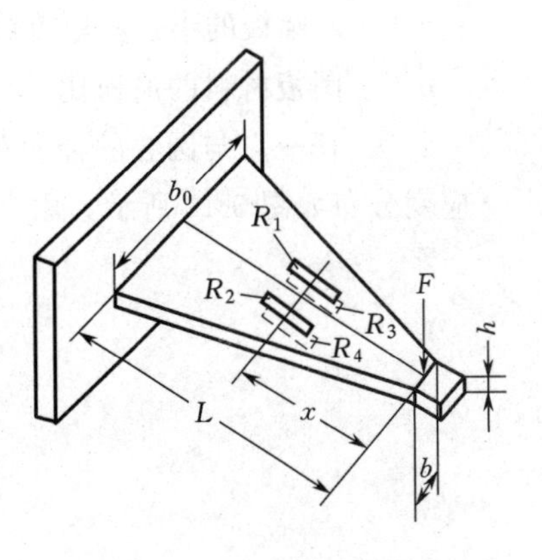

图3-10　等强度梁弹性元件

在等强度梁的设计中,往往采用矩形截面,保持截面厚度h不变,只改变梁的宽度b,如图3-10所示。设沿梁长度方向上某一截面到力的作用点的距离为x,则

$$\frac{6Fx}{b_x h^2}\leqslant[\sigma]$$

即

$$b_x\geqslant\frac{6Fx}{h^2[\sigma]} \tag{3-29}$$

式中　b_x——与x值相应的梁宽(m);

$[\sigma]$——材料允许应力($\mathrm{N/m^2}$)。

在设计等强度梁弹性元件时,需确定最大荷载F,假设厚度为h,长度为L,按照所选定材料的允许应力$[\sigma]$,即可求得等强度梁的固定端宽度b_0以及沿梁长方向宽度的变化值。

等强度梁各点的应变值为

$$\varepsilon=\frac{6Fx}{b_x h^2 E} \tag{3-30}$$

(3)应变式压力传感器

测量气体或液体压力的薄板式传感器,如图3-11(a)所示。当气体或液体压力作用在薄板承压面上时,薄板变形,粘贴在另一面的电阻应变片随之变形,并改变阻值。这时测量电路中电桥平衡被破坏,产生输出电压。

圆形薄板固定形式,可以采用嵌固形式,也可以与传感器外壳做成一体,见图3-11(b)。

当均布压力作用于薄板时,圆板上各点径向应力和切向应力可用以下两式表示:

$$\sigma_{\mathrm{r}}=\frac{3p}{8h^2}[(1+\mu)r^2-(3+\mu)x^2] \tag{3-31}$$

$$\sigma_{\mathrm{t}}=\frac{3p}{8h^2}[(1+\mu)r^2-(1+3\mu)x^2] \tag{3-32}$$

圆板内任一点的应变值计算式为

$$\varepsilon_{\mathrm{r}}=\frac{3p}{8h^2E}(1-\mu^2)(r^2-3x^2) \tag{3-33}$$

$$\varepsilon_{\mathrm{t}}=\frac{3p}{8h^2E}(1-\mu^2)(r^2-x^2) \tag{3-34}$$

式中 σ_r、σ_t——径向和切向应力(N/m^2)；

ε_r、ε_t——径向和切向应变；

r、h——圆板的半径和厚度(m)；

μ——圆板材料的泊松比；

x——任一点与圆心的径向距离(m)。

应变分布如图 3-12 所示。由上列各式可以得出以下结论。

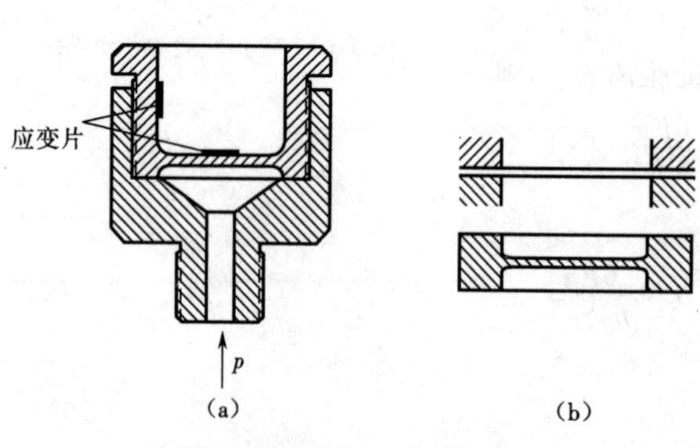

图 3-11 应变式压力传感器

(a)结构 (b)圆形薄板固定形式

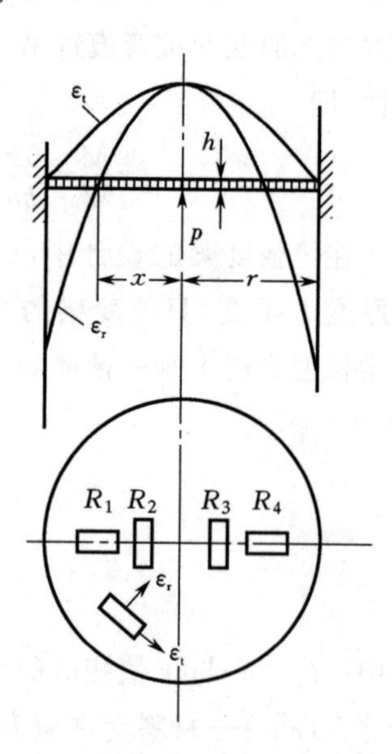

图 3-12 圆板表面应变分布

①由式(3-31)和式(3-32)可知，圆板边缘处的应力为

$$\sigma_r = -\frac{3p}{4h^2}r^2$$

$$\sigma_t = -\frac{3p}{4h^2}r^2\mu$$

因此，周边处的径向应力最大。设计薄板时，此处的应力不应超过允许应力。

②由应变分布图可知，$x=0$ 时，在膜片中心位置处的应变为

$$\varepsilon_r = \varepsilon_t = \frac{3p}{8h^2}\cdot\frac{1-\mu^2}{E}r^2 \tag{3-35}$$

$x=r$ 时，在膜片边缘处的应变为

$$\varepsilon_t = 0$$

$$\varepsilon_r = -\frac{3p}{4h^2}\cdot\frac{1-\mu^2}{E}r^2 \tag{3-36}$$

由此可见，其径向应变绝对值比中心处应变大一倍。$x=\frac{r}{\sqrt{3}}$时，$\varepsilon_r=0$。

由应力分布规律可找出贴片方法：由于切应变均为正且中间最大，径向应变沿圆周分布，有正有负，在中心处与切应变相等，而在边缘处最大，为中心处的两倍，在 $x=\frac{r}{\sqrt{3}}$处为零，

故贴片时应避开 $\varepsilon_r=0$ 处。一般在圆片中心处沿切向贴两片，在边缘处沿径向贴两片。应变片 R_1、R_4 和 R_2、R_3 接在桥路的相对臂内，以提高灵敏度并进行温度补偿。

3.2 压阻式传感器

利用硅的压阻效应和微电子技术制成的压阻式传感器，是发展非常迅速的一种新的物性型传感器，具有灵敏度高、动态响应好、精度高、易于微型化和集成化等特点，故获得广泛应用。早期的压阻式传感器是利用半导体应变片制成的粘贴型压阻式传感器。20 世纪 70 年代以后，研制出周边固支的力敏电阻与硅膜片一体化的扩散型压阻传感器。它易于批量生产，能够方便地实现微型化、集成化和智能化，因而成为受到人们普遍重视并重点开发的具有代表性的新型传感器。

3.2.1 压阻效应

单晶硅材料在受到应力作用后，其电阻率发生明显变化，这种现象被称为压阻效应。

对于一条形半导体材料，其电阻相对变化量由式(3-2)不难得出：

$$\frac{dR}{R}=\frac{d\rho}{\rho}+(1+2\mu)\varepsilon \tag{3-37}$$

对金属来说，电阻变化率$\frac{d\rho}{\rho}$较小，有时可忽略不计。因此，主要起作用的是应变效应，

即
$$\frac{dR}{R}=(1+2\mu)\varepsilon$$

而半导体材料，若以 $d\rho/\rho=\pi\sigma=\pi E\varepsilon$ 代入式(3-37)，则有

$$\frac{dR}{R}=\pi\sigma+(1+2\mu)\varepsilon=(\pi E+1+2\mu)\varepsilon \tag{3-38}$$

式中　π——压阻系数(m^2/N)；

E——弹性模量(N/m^2)；

σ——应力(N/m^2)；

ε——应变。

由于 πE 一般都比$(1+2\mu)$大几十倍甚至上百倍，因此引起半导体材料电阻相对变化的主要因素是压阻效应，所以式(3-38)也可以近似写成

$$\frac{dR}{R}=\pi E\varepsilon \tag{3-39}$$

由式(3-39)可得，半导体的应变灵敏度系数

$$K=\frac{dR}{R}/\varepsilon=\pi E \tag{3-40}$$

上式表明压阻式传感器的工作原理是基于压阻效应的。

扩散硅压阻式传感器的基片是半导体单晶硅。单晶硅是各向异性材料，取向不同，其特性也不一样。而取向是用晶向表示的，所谓晶向就是晶面的法线方向。

3.2.2 固态压阻器件

(1)固态压阻器件的结构原理

利用固体扩散技术，将P型杂质扩散到一片N型硅底层上，形成一层极薄的导电P型层，装上引线接点后，即形成扩散型半导体应变片。在圆形硅膜片上扩散出四个P型电阻，构成惠斯通电桥的四个臂，这样的敏感器件通常称为固态压阻器件，如图3-13所示。

当硅单晶在任意晶向受到纵向和横向应力作用时，如图3-14(a)所示，其阻值的相对变化为

$$\frac{\Delta R}{R}=\pi_l\sigma_l+\pi_t\sigma_t \tag{3-41}$$

式中 σ_l——纵向应力(N/m^2)；

σ_t——横向应力(N/m^2)；

π_l——纵向压阻系数(m^2/N)；

π_t——横向压阻系数(m^2/N)。

在硅膜片上，根据P型电阻的扩散方向不同可分为径向电阻和切向电阻，如图3-14(b)所示。扩散电阻的长边平行于膜片半径时为径向电阻 R_r，垂直于膜片半径时为切向电阻 R_t。当圆形硅膜片半径比P型电阻的几何尺寸大得多时，其电阻相对变化可分别表示如下：

$$\left(\frac{\Delta R}{R}\right)_r=\pi_l\sigma_r+\pi_t\sigma_t \tag{3-42}$$

$$\left(\frac{\Delta R}{R}\right)_t=\pi_l\sigma_t+\pi_t\sigma_r \tag{3-43}$$

式中 σ_r——径向应力(N/m^2)；

σ_t——切向应力(N/m^2)。

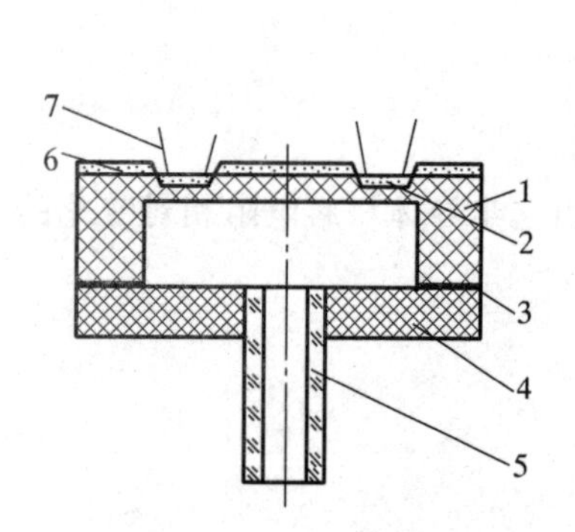

图3-13 固态压阻器件

1—N-Si膜片；2—P-Si导电层；3—黏合剂；4—硅底座；5—引压管；6—SiO_2保护膜；7—引线

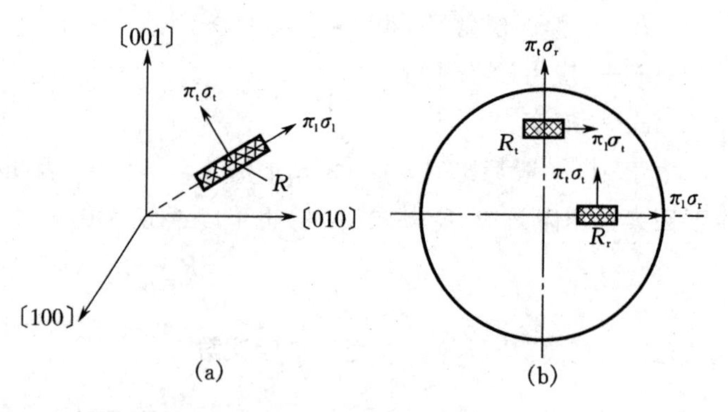

图3-14 力敏电阻受力情况示意

(a)硅单晶受力情况 (b)P型电阻不同的扩散方向

以上各式中的 π_l 及 π_t 为任意纵向和横向的压阻系数。

若圆形硅膜片周边固定，在均布压力 p 作用下，当膜片位移远小于膜片厚度时，其膜片的应力分布应重新计算，即

$$\sigma_r=\frac{3p}{8h^2}[(1+\mu)r^2-(3+\mu)x^2] \tag{3-44}$$

$$\sigma_t=\frac{3p}{8h^2}[(1+\mu)r^2-(1+3\mu)x^2] \tag{3-45}$$

式中　r、x、h——膜片的有效半径、计算点半径、厚度(m)；

μ——泊松比，硅取 $\mu=0.35$；

p——压力(Pa)。

根据以上两式作出曲线(见图 3-15)就可得圆形平膜片上各点的应力分布图。

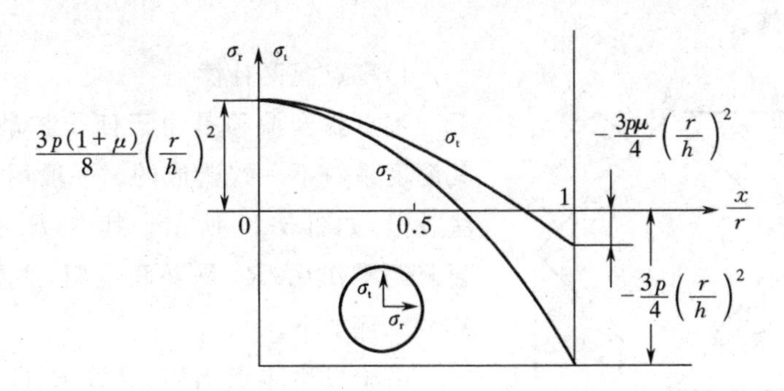

图 3-15　平膜片的应力分布

当 $x=0.635r$ 时，$\sigma_r=0$。

当 $x<0.635r$ 时，$\sigma_r>0$，即为拉应力。

当 $x>0.635r$ 时，$\sigma_r<0$，即为压应力。

当 $x=0.812r$ 时，$\sigma_t=0$，仅有 σ_r 存在，且 $\sigma_r<0$，即为压应力。

(2)测量桥路及温度补偿

为了减少温度影响，压阻器件一般采用恒流源供电，如图 3-16 所示。

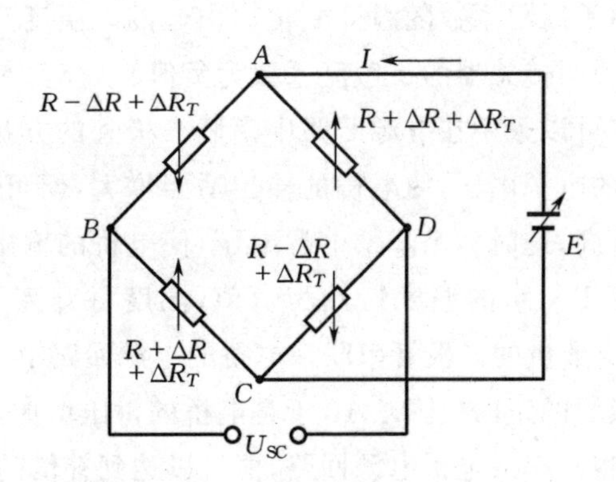

图 3-16　恒流源供电电路

假设电桥中两个支路的电阻相等，即 $R_{ABC}=R_{ADC}=2(R+\Delta R_T)$，故有

$$I_{ABC}=I_{ADC}=\frac{1}{2}I$$

因此电桥的输出电压为

$$U_{SC}=U_{BD}=\frac{1}{2}I(R+\Delta R+\Delta R_T)-\frac{1}{2}I(R-\Delta R+\Delta R_T)$$

整理后得

$$U_{SC}=I\Delta R \tag{3-46}$$

可见，电桥输出电压与电阻变化成正比，即与被测量成正比；与恒流源电流成正比，即与恒流源电流大小和精度有关；但它与温度无关，因此不受温度的影响。

但是，压阻器件本身受到温度影响后，产生零点温度漂移和灵敏度温度漂移，因此必须采取温度补偿措施。

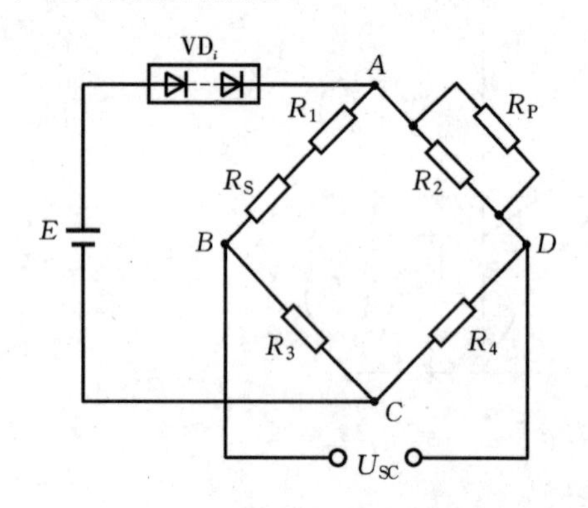

图 3-17　温度漂移的补偿电路

1)零点温度补偿

零点温度漂移是由于四个扩散电阻的阻值及其温度系数不一致造成的。一般用串联、并联电阻法补偿，如图 3-17 所示。其中，R_S 是串联电阻，主要起调零作用；R_P 是并联电阻，主要起补偿作用。补偿原理如下。

由于发生零点漂移，导致 B、D 两点电位不等，当温度升高时，R_2 的增加比较大，使 D 点电位低于 B 点，B、D 两点的电位差即为零位漂移。要消除 B、D 两点的电位差，最简单的办法是在 R_2 上并联一个温度系数为负、阻值较大的电阻 R_P，用来约束 R_2 的变化。这样，当温度变化时，可减小 B、D 点之间的电位差，以达到补偿的目的。当然，如在 R_4 上并联一个温度系数为正、阻值较大的电阻进行补偿，作用是一样的。

2)灵敏度温度补偿

灵敏度温度漂移是由于压阻系数随温度变化而引起的。温度升高时压阻系数变小，温度降低时压阻系数变大，说明传感器的灵敏度系数为负值。

补偿灵敏度温度漂移可以采用在电源回路中串联二极管的方法。温度升高时，灵敏度降低，这时如果提高电桥的电源电压，使电桥的输出适当增大，便可以达到补偿的目的。反之，温度降低时，灵敏度升高，这时如果降低电源电压，使电桥的输出适当减小，同样可达到补偿的目的。因为二极管 PN 结的温度特性为负值，温度每升高 1 °C 时，正向压降减小 1.9～2.4 mV，故可将适当数量的二极管串联在电桥的电源回路中，见图 3-17。电源采用恒压源，当温度升高时，二极管的正向压降减小，于是电桥的桥压增加，使其输出增大。只要计算出所需二极管的个数，将其串入电桥电源回路，便可以达到补偿的目的。

图 3-18 是扩散硅差压变送器典型的测量电路原理图。它由应变桥路、温度补偿网络、恒流源、输出放大及电压—电流转换单元等组成。

电桥由电流值为 1 mA 的恒流源供电。硅杯未承受负荷时，因 $R_1=R_2=R_3=R_4$，$I_1=I_2=0.5$ mA，故 A、B 两点电位相等($U_{AC}=U_{BC}$)，电桥处于平衡状态，因此电流 $I_0=4$ mA。

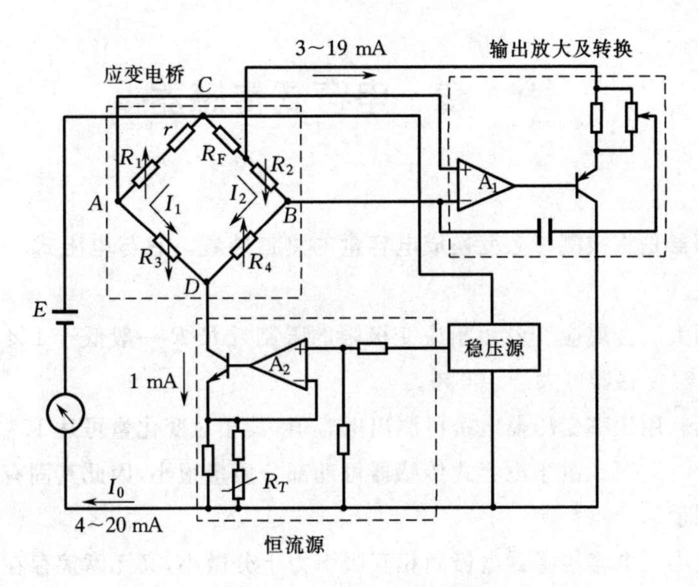

图 3-18　变送器电路原理

硅杯受压时，R_2 减小，R_4 增大，因 I_2 不变，导致 B 点电位升高；同理，R_1 增大，R_3 减小，引起 A 点电位下降，电桥失去平衡（其增量为 ΔU_{AB}）。A、B 两点间的电位差 ΔU_{AB} 是运算放大器 A_1 的输入信号，它的输出电压经过电压—电流变换器转换成相应的电流（$I_0+\Delta I_0$），这个增大了的流过反馈电阻 R_F 的回路电流，使反馈电压增加（$U_F+\Delta U_F$），于是导致 B 点电位下降，直至 $U'_{AC}=U'_{BC}$。扩散硅应变电桥在差压作用下达到了新的平衡状态，完成了“力平衡”过程。当差压为量程上限值时，$I_0=20$ mA，变送器的净输出电流 $I=20-4=16$ mA。

第4章 电容式传感器

电容式传感器是将被测参数变换成电容量的测量装置。它与电阻式、电感式传感器相比具有以下优点。

①测量范围大。金属应变丝由于应变极限的限制，$\Delta R/R$ 一般低于1%，而半导体应变片可达20%，电容传感器可大于100%。

②灵敏度高。用比率变压器电桥可测出电容值，其相对变化量可达10^{-7}。

③动态响应时间短。由于电容式传感器可动部分质量很小，因此其固有频率很高，适用于动态信号的测量。

④机械损失小。电容传感器电极间相互吸引力十分微小，又无摩擦存在，其自然热效应甚微，从而保证传感器具有较高的精度。

⑤结构简单，适应性强。电容传感器一般用金属做电极，以无机材料（如玻璃、石英、陶瓷等）做绝缘支撑，因此电容传感器能承受很大的温度变化和各种形式的强辐射作用，适合在恶劣环境中工作。

然而，电容传感器有如下不足之处。

①寄生电容影响较大。寄生电容主要指连接电容极板的导线电容和传感器本身的泄漏电容。寄生电容的存在不但降低了测量灵敏度，而且引起非线性输出，甚至使传感器处于不稳定的工作状态。

②当用变间隙原理进行测量时具有非线性输出特性。

近年来，由于材料、工艺，特别是测量电路及半导体集成技术等已达到了相当高的水平，因此受寄生电容影响的问题得到较好的解决，使电容传感器的优点得以充分发挥。

4.1 电容式传感器的工作原理

用两块金属平板做电极可构成最简单的电容器。当忽略边缘效应时，其电容量为

$$C=\frac{\varepsilon S}{d}=\frac{\varepsilon_0\varepsilon_r S}{d} \tag{4-1}$$

式中 C——电容量；

S——两极板间相互覆盖面积；

d——两极板间距离；

ε——两极板间介质的介电常数；

ε_0——真空介电常数，$\varepsilon_0=\frac{1}{4\pi\times9\times10^{11}}$ F/cm$=\frac{1}{3.6\pi}$ pF/cm；

ε_r——介质的相对介电常数，$\varepsilon_r=\frac{\varepsilon}{\varepsilon_0}$，对于空气介质，$\varepsilon_r\approx1$。

在式(4-1)中,若 S 的单位为 cm^2,d 的单位为 cm,C 的单位为 pF,则

$$C=\frac{\varepsilon_r S}{3.6\pi d}$$

由式(4-1)可见:在 ε、S、d 三个参数中,保持其中两个不变,改变另一个参数就可以使电容量 C 改变,这就是电容式传感器的基本原理。因此,一般电容式传感器可以分成以下三种类型。

(1)变面积(S)型

这种传感器的原理如图 4-1 所示。

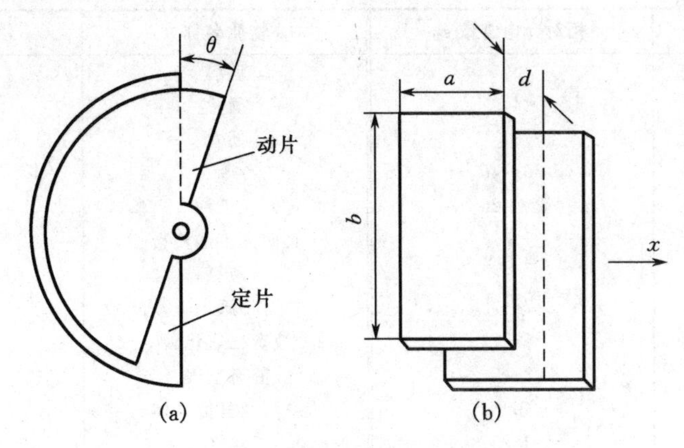

图 4-1 变面积型电容传感器

(a)角位移式 (b)直线位移式

图 4-1(a)是角位移式电容传感器示意图。当动片有一角位移 θ 时,两极板间覆盖面积 S 就改变,因而改变了两极板间的电容量。

当 $\theta=0$ 时

$$C_0=\frac{\varepsilon_r S}{3.6\pi d}\ \text{pF}$$

当 $\theta\neq0$ 时

$$C_\theta=\frac{\varepsilon_r S(1-\theta/\pi)}{3.6\pi d}=C_0(1-\theta/\pi)\ \text{pF} \tag{4-2}$$

由式(4-2)可见,电容 C_θ 与角位移 θ 呈线性关系。

图 4-1(b)是直线位移式电容传感器示意图。设两矩形极板间覆盖面积为 S,当其中一块极板移动距离 x 时,则面积 S 发生变化,电容量也改变。

$$C_x=\frac{\varepsilon_r b(a-x)}{3.6\pi d}=C_0\left(1-\frac{x}{a}\right)\ \text{pF} \tag{4-3}$$

此传感器灵敏度系数 K 可由下式求得:

$$K=\frac{\mathrm{d}C_x}{\mathrm{d}x}=-\frac{C_0}{a} \tag{4-4}$$

由式(4-4)可知:增大初始电容 C_0 可以提高传感器的灵敏度。但 x 变化不能太大,否则边缘效应会使传感器特性产生非线性变化。

变面积型电容式传感器还可以做成其他多种形式。这种电容传感器大多用来检测位移

等参数。

(2)变介质介电常数(ε)型

因为各种介质的介电常数不同(见表 4-1),若在两电极间充以空气以外的其他介质,使介电常数相应变化,电容量也随之改变。这种传感器常用于检测容器中液面高度、片状材料的厚度等。图 4-2 是一种电容液面计的原理图。被测介质中放入两个同心圆柱状极板 1 和 2。若容器内介质的介电常数为 ε_1,容器介质上面气体的介电常数为 ε_2,当容器内液面变化时,两极板间电容量 C 就会发生变化。

表 4-1 相对介电常数

物质名称	相对介电常数 ε_r	物质名称	相对介电常数 ε_r
水	80	玻璃	3.7
丙三醇	47	硫黄	3.4
甲醇	37	沥青	2.7
乙二醇	35～40	苯	2.3
乙醇	20～25	松节油	3.2
白云石	8	聚四氟乙烯塑料	1.8～2.2
盐	6	液氮	2
醋酸纤维素	3.7～7.5	纸	2
瓷器	5～7	液态二氧化碳	1.59
谷类	3～5	液态空气	1.5
纤维素	3.9	空气及其他气体	1～1.2
砂	3～5	真空	1
砂糖	3	云母	6～8

设容器中介质是不导电液体(如果是导电液体,则电极需要绝缘),容器中液体介质浸没电极 1 和 2 的高度为 h_1,这时总的电容 C 等于气体介质间的电容量和液体介质间电容量之和。

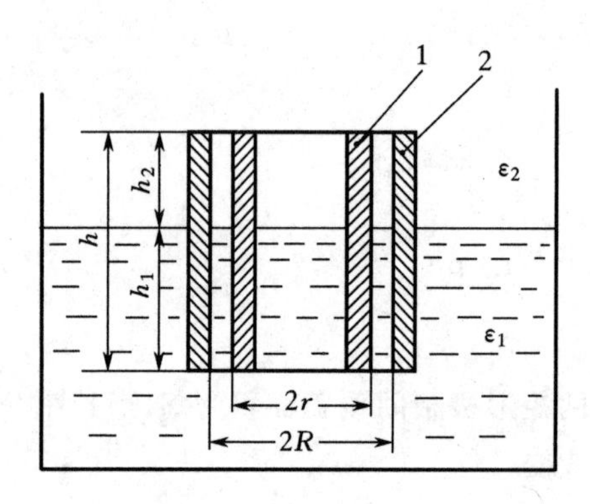

图 4-2 电容液面计原理

1、2—电极

气体介质间的电容量

$$C_1=\frac{2\pi h_2\varepsilon_2}{\ln(R/r)}=\frac{2\pi(h-h_1)\varepsilon_2}{\ln(R/r)}$$

液体介质间的电容量

$$C_2=\frac{2\pi h_1\varepsilon_1}{\ln(R/r)}$$

式中 h——电极总长度,$h=h_1+h_2$;

R、r——两个同心圆电极半径。

因此,总电容量为

$$C=C_1+C_2=\frac{2\pi(h-h_1)\varepsilon_2}{\ln(R/r)}+\frac{2\pi h_1\varepsilon_1}{\ln(R/r)}=\frac{2\pi h\varepsilon_2}{\ln(R/r)}+\frac{2\pi h_1(\varepsilon_1-\varepsilon_2)}{\ln(R/r)} \tag{4-5}$$

令

$$A=\frac{2\pi h\varepsilon_2}{\ln(R/r)}$$

$$K=\frac{2\pi(\varepsilon_1-\varepsilon_2)}{\ln(R/r)}$$

则式(4-5)可以写成

$$C=A+Kh_1 \tag{4-6}$$

式(4-6)表明传感器电容量 C 与液位高度 h_1 呈线性关系。

图 4-3 是另一种变介电常数(ε)的电容传感器。极板间两种介质厚度分别是 d_0 和 d_1，则此传感器的电容量等于两个电容 C_0 和 C_1 相串联，即

$$C=\frac{C_0C_1}{C_0+C_1}=\frac{\frac{\varepsilon_0 S}{3.6\pi d_0}\cdot\frac{\varepsilon_1 S}{3.6\pi d_1}}{\frac{\varepsilon_0 S}{3.6\pi d_0}+\frac{\varepsilon_1 S}{3.6\pi d_1}}=\frac{S}{3.6\pi\left(\frac{d_1}{\varepsilon_1}+\frac{d_0}{\varepsilon_0}\right)} \tag{4-7}$$

由式(4-7)可知，当介电常数 ε_0 或 ε_1 发生变化时，电容 C 随之而变。如果 ε_0 为空气介电常数，ε_1 为待测体的介电常数，当待测体厚度 d_1 不变时，此电容传感器可作为介电常数测量仪；当待测体介电常数 ε_1 不变时，可作为测厚仪使用。

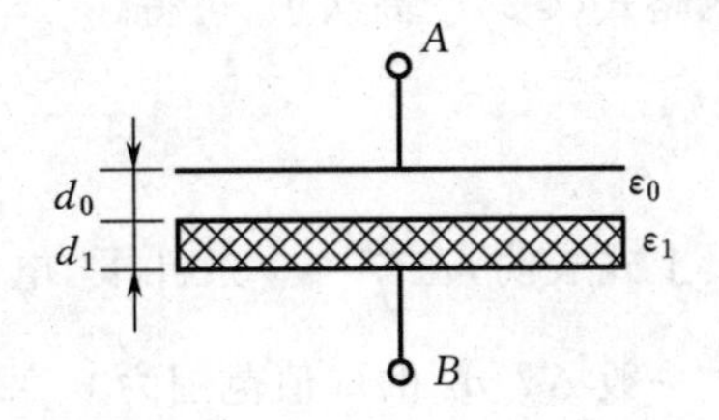

图 4-3　变介电常数(ε)的电容传感器

(3)变极板间距(d)型

此类型电容传感器如图 4-4 所示。图中极板 1 固定不动，极板 2 为可动电极(即动片)。当动片随被测量变化而移动时，两极板间距 d_0 变化，从而使电容量产生变化。C 随 d 变化的函数关系为一双曲线，如图4-5所示。

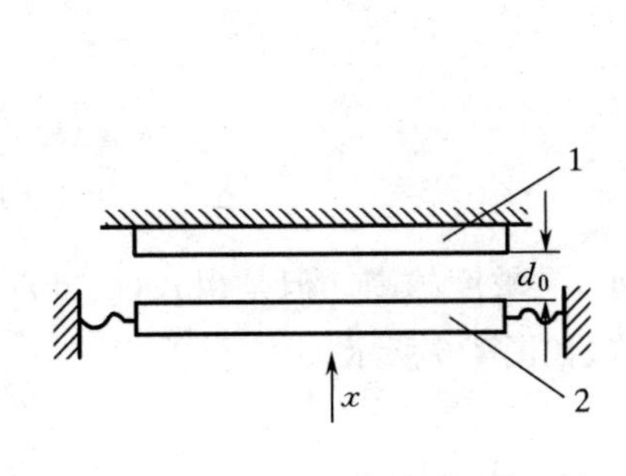

图 4-4　变极板间距(d)型电容传感器

1—极板；2—动片

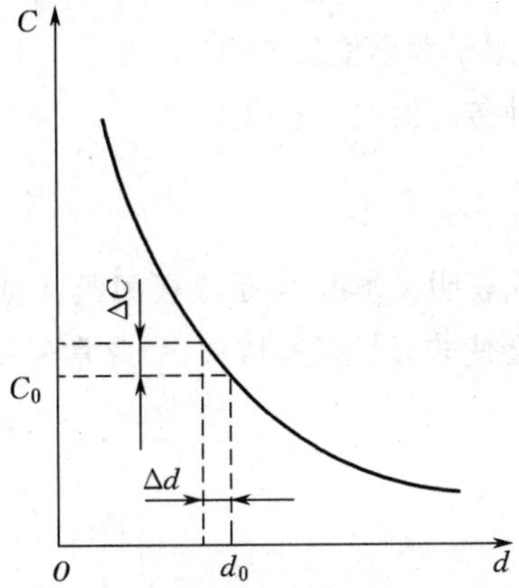

图 4-5　C-d 特性曲线

设动片 2 未动时极板间距为 d_0，初始电容量为 C_0，则

$$C_0=\frac{S}{3.6\pi d_0}\ \text{pF}$$

当间距 d_0 减小 Δd 时，则电容量为

$$\begin{aligned}C_0+\Delta C&=\frac{S}{3.6\pi(d_0-\Delta d)}\\&=\frac{S}{3.6\pi d_0\left(1-\frac{\Delta d}{d_0}\right)}=C_0\,\frac{1}{1-\frac{\Delta d}{d_0}}\end{aligned}$$

于是得

$$\frac{\Delta C}{C_0}=\frac{\dfrac{\Delta d}{d_0}}{1-\dfrac{\Delta d}{d_0}} \tag{4-8}$$

当 $\Delta d \ll d_0$ 时，式(4-8)可以展开为级数形式，即

$$\frac{\Delta C}{C_0}=\frac{\Delta d}{d_0}\left[1+\frac{\Delta d}{d_0}+\left(\frac{\Delta d}{d_0}\right)^2+\left(\frac{\Delta d}{d_0}\right)^3+\cdots\right] \tag{4-9}$$

若忽略式(4-9)中高次项，可得

$$\frac{\Delta C}{C_0}\approx\frac{\Delta d}{d_0} \tag{4-10}$$

上式表明，在$\frac{\Delta d}{d_0}\ll 1$ 条件下，电容的变化量 ΔC 与极板间距变化量 Δd 近似呈线性关系。一般 $\Delta d/d_0$ 的取值范围为 0.02～0.1。显然，非线性误差与 $\Delta d/d_0$ 的大小有关，其表达式为

$$\delta=\frac{\left|\left(\dfrac{\Delta d}{d_0}\right)^2\right|}{\left|\dfrac{\Delta d}{d_0}\right|}=\left|\frac{\Delta d}{d_0}\right|\times 100\% \tag{4-11}$$

例如，位移相对变化量为 0.1，则 $\delta=10\%$，可见这种结构的电容传感器非线性误差较大，仅适用于微小位移的测量。

这种传感器的灵敏度系数

$$K=\frac{\Delta C}{\Delta d}=-\frac{\varepsilon_0\varepsilon_r S}{d^2} \tag{4-12}$$

上式表明灵敏度 K 是极板间距 d 的函数，d 越小，灵敏度越高。但是由式(4-11)可知，减小 d 会使非线性误差增大，为此常采用差动式结构，如图 4-6 所示。

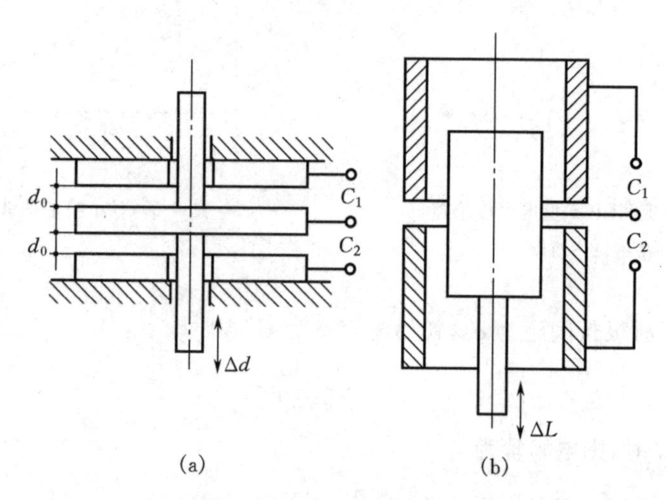

图 4-6　差动式电容传感器原理

(a)变极板间距类型　(b)变面积类型

以图 4-6(a)为例，设动片上移 Δd，则 C_1 增大，C_2 减小，如果 C_1 和 C_2 初始电容用 C_0 表

示，则有

$$C_1=C_0\left[1+\frac{\Delta d}{d_0}+\left(\frac{\Delta d}{d_0}\right)^2+\left(\frac{\Delta d}{d_0}\right)^3+\cdots\right]$$

$$C_2=C_0\left[1-\frac{\Delta d}{d_0}+\left(\frac{\Delta d}{d_0}\right)^2-\left(\frac{\Delta d}{d_0}\right)^3+\cdots\right]$$

所以差动式电容传感器输出为

$$\Delta C=C_1-C_2=C_0\left[2\frac{\Delta d}{d_0}+2\left(\frac{\Delta d}{d_0}\right)^3+\cdots\right] \tag{4-13}$$

忽略高次项，式(4-13)经整理得

$$\frac{\Delta C}{C_0}\approx 2\frac{\Delta d}{d_0} \tag{4-14}$$

其非线性误差为

$$\delta=\frac{\left|\left(\frac{\Delta d}{d_0}\right)^3\right|}{\left|\frac{\Delta d}{d_0}\right|}=\left(\frac{\Delta d}{d_0}\right)^2\times 100\% \tag{4-15}$$

由此可见，差动式电容传感器，不仅使灵敏度提高一倍，而且非线性误差可以减小一个数量级。

4.2　电容式传感器的测量电路

(1)等效电路

电容式传感器可用图 4-7 的等效电路来表示。图中，C 为传感器电容；R_P 为并联电阻，它包括了电极间直流电阻和气隙中介质损耗的等效电阻；串联电感 L 表示传感器各连线端间总电感；串联电阻 R_S 表示引线电阻、金属接线柱电阻及电容极板电阻之和。由图 4-7 可得到等效阻抗 Z_C，即

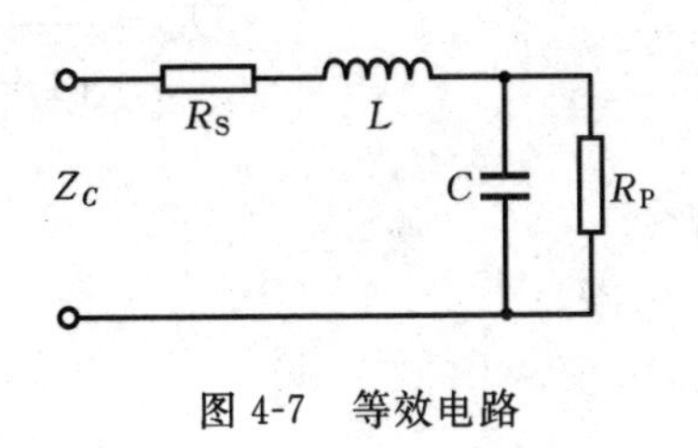

图 4-7　等效电路

$$Z_C=\left(R_S+\frac{R_P}{1+\omega^2R_P^2C^2}\right)-\mathrm{j}\left(\frac{\omega R_P^2C}{1+\omega^2R_P^2C^2}-\omega L\right) \tag{4-16}$$

式中　ω——激励电源角频率，$\omega=2\pi f$。

由于传感器并联电阻 R_P 很大，上式经简化后得等效电容为

$$C_E=\frac{C}{1-\omega^2LC}=\frac{C}{1-(f/f_0)^2} \tag{4-17}$$

式中　f_0——电路谐振频率，$f_0=\frac{1}{2\pi\sqrt{LC}}$。

当电源激励频率 f 低于电路谐振频率 f_0 时，等效电容增加到 C_E，由式(4-17)可计算 C_E 的值。在这种情况下，电容的实际相对变化量为

$$\frac{\Delta C_E}{C_E}=\frac{\Delta C/C}{1-\omega^2LC} \tag{4-18}$$

上式清楚地说明：电容传感器的标定和测量必须在同样条件下进行，即线路中导线实际

长度等条件在测试时和标定时应该一致。

(2)测量电路

电容传感器电容值一般十分微小(几皮法至几十皮法),这样微小的电容不便直接显示、记录,更不便于传输。为此,必须借助于测量电路检测出这一微小的电容变量,并转换为与其成正比的电压、电流或频率信号。由于测量电路种类很多,下面仅就目前常用的典型电路加以介绍。

1)交流不平衡电桥

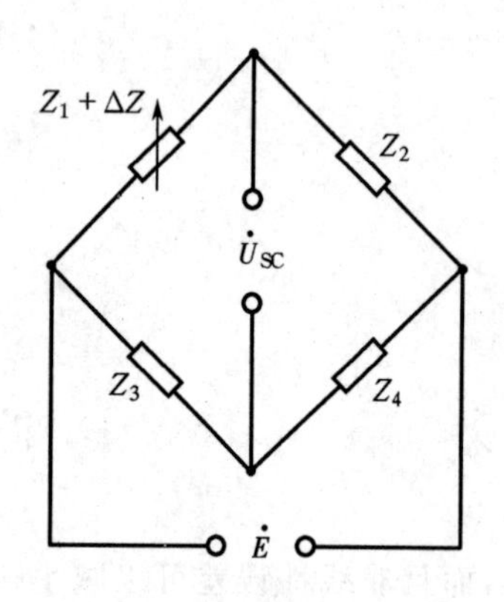

图 4-8 交流不平衡电桥原理

交流不平衡电桥是电容传感器最基本的一种测量电路,如图 4-8 所示。其中,一个臂 Z_1 为电容传感器阻抗,另三个臂 Z_2、Z_3、Z_4 为固定阻抗,$\dot{E}$ 为电源电压(设电源内阻为零),$\dot{U}_{SC}$为电桥输出电压。

下面讨论在输出端开路的情况下,电桥的电压灵敏度。设电桥初始平衡条件为 $Z_1\cdot Z_4=Z_2\cdot Z_3$,则 $\dot{U}_{SC}=0$。当被测参数变化时引起传感器阻抗变化为 ΔZ,于是桥路失去平衡。根据等效发电机原理,其输出电压为

$$\dot{U}_{SC}=\left(\frac{Z_1+\Delta Z}{Z_1+\Delta Z+Z_2}-\frac{Z_3}{Z_3+Z_4}\right)\dot{E} \tag{4-19}$$

将电桥平衡条件代入式(4-19),经整理后得

$$\dot{U}_{SC}=\frac{\frac{\Delta Z}{Z_1}\cdot\frac{Z_1}{Z_2}}{\left(1+\frac{Z_1}{Z_2}\right)\left(1+\frac{Z_3}{Z_4}\right)}\dot{E}=\frac{\frac{\Delta Z}{Z_1}\cdot\frac{Z_1}{Z_2}}{\left(1+\frac{Z_1}{Z_2}\right)^2}\dot{E}$$

令

$$\beta=\frac{\Delta Z}{Z_1}$$

$$A=\frac{Z_1}{Z_2}$$

$$K=\frac{Z_1/Z_2}{(1+Z_1/Z_2)^2}=\frac{A}{(1+A)^2}$$

则上式可改写为

$$\dot{U}_{SC}=\frac{\beta A}{(1+A)^2}\dot{E}=\beta K\dot{E} \tag{4-20}$$

式中 β——传感器阻抗相对变化值;

A——桥臂比;

K——桥臂系数。

在式(4-20)中,右边三个因子一般均为复数量。对于电容式传感元件来说,β 可以认为是一实数,因为有如下关系:

$$\beta=\frac{\Delta Z}{Z_1}=\frac{\Delta C}{C_1}\approx\frac{\Delta d}{d_1}$$

桥臂比 A 用指数形式表示为

$$A=\frac{Z_1}{Z_2}=\frac{|Z_1|\mathrm{e}^{\mathrm{j}\phi_1}}{|Z_2|\mathrm{e}^{\mathrm{j}\phi_2}}=a\mathrm{e}^{\mathrm{j}\theta} \tag{4-21}$$

式中：a、θ分别是A的模和相角，$a=\frac{|Z_1|}{|Z_2|}$，$\theta=\phi_1-\phi_2$。桥臂系数K是桥臂比A的函数，故也是复数，其表达式为

$$K=\frac{A}{(1+A)^2}=k\mathrm{e}^{\mathrm{j}\gamma}=f(a,\theta) \tag{4-22}$$

式中：k和γ分别是桥臂系数的模和相角，将$A=a\mathrm{e}^{\mathrm{j}\theta}$代入式(4-22)，可得

$$k=|K|=\frac{a}{1+2a\cos\theta+a^2}=f_1(a,\theta) \tag{4-23}$$

$$\gamma=\arctan^{-1}\frac{(1-a^2)\sin\theta}{2a+(1+a^2)\cos\theta}=f_2(a,\theta) \tag{4-24}$$

由此可见，k和γ均是a、θ的函数。由式(4-20)可知，在电源电压$\dot{E}$和传感器阻抗相对变化量β一定的条件下，要使输出电压$\dot{U}_{SC}$增大，必须设法提高桥臂系数K。根据式(4-23)和式(4-24)，以θ角为参变量，可分别画出桥臂系数的模、相角与a的关系曲线，如图4-9所示。

图4-9(a)中，因为每条曲线$k=f(a)$中$f(a)=f(1/a)$，所以图中只给出$a>1$的情况。

由图4-9(a)中可以看出，当$a=1$时，k为最大值k_m，k_m随θ而变。当$\theta=0$时，$k_m=0.25$；当$\theta=\pm90°$时，$k_m=0.5$；当$\theta=\pm180°$时，$k_m\to\infty$，这时电桥为谐振电桥，但桥臂元件必须是纯电感和纯电容。这实际上不可能做到，因此k_m也不可能达到无限大。总之，在桥路电源电压$\dot{E}$和传感元件阻抗相对变化量β一定时，欲使电桥电压灵敏度最高，应满足两桥臂初始阻抗的模相等，即$|Z_1|=|Z_2|$，并使两桥臂阻抗幅角差θ尽量增大的条件。

从图4-9(b)可知：对于不同的θ值，相角γ随a变化。当$a=1$时，$\gamma=0$；当$a\to\infty$时，γ趋于最大值γ_m，并且$\gamma_m=\theta$。只有$\theta=0$时，γ值均为零。因此，在一般情况下电桥输出电压$\dot{U}_{SC}$与电源$\dot{E}$之间有相移，即$\gamma\neq0$，只有当桥臂阻抗模相等$|Z_1|=|Z_2|$或两桥臂阻抗比的幅角$\theta=0$时，无论a为何值，γ均为零，即输出电压$\dot{U}_{SC}$与电源电压$\dot{E}$同相位。

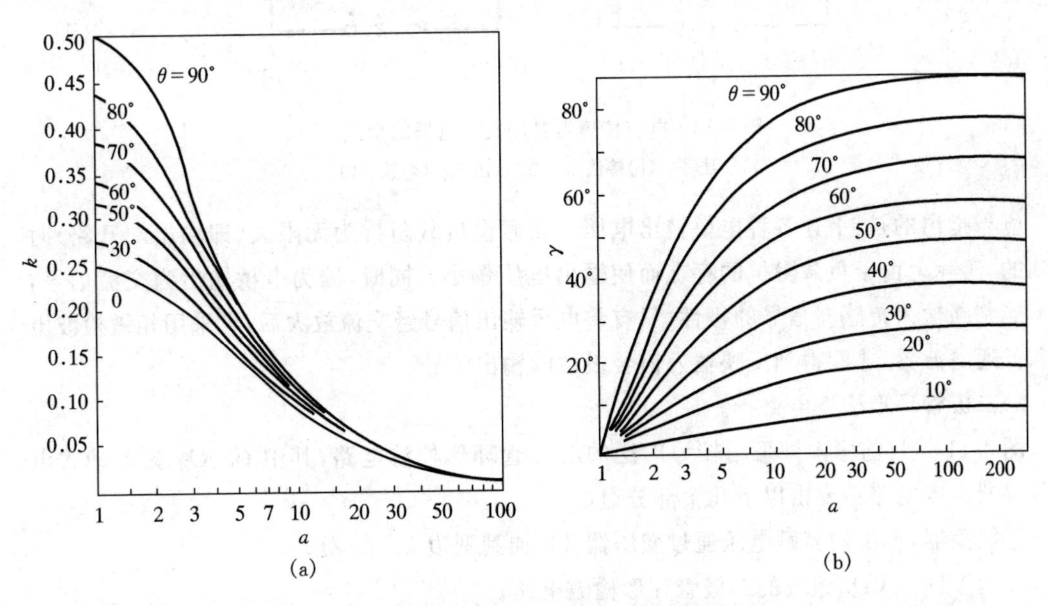

图4-9　桥臂系数的模、相角与a的关系曲线

(a)模与a的关系曲线　(b)相角与a的关系曲线

由以上分析可以求出常用各种电桥电压的灵敏度，从而粗略估计电桥输出电压的大小。例如在图4-10(a)、(b)中，$a=1$，$\theta=0$，根据图 4-9 曲线可知 $k=0.25$，$\gamma=0$，因此输出电压 $\dot{U}_{SC}=0.25\beta\dot{E}$。图 4-10(c)中，当 $R=\left|\frac{1}{\omega C}\right|$，即 $a=1$，$\theta=90°$时，根据图 4-9 曲线得到 $k=0.5$，$\gamma=0$，因此输出电压 $\dot{U}_{SC}=0.5\beta\dot{E}$。图 4-10(c)电路与图 4-10(b)相比较，虽然元件一样，但由于接法不同，灵敏度提高了一倍。图 4-10(c)和(d)电路形式相同，但是由于图 4-10(d)中采用了差动式电容传感器，故输出电压 $\dot{U}_{SC}=\beta\dot{E}$，比图 4-10(c)的输出电压提高了一倍。

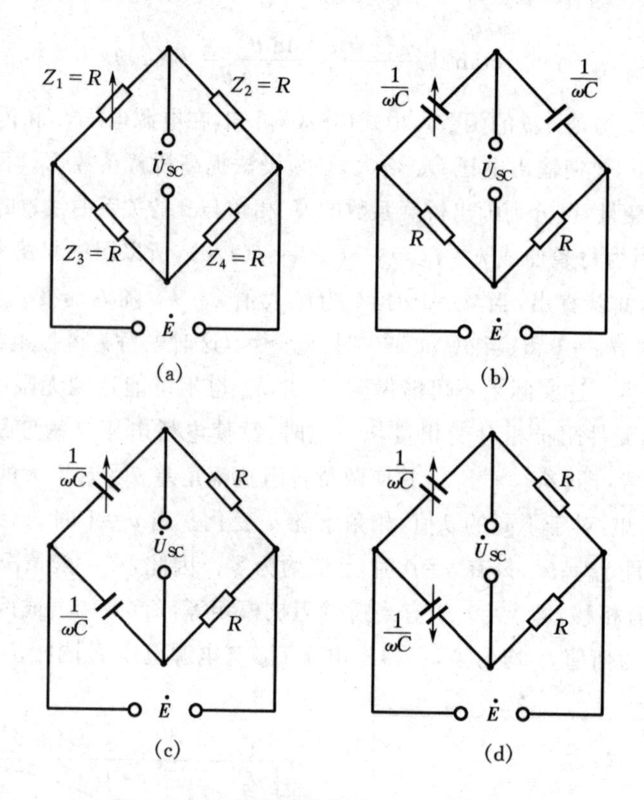

图 4-10　电容传感器常用交流电桥的形式

(a)接法一　(b)接法二　(c)接法三　(d)接法四

应当指出的是：上述各种电桥输出电压是在假设负载阻抗为无限大(即输出端开路)时得到的，实际上由于负载阻抗的存在而使输出电压偏小。同时，因为电桥输出为交流信号，故不能判断输入传感器信号的极性，只有将电桥输出信号经交流放大后，再采用相敏检波电路和低通滤波器，才能得到反映输入信号极性的输出信号。

2)二极管环形检波电路

图 4-11 是目前国内外采用较为广泛的二极管环形检波电路，其中 C_L、C_H 为差动式电容传感器。该电路主要由以下几个部分组成：

①振荡器，产生的激励电压通过变压器 TP 加到副边 L_1、L_2 处；

②由 $VD_1 \sim VD_4$ 组成的二极管环形检波电路；

③稳幅放大器 A_1；

④比例放大器 A_2 和电流转换器 Q_4；

⑤恒压恒流源 Q_2、Q_3。

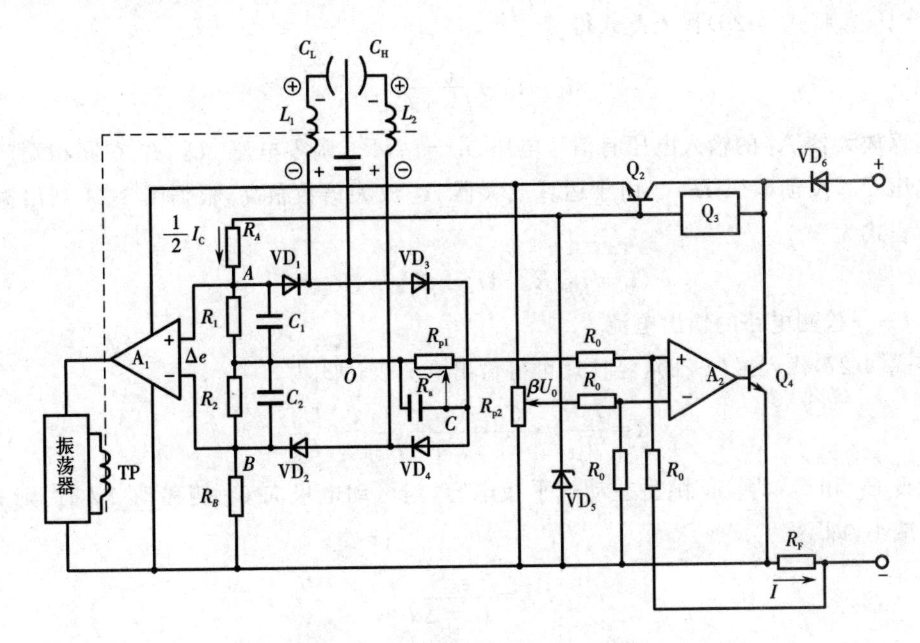

图 4-11 二极管环形检波电路原理

设振荡器激励电压经变压器 TP 加在副边 L_1 和 L_2 的正弦电压为 e,在检测回路中一般电容 C_L 和 C_H 的阻抗大于回路其他阻抗,于是通过 C_L 和 C_H 的电流分别为

$$i_L=\omega C_L e, i_H=\omega C_H e$$

式中 ω——激励电压的角频率。

由于二极管的检波作用,当 e 为正半周时(图中所示⊕、⊖),二极管 VD_1、VD_4 导通,VD_2、VD_3 截止;当 e 为负半周时(图中所示+、-),二极管 VD_2、VD_3 导通,VD_1、VD_4 截止。于是检波回路电流在 AB 端产生的电压有效值为

$$U_{AB1}=-R(i_L+i_H)$$

在上式中 $R=R_1=R_2$。另一方面,恒流源电流 I_C 在 AB 端产生的电压降为

$$U_{AB2}=I_C R$$

因此,加在 AB 端的总电压 $U_{AB}=U_{AB1}+U_{AB2}$,即运算放大器 A_1 的输入电压 Δe 为

$$\Delta e=I_C R-(i_L+i_H)R \tag{4-25}$$

运算放大器 A_1 的作用是使振荡器输出信号 e 的幅值保持稳定。若 e 增加,则 i_L 和 i_H 都随之增加,由式(4-25)可知,其运算放大器 A_1 的输入电压 Δe 将减小,经 A_1 放大后则振荡器输出电压 e 相应减小;反之,若 e 减小,则 i_L 和 i_H 也随之减小,Δe 增加,经 A_1 放大后使振荡器输出电压 e 增大,这一稳幅过程直至 $\Delta e=0$ 为止。由式(4-25)可得到振荡器稳幅条件为

$$I_C=i_L+i_H=\omega e(C_L+C_H)$$

于是

$$\omega e=\frac{I_C}{C_L+C_H} \tag{4-26}$$

此外，由于二极管检波作用，C、O 两点间电压为 $U_{CO}=(i_L-i_H)R_s$，而 $i_L-i_H=\omega e(C_L-C_H)$，将式(4-26)代入此式得

$$i_L-i_H=\frac{C_L-C_H}{C_L+C_H}I_C \tag{4-27}$$

运算放大器 A_2 的输入电压有信号电压 $(i_L-i_H)R_s$，调零电压 βU_0，I_C 在同相端产生的固定电压 U_B，反馈电压 IR_F。由于运算放大器 A_2 放大倍数很高，根据图 4-11 列出输入端平衡方程式为

$$(i_L-i_H)R_s+U_B-\beta U_0-IR_F=0 \tag{4-28}$$

式中　I——检测电路的输出电流。

将式(4-27)代入式(4-28)，经整理可得输出电流表达式为

$$I=\frac{I_C R_s}{R_F}\cdot\frac{C_L-C_H}{C_L+C_H}+\frac{U_B}{R_F}-\beta\frac{U_0}{R_F} \tag{4-29}$$

如设 C_L 和 C_H 为变间隙型差动式平板电容，当可动电极向 C_L 侧移动 Δd 时，则 C_L 增加，C_H 减小，即

$$\left.\begin{aligned}C_L&=\frac{\varepsilon_0 S}{d_0-\Delta d}\\C_H&=\frac{\varepsilon_0 S}{d_0+\Delta d}\end{aligned}\right\} \tag{4-30}$$

将式(4-30)代入式(4-29)，整理得

$$I=\frac{I_C R_s}{R_F}\cdot\frac{\Delta d}{d_0}+\frac{U_B}{R_F}-\beta\frac{U_0}{R_F} \tag{4-31}$$

由式(4-31)可以看出该电路有以下特点：采用变面积型或变间隙型差动式电容传感器，均能得到线性输出特性；用电位器 R_{p1}、R_{p2} 可实现量程和零点的调整，而且两者互不干扰；改变反馈电阻 R_F 可以改变输出起始电流 I_0。

3)差动脉冲宽度调制电路

该电路原理如图 4-12 所示。它由比较器 A_1、A_2，双稳态触发器及电容充电、放电回路组成。C_1 和 C_2 为传感器的差动电容，双稳态触发器的两个输出端 A、B 作为差动脉冲宽度调制电路的输出。设电源接通时，双稳态触发器的 A 端为高电位，B 端为低电位，因此 A 点通过 R_1 对 C_1 充电，直至 M 点的电位等于参考电压 U_F 时，比较器 A_1 产生一脉冲，触发双

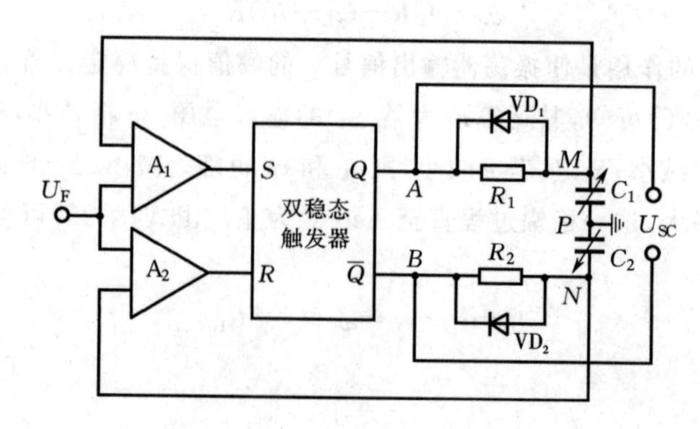

图 4-12　差动脉冲宽度调制电路原理

稳态触发器翻转，则 A 点呈低电位，B 点呈高电位。此时 M 点电位经二极管 VD_1 迅速放电至零，而同时 B 点的高电位经 R_2 向 C_2 充电，当 N 点电位等于 U_F 时，比较器 A_2 产生一脉冲，使触发器又翻转一次，则 A 点呈高电位，B 点呈低电位，重复上述过程。如此周而复始，在双稳态触发器的两输出端各自产生一宽度受 C_1、C_2 调制的方波脉冲。

下面讨论此方波脉冲宽度与 C_1、C_2 的关系。当 $C_1=C_2$ 时，电路上各点电压波形如图4-13(a)所示，A、B 两点间平均电压为零。当 $C_1\neq C_2$ 时，如 $C_1>C_2$，则 C_1 和 C_2 充放电时间常数不同，电压波形如图4-13(b)所示，A、B 两点间平均电压不再是零。输出直流电压 $\overline{U}_{SC}$ 由 A、B 两点间电压经低通滤波后获得，等于 A、B 两点间电压平均值 U_{AP} 和 U_{BP} 之差。

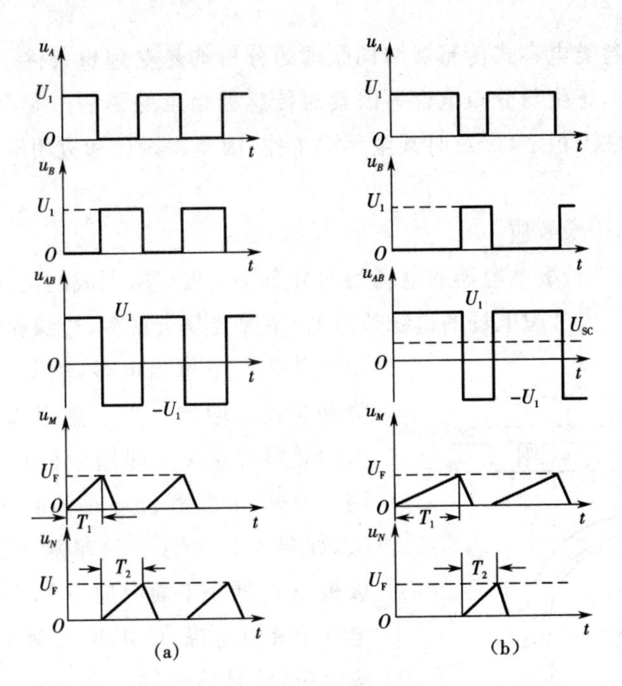

图4-13　各点电压波形

(a) $C_1=C_2$　(b) $C_1\neq C_2$

$$U_{AP}=\frac{T_1}{T_1+T_2}U_1$$

$$U_{BP}=\frac{T_2}{T_1+T_2}U_1$$

式中　U_1——触发器输出高电平。

$$\overline{U}_{SC}=U_{AP}-U_{BP}=U_1\,\frac{T_1-T_2}{T_1+T_2}\tag{4-32}$$

$$T_1=R_1C_1\ln\frac{U_1}{U_1-U_F}\tag{4-33}$$

$$T_2=R_2C_2\ln\frac{U_1}{U_1-U_F}\tag{4-34}$$

设充电电阻 $R_1=R_2=R$，则得

$$\overline{U}_{SC}=\frac{C_1-C_2}{C_1+C_2}U_1\tag{4-35}$$

由上式可知，差动电容的变化使充电时间不同，从而使双稳态触发器输出端的方波脉冲宽度不同。因此，A、B 两点间输出直流电压 $\overline{U}_{SC}$ 也不同，而且具有线性输出特性。此外，调宽电路还具有如下特点：与二极管式电路相似，不需要附加解调器即能获得直流输出；输出信号一般为 100 kHz～1 MHz 的矩形波，所以直流输出只需经低通滤波器简单地引出。由于低通滤波器的作用，对输出波形纯度要求不高，只需要一电压稳定度较高的直流电源，这比其他测量电路中要求高稳定度的稳频、稳幅交流电源易于做到。

4.3 电容式传感器的误差分析

第 4.1 节中对各类电容式传感器结构原理的分析均是在理想条件下进行的，没有考虑温度、电场边缘效应、寄生与分布电容等因素对传感器精度的影响。实际上，这些因素的存在使电容传感器特性不稳定，严重时甚至无法工作，因此在设计和应用电容式传感器时必须予以考虑。

(1)电容电场的边缘效应

在理想条件下，平行板电容器的电场均匀分布于两极板所围成的空间，这仅是简化电容量计算的一种假定。当考虑电场的边缘效应时，情况要复杂得多，边缘效应的影响相当于传感器并联一个附加电容，引起传感器的灵敏度下降和非线性增加。为了克服边缘效应，首先应增大初始电容量 C_0，即增大极板面积，减小极板间距。此外，加装等位环是消除边缘效应的有效方法，如图 4-14 所示。这里除 A、B 两极板外，又在极板 A 的同一平面内加一个同心环面 C。A、C 在电气上相互绝缘，使用时 A 和 C 两面间始终保持等电位，于是传感器电容极板 A 与 B 间电场接近理想状态的均匀分布。

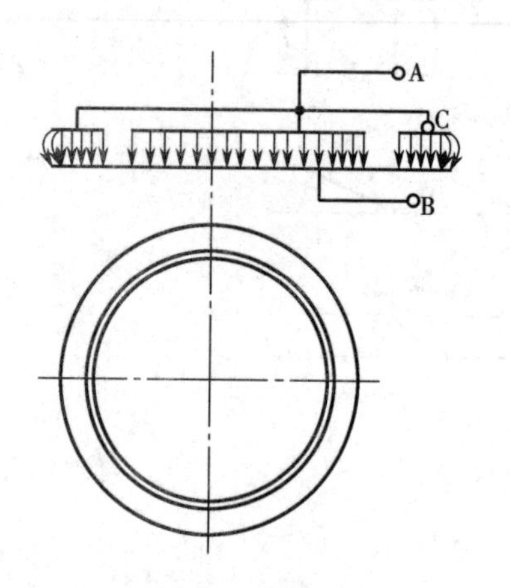

图 4-14　加装等位环消除边缘效应

(2)寄生与分布电容

一般电容式传感器的电容值很小，如果激励电源频率较低，则电容式传感器的容抗很大。因此，对传感器绝缘电阻要求很高。另一方面，传感器除有极板间电容外，极板与周围物体(各种元件甚至人体)也产生电容联系，这种电容称为寄生电容。它不但改变了电容传感器的电容量，而且会导致传感器特性不稳定，对传感器产生严重干扰。为此，必须采用静电屏蔽措施，将电容器极板放置在金属壳体内，并将壳体与大地相连。同样原因，其电极引出线也必须用屏蔽线，屏蔽线外套要求接地良好。尽管如此，电容式传感器仍然存在以下两个问题。

①屏蔽线本身电容量较大，每米最大可达几百皮法，最小有几皮法。当屏蔽线较长时，其本身电容量往往大于传感器的电容量，而且分布电容与传感器电容相并联，使传感器电容相对变化量大为降低，因而导致传感器灵敏度显著下降。

②电缆本身的电容量由于放置位置和形状不同而有较大变化，这将造成传感器特性不稳定。

目前,解决电缆电容影响问题的有效办法是采用驱动电缆技术。驱动电缆技术的基本原理是使用电缆屏蔽层电位跟踪与电缆相连接的传感器电容极板电位。要求两者电位的幅值和相位均相同,从而消除电缆分布电容的影响。

在图 4-15 所示电路中,C_X 是传感器的电容,双层屏蔽电缆的内屏蔽线接 1∶1放大器的输出端,而输入端接芯线,信号为 Σ 点对地的电位。由于 1∶1放大器使芯线和内屏蔽线等电位,从而可以消除连线分布电容的影响。不难设想,该方法对 1∶1放大器的要求是:输入电容等于零,输入阻抗无穷大,相移为零。在技术上实现上述要求比较困难。当传感器电容 C_X 很小或与放大器输入电容相差无几时,会引起很大的相对误差。因此,该电路适用于 C_X 较大的传感器。

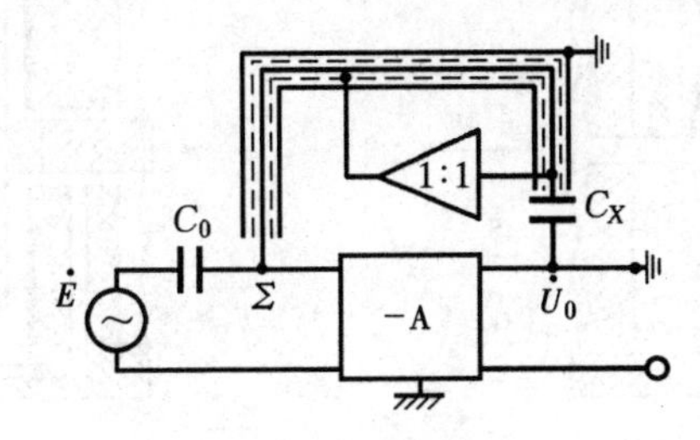

图 4-15 驱动电缆线路原理

(3)温度

电容式传感器由于极间隙很小,因而对结构尺寸的变化特别敏感。在传感器各零件材料线性膨胀系数不匹配的情况下,温度变化将导致极间隙发生较大的变化,从而产生很大的温度误差。为了减小这种误差,应尽量选取温度系数小且稳定的材料,如电极的支架选用陶瓷材料,电极材料选用铁镍合金。近年来又采用在陶瓷或石英上进行喷镀金或银的工艺。

(4)漏电阻

电容式传感器的容抗很高,特别是电源频率 ω 较低时,容抗更高。如果两极板之间的漏电阻与此容抗相接近,就必须考虑分路作用对系统灵敏度的影响。它将使传感器的灵敏度下降。因此,应选用绝缘性能很好的陶瓷、石英、聚四氟乙烯等材料作为两极之间的支架,可大大提高两极板之间的漏电阻。当然,适当地提高激励电源的频率也可以降低对材料绝缘性能的要求。

4.4 电容式传感器的应用

由于电子技术的发展,成功地解决了电容式传感器存在的技术问题,为电容式传感器的应用开辟了广阔的前景。它不但广泛地用于精确测量位移、厚度、角度、振动等机械量,还用于测量力、压力、差压、流量、成分、液位等参数。

下面就其主要应用作简单介绍。

(1)电容式差压变送器

电容式差压变送器具有构造简单、小型轻量、精度高(可达0.25%)、互换性强等优点,目前已广泛应用于工业生产中。该变送器具有如下特点:

①变送器感压腔室内充灌了温度系数小、稳定性高的硅油作为密封液；

②为了使变送器获得良好的线性度，感压膜片采用张紧式结构；

③变送器输出为标准电流信号；

④动态响应时间一般为0.2～15 s。

电容式差压变送器结构如图4-16所示。

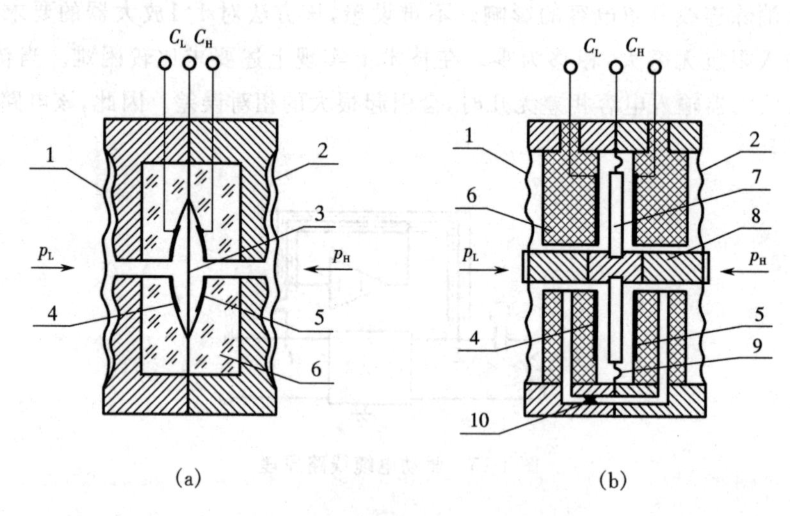

图4-16　电容式差压变送器结构

(a)二室结构　(b)一室结构

1、2—测量膜片(或隔离膜片)；3—感压膜片；4、5—固定电极；6—绝缘体；

7—可动平板电极；8—中心轴；9—片簧；10—节流孔

图4-16(a)为二室结构的电容式差压变送器。图中测量膜片与被测介质直接接触，感压膜片在圆周方向张紧。膜片1与3间为一室，膜片2与3间为另一室，故称二室结构。其中，感压膜片为可动电极，并与两个固定电极构成差动式球—平面型电容传感器C_L和C_H。固定球面电极是在绝缘体上加工而成的。绝缘体一般采用玻璃或陶瓷，在其表面蒸镀一层金属膜(如铝)作为电极。感压膜片的挠曲变形，引起差动电容C_L和C_H变化，经测量电路将电容变化量转换成标准电流信号。

图4-16(b)为一室结构的电容式差压变送器。图中测量膜片与被测介质直接接触，中心轴把两个测量膜片与可动平板电极连为一体，片簧把可动电极在圆周方向张紧。在绝缘体上蒸镀金属层构成固定电极，并与可动电极构成平行板式差动电容。可动电极与测量膜片间充满硅油，作为密封液，并有通道经节流孔将两电容连通，所以称为一室结构。当两边被测压力不等($p_H>p_L$)时，测量膜片通过中心轴推动可动电极移动，从而使差动电容C_L和C_H发生变化。

(2)电容式液位计

电容式液位计可以连续测量水池、水塔、水井和江河湖海的水位以及各种导电液体(如酒、醋、酱油等)的液位。

图4-17为电容式水位计探头示意。当其浸入水或其他被测导电液体时，导线芯以绝缘层为介质与周围的水(或其他导电液体)形成圆柱形电容器。

由图 4-17 可知其电容量为

$$C_X=\frac{2\pi\varepsilon h_X}{\ln(d_2/d_1)}\ \text{pF} \tag{4-39}$$

式中　ε——导线芯绝缘层的介电常数(pF/cm)；

h_X——待测水位高度(cm)；

d_1、d_2——导线芯直径和绝缘层外径(cm)。

为被测电容 C_X 配置图 4-18 所示的二极管环形测量桥路，可以得到正比于液位 h_X 的直流信号。

环形测量桥路由四只开关二极管 VD_1～VD_4、电感线圈 L_1 和 L_2、电容 C_1 和 C_e，被测电容 C_X 和调零电容 C_d 以及电流表 M 等组成。

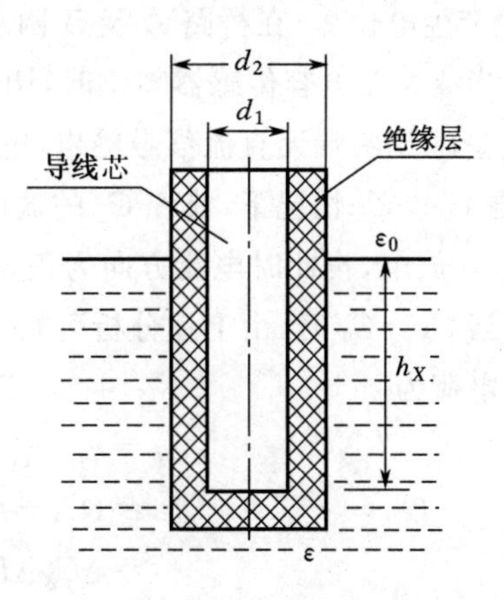

图 4-17　电容式水位计探头示意

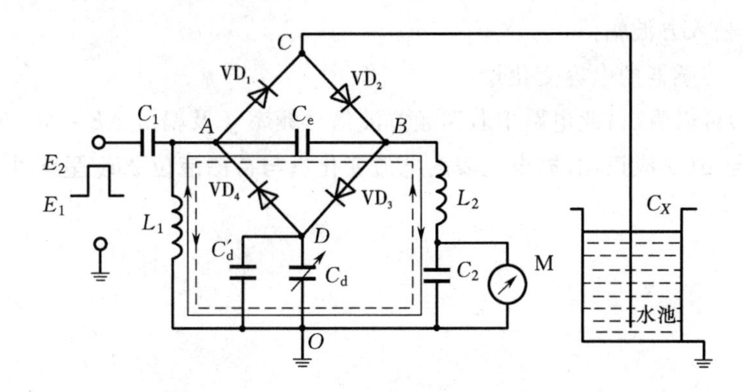

图 4-18　二极管环形测量桥路

输入脉冲方波加在 A 点与地之间，电流表串接在 L_2 支路内，C_2 是高频旁路电容。由于电感线圈对直流信号呈低阻抗，因而直流电流很容易从 B 点流经 L_2、电流表至地(公共端 O 点)，再由地经 L_1 流回 A 点。由于 L_1 和 L_2 对高频信号($f>1\,000$ kHz)呈高阻抗，所以高频方波及电流高频分量均不能通过电感，这样电流表 M 可以得到比较平稳的直流信号。

当输入高频方波由低电平 E_1 跃迁到高电平 E_2 时，电容 C_X 和 C_d 两端电压均由 E_1 充电到 E_2。充电电荷一路由 A 经 VD_1 到 C 点，再经 C_X 到地；另一路由 A 经 C_e 到 B 点，再经 VD_3 至 D 点对 C_d 充电，此时 VD_2 和 VD_4 由于反偏而截止。在 T_1 充电时间内，由 A 点向 B 点流动的电荷量为

$$q_1=C_d(E_2-E_1) \tag{4-40}$$

当输入高频脉冲方波由 E_2 返回 E_1 时，电容 C_X 和 C_d 均放电。在放电过程中 VD_1 与 VD_3 反偏截止，C_X 经 VD_2、C_e 和 L_1 至 O 点放电；C_d 经 VD_4、L_1 至 O 点放电。因而，在 T_2 放电时间内由 B 点流向 A 点的电荷量为

$$q_2=C_X(E_2-E_1) \tag{4-41}$$

应当指出的是：式(4-40)和式(4-41)是在 C_e 电容值远大于 C_X 和 C_d 的前提下得到的结果。电容 C_e 的充放电回路如图 4-18 中细实线和虚线箭头所示。从上述充电、放电过程可知，充电电流和放电电流经过电容 C_e 时方向相反，所以当充电与放电的电流不相等时，电容

C_e 端产生电位差，在桥路 A 及 B 两点间有电流产生，可由电流表 M 指示出来。

当液面在电容传感器零位时，调整 $C_d = C_{X0}$，使流经 C_e 的充、放电电流相等，C_e 两端无电位差，AB 两端无直流信号输出，电流表 M 指向零位。当被测电容 C_X 随液位变化而变化时，在 $C_X > C_d$ 情况下，流经 C_e 的放电电流大于充电电流，电容 C_e 两端产生电位差并经电流表 M 放电，设此时电流方向为正；当 $C_X < C_d$ 时，流经电流表的电流方向则为负。

当 $C_X > C_d$ 时，由上述分析可知，在一个充、放电周期内（即 $T = T_1 + T_2$），由 B 点流向 A 点的电荷为

$$
\begin{aligned}
q &= q_2 - q_1 = C_X(E_2 - E_1) - C_d(E_2 - E_1) \\
&= (C_X - C_d)(E_2 - E_1) \\
&= \Delta C_X \Delta E
\end{aligned}
\tag{4-42}
$$

设方波频率 $f = 1/T$，则流过 A、B 端及电流表 M 支路的瞬间电流平均值为

$$\overline{I} = fq = f\Delta C_X \Delta E \tag{4-43}$$

式中　ΔE——输入方波幅值；

　　　ΔC_X——传感器的电容变化量。

由式(4-43)可以看出：此电路中若高频方波信号频率 f 及幅值 ΔE 一定，流经电流表 M 的平均电流 $\overline{I}$ 与 ΔC_X 成正比，即电流表的电流变化量与待测液位 Δh_X 呈线性关系。

第5章 电感式传感器

电感式传感器是利用线圈自感和互感的变化实现非电量电测的一种装置。它可以用来测量位移、振动、压力、应变、流量、比重等参数。

电感式传感器种类很多。根据转换原理不同,可分为自感式和互感式两种;根据结构形式不同,可分为气隙型和螺管型两种。

电感式传感器与其他传感器相比,具有以下特点。

①结构简单、可靠,测量力小[衔铁重为(0.5～200)×10^{-4} N时,磁吸力为(1～10)×10^{-4} N]。

②分辨力高。能测量0.1 μm,甚至更小的机械位移,能感受0.1 rad/s的微小角位移。传感器的输出信号强,电压灵敏度一般每一毫米可达数百毫伏,因此有利于信号的传输和放大。

③重复性好,线性度优良。在一定位移范围(最小几十微米,最大达数十甚至数百毫米)内,输出特性的线性度较好,且比较稳定。

当然,电感式传感器也有不足之处,如存在着交流零位信号,不适于高频动态测量等。

5.1 自感式传感器

自感式传感器常见的有气隙型和螺管型两种结构,本节仅讨论气隙型结构。

(1)气隙型电感传感器结构原理

图5-1(a)是气隙型电感传感器的结构原理,传感器主要由线圈、衔铁和铁芯等组成。图

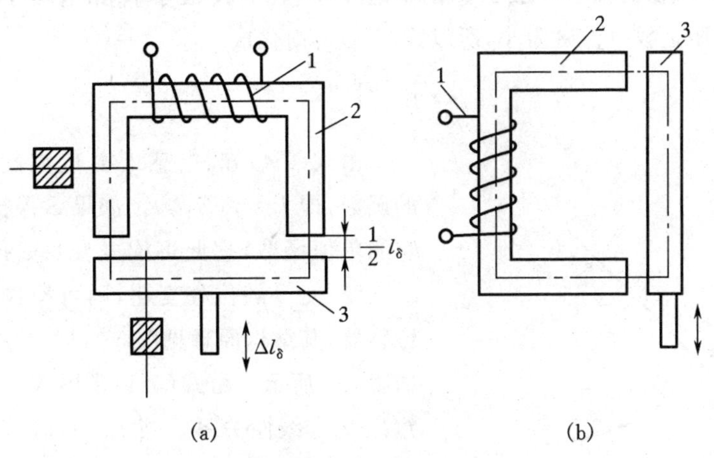

图5-1 气隙型电感传感器结构原理

(a)变隙式 (b)变截面式

1—线圈;2—铁芯;3—衔铁

5-1(a)中点画线表示磁路,磁路中空气隙总长度为 l_δ,工作时衔铁与被测体接触。被测体的位移引起气隙磁阻的变化,从而使线圈电感变化。当传感器线圈与测量电路连接后,电感的变化可转换成电压、电流或频率的变化,完成从非电量到电量的转换。

由磁路基本知识可知,线圈电感为

$$L=\frac{N^2}{R_m} \tag{5-1}$$

式中 N——线圈匝数;

R_m——磁路总磁阻(H^{-1})。

对于气隙式电感传感器,因为气隙较小(一般 l_δ 为 0.1~1 mm),所以可认为气隙磁场是均匀的,若忽略磁路铁损,则磁路总磁阻为

$$R_m=\frac{l_1}{\mu_1 S_1}+\frac{l_2}{\mu_2 S_2}+\frac{l_\delta}{\mu_0 S} \tag{5-2}$$

式中 l_1——铁芯磁路总长(m);

l_2——衔铁的磁路长(m);

l_δ——空气隙总长(m);

S_1——铁芯横截面面积(m^2);

S_2——衔铁横截面面积(m^2);

S——气隙磁通截面面积(m^2);

μ_1——铁芯磁导率(H/m);

μ_2——衔铁磁导率(H/m);

μ_0——真空磁导率,$\mu_0=4\pi\times10^{-7}$ H/m。

因此

$$L=\frac{N^2}{R_m}=N^2\bigg/\left(\frac{l_1}{\mu_1 S_1}+\frac{l_2}{\mu_2 S_2}+\frac{l_\delta}{\mu_0 S}\right) \tag{5-3}$$

由于电感传感器的铁芯一般工作在非饱和状态下,其磁导率 μ_r 远大于空气的磁导率 μ_0,因此铁芯磁阻远较气隙磁阻小,所以式(5-3)可简化成

$$L=\frac{N^2\mu_0 S}{l_\delta} \tag{5-4}$$

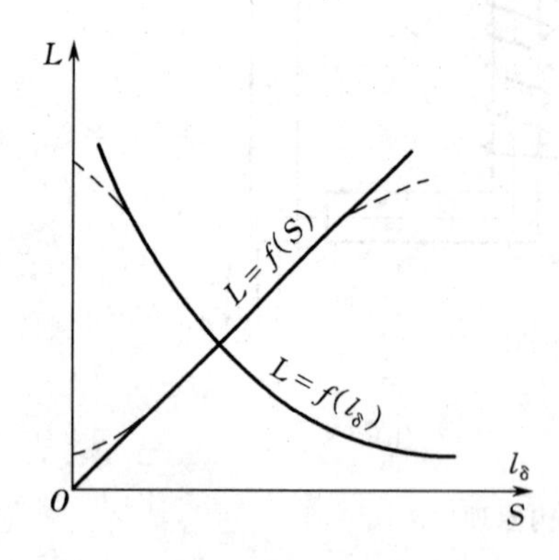

图 5-2 变气隙式和变截面式电感传感器特性曲线

由式(5-4)知,电感 L 是气隙截面面积和长度的函数,即 $L=f(S,l_\delta)$。如果 S 保持不变,则 L 为 l_δ 的单值函数,据此可构成变隙式传感器;若保持 l_δ 不变,使 S 随位移变化,则可构成变截面式电感传感器,其结构原理见图 5-1(b)。它们的特性曲线如图 5-2 所示。由式(5-4)及图 5-2 可以看出,$L=f(l_\delta)$为非线性关系。当 $l_\delta=0$ 时,L 为∞,考虑导磁体的磁阻,即根据式(5-3),当 $l_\delta=0$ 时,L 并不等于∞,而具有一定的数值,在 l_δ 较小时其特性曲线如图中虚线所示。当上下移动衔铁使面积 S 改变,

从而改变 L 值时，则 $L=f(S)$ 的特性曲线为一直线，如图 5-2 所示。

(2)测量电路

1)交流电桥

交流电桥是电感传感器的主要测量电路。为了提高灵敏度、改善线性度，电感线圈一般接成差动形式，如图 5-3 所示。Z_1、Z_2 为工作臂，即线圈阻抗，R_1、R_2 为电桥的平衡臂。电桥平衡条件为$\frac{Z_1}{Z_2}=\frac{R_1}{R_2}$。

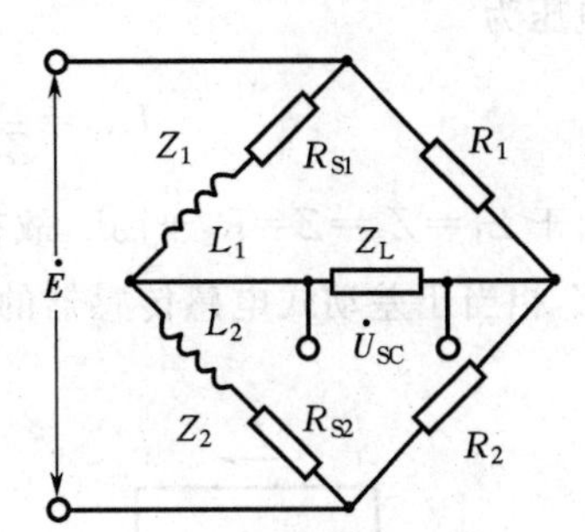

图 5-3 交流电桥原理

设
$$\begin{cases} Z_1=Z_2=Z=R_S+j\omega L \\ R_{S1}=R_{S2}=R_S \\ L_1=L_2=L \\ R_1=R_2=R \end{cases}$$

$\dot{E}$ 为桥路电源，Z_L 是负载阻抗。工作时，$Z_1=Z+\Delta Z$，$Z_2=Z-\Delta Z$，由等效发电机原理求得

$$\dot{U}_{SC}=\dot{E}\frac{\Delta Z}{Z}\cdot\frac{Z_L}{2Z_L+R+Z}$$

$Z_L\to\infty$时，上式可写成

$$\dot{U}_{SC}=\dot{E}\frac{\Delta Z}{2Z}=\frac{\dot{E}}{2}\cdot\frac{\Delta R_S+j\omega\Delta L}{R_S+j\omega L} \tag{5-5}$$

其输出电压幅值为

$$U_{SC}=\frac{\sqrt{\omega^2\Delta L^2+\Delta R_S^2}}{2\sqrt{R_S^2+(\omega L)^2}}E\approx\frac{\omega\Delta L}{2\sqrt{R_S^2+(\omega L)^2}}E \tag{5-6}$$

输出阻抗为

$$Z=\frac{\sqrt{(R+R_S)^2+(\omega L)^2}}{2} \tag{5-7}$$

式(5-5)经变换和整理后可写成

$$\dot{U}_{SC}=\frac{\dot{E}}{2}\frac{1}{\left(1+\frac{1}{Q^2}\right)}\left[\left(\frac{1}{Q^2}\cdot\frac{\Delta R_S}{R_S}+\frac{\Delta L}{L}\right)+j\frac{1}{Q}\left(\frac{\Delta L}{L}-\frac{\Delta R_S}{R_S}\right)\right]$$

式中 Q——电感线圈的品质因数，$Q=\frac{\omega L}{R_S}$。

由上式可以看出下列两点。

①桥路输出电压 $\dot{U}_{SC}$包含着与电源 $\dot{E}$ 同相和正交两个分量。实际测量中，只希望用同相分量。从式中看出，如能使$\frac{\Delta L}{L}=\frac{\Delta R_S}{R_S}$，或 Q 值比较大，均能达到此目的。但在实际工作中，$\frac{\Delta R_S}{R_S}$一般很小，所以要求线圈有高的品质因数。当 Q 值很高时，$\dot{U}_{SC}=\frac{\dot{E}}{2}\cdot\frac{\Delta L}{L}$。

②当 Q 值很低时，电感线圈的电感远小于电阻，电感线圈相当于纯电阻的情况($\Delta Z=\Delta R_S$)，交流电桥即为电阻电桥。例如，应变测量仪就是如此，此时输出电压 $\dot{U}_{SC}=\frac{\dot{E}}{2}\cdot\frac{\Delta R_S}{R_S}$。

这种电桥结构简单，其电阻 R_1、R_2 可用两个电阻和一个电位器组成，调零方便。

2)变压器电桥

如图 5-4 所示，它的平衡臂为变压器的两个副边，当负载阻抗为无穷大时，流入工作臂的电流为

$$\dot{I}=\frac{\dot{E}}{Z_1+Z_2}$$

输出电压为

$$\dot{U}_{SC}=\frac{\dot{E}}{Z_1+Z_2}Z_2-\frac{\dot{E}}{2}=\frac{\dot{E}}{2}\cdot\frac{Z_2-Z_1}{Z_1+Z_2} \tag{5-8}$$

由于 $Z_1=Z_2=Z=R_S+j\omega L$，故初始平衡时，$\dot{U}_{SC}=0$。双臂工作时，即 $Z_1=Z-\Delta Z$，$Z_2=Z+\Delta Z$，相当于差动式电感传感器的衔铁向一边移动，可得

$$\dot{U}_{SC}=\frac{\dot{E}}{2}\cdot\frac{\Delta Z}{Z} \tag{5-9}$$

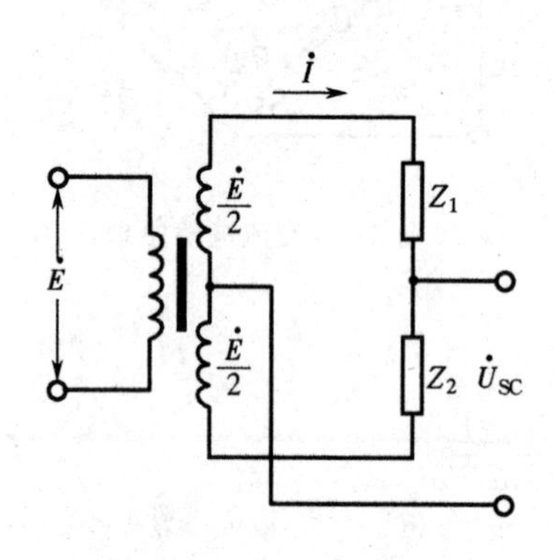

图 5-4　变压器电桥原理

同理，当衔铁向反方向移动时，$Z_1=Z+\Delta Z$，$Z_2=Z-\Delta Z$，故

$$\dot{U}_{SC}=-\frac{\dot{E}}{2}\cdot\frac{\Delta Z}{Z} \tag{5-10}$$

由式(5-9)和式(5-10)可知：当衔铁向不同方向移动时，产生的输出电压 $\dot{U}_{SC}$ 大小相等、方向相反，即相位互差 180°，可以反映衔铁移动的方向。但是，为了判别交流信号的相位，尚需接入专门的相敏检波电路。

变压器电桥的输出电压幅值与式(5-6)一样：

$$U_{SC}=\frac{\omega\Delta L}{2\sqrt{R_S^2+\omega^2L^2}}E$$

它的输出阻抗为(略去变压器副边的阻抗，通常它远小于电感的阻抗)

$$Z=\frac{\sqrt{R_S^2+\omega^2L^2}}{2} \tag{5-11}$$

这种电桥与电阻平衡电桥相比，优点是元件少，输出阻抗小，桥路开路时电路呈线性；缺点是变压器副边不接地，容易引起来自原边的静电感应电压，使高增益放大器不能工作。

5.2　差动变压器

5.2.1　结构原理与等效电路

差动变压器的结构形式如图 5-5 所示，它分为气隙型和螺管型两种形式。气隙型差动变压器由于行程小，且结构较复杂，因此目前已很少采用，下面仅讨论螺管型差动变压器。

差动变压器的基本元件有衔铁、初级线圈、次级线圈和线圈框架等。初级线圈作为差动变压器激励用，相当于变压器的原边，而次级线圈由结构尺寸和参数相同的两个线圈反相串

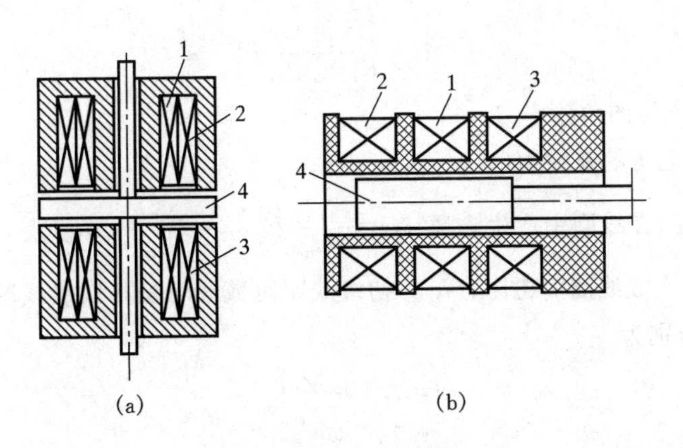

图 5-5　差动变压器结构示意

(a)气隙型　(b)螺管型

1—初级线圈；2、3—次级线圈；4—衔铁

接而成，相当于变压器的副边。螺管型差动变压器根据初、次级排列不同有二节式、三节式、四节式和五节式等形式。三节式的零点电位较小，二节式比三节式灵敏度高、线性范围大，四节式和五节式都是为了改善传感器线性度采用的方法。图 5-6 列出了上述差动变压器线圈的各种排列形式。

差动变压器的工作原理与一般变压器基本相同。不同之处在于以下两点：一般变压器是闭合磁路，而差动变压器是开磁路；一般变压器原、副边间的互感是常数(有确定的磁路尺寸)，而差动变压器原、副边之间的互感随衔铁移动作相应变化。差动变压器正是工作在互感变化的基础上。

在理想情况下(忽略线圈寄生电容及衔铁损耗)，差动变压器的等效电路如图 5-7 所示。

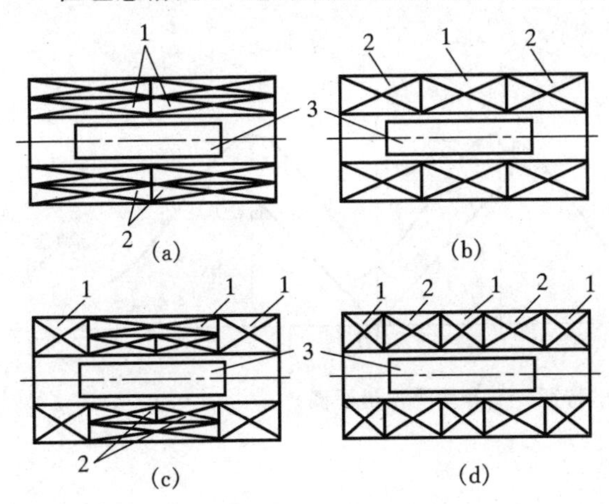

图 5-6　差动变压器线圈的各种排列形式

1—初级线圈；2—次级线圈；3—衔铁

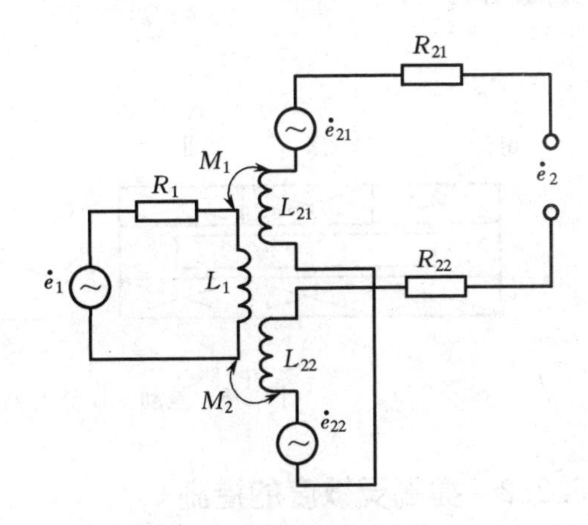

图 5-7　差动变压器等效电路

$\dot{e}_1$—初级线圈激励电压；L_1、R_1—初级线圈电感和电阻；M_1、M_2—初级与次级线圈 1、2 间的互感；L_{21}、L_{22}—两个次级线圈的电感；R_{21}、R_{22}—两个次级线圈的电阻

根据图 5-7，初级线圈的复数电流值为

$$\dot{I}_1=\frac{\dot{e}_1}{R_1+\mathrm{j}\omega L_1} \tag{5-12}$$

式中 ω——激励电压的角频率(1/s)；

$\dot{e}_1$——激励电压的复数值(V)。

由于 $\dot{I}_1$ 的存在，在线圈中产生磁通 $\phi_{21}=\frac{N_1\dot{I}_1}{R_{m1}}$ 和 $\phi_{22}=\frac{N_1\dot{I}_1}{R_{m2}}$。$R_{m1}$ 及 R_{m2} 分别为磁通通过初级线圈及两个次级线圈的磁阻，N_1 为初级线圈匝数。于是在次级线圈 N_2 中感应出电压 $\dot{e}_{21}$ 和 $\dot{e}_{22}$，其值分别为

$$\dot{e}_{21}=-\mathrm{j}\omega M_1\dot{I}_1 \tag{5-13a}$$

$$\dot{e}_{22}=-\mathrm{j}\omega M_2\dot{I}_1 \tag{5-13b}$$

式中 $M_1=N_2\phi_{21}/I_1=N_2\cdot N_1/R_{m1}$；

$M_2=N_2\phi_{22}/I_1=N_2\cdot N_1/R_{m2}$。

因此，得到空载输出电压 $\dot{e}_2$ 为

$$\dot{e}_2=\dot{e}_{21}-\dot{e}_{22}=-\mathrm{j}\omega(M_1-M_2)\frac{\dot{e}_1}{R_1+\mathrm{j}\omega L_1} \tag{5-14}$$

其幅值为

$$e_2=\frac{\omega(M_1-M_2)e_1}{\sqrt{R_1^2+(\omega L_1)^2}} \tag{5-15}$$

输出阻抗为

$$\dot{Z}=(R_{21}+R_{22})+\mathrm{j}\omega(L_{21}+L_{22}) \tag{5-16}$$

或

$$Z=\sqrt{(R_{21}+R_{22})^2+(\omega L_{21}+\omega L_{22})^2}$$

差动变压器输出电势 e_2 与衔铁位移 x 的关系见图 5-8。其中，x 表示衔铁偏离中心位置的距离。

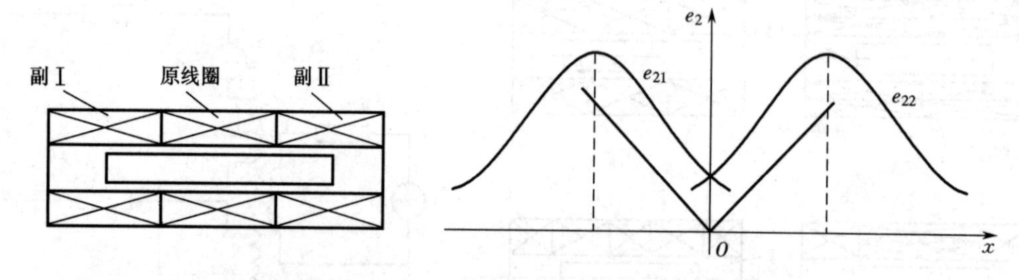

图 5-8 差动变压器的输出特征(Ⅰ、Ⅱ均为次级线圈)

5.2.2 提高灵敏度的措施

差动变压器的灵敏度用单位位移输出的电压或电流来表示，即 V/mm 或 mA/mm。

影响灵敏度的因素有激励电源的电压和频率、初次级线圈匝数比、衔铁直径和长度、材料质量、环境温度等。

提高差动变压器的灵敏度可采用下列方法。

①提高线圈 Q 值，为此需要增大差动变压器的尺寸，一般选线圈长度为其直径的 1.2～

2.0倍较恰当。

②增大衔铁直径，使其接近线圈框架半径，增加有效磁通。衔铁要采用磁导率高、铁损小、涡流损耗小的材料。

③匝数比 N_2/N_1 增大，可以提高灵敏度，使输出电压 e_2 增加。图5-9表示随着次级线圈匝数增加，灵敏度 K_1 增加，并呈线性关系。但是次级线圈匝数不能无限增加，因为随着次级线圈匝数增加，差动变压器的零点残余电压也增大了。

④提高初级线圈电压 e_1。从式(5-15)中可知，e_1 增加，灵敏度增加，输出电压 e_2 随之增加。图5-10表示灵敏度 K_1 与初级线圈电压 e_1 之间为线性关系。但是初级线圈电压过大时，会引起差动变压器过热，使输出信号漂移。

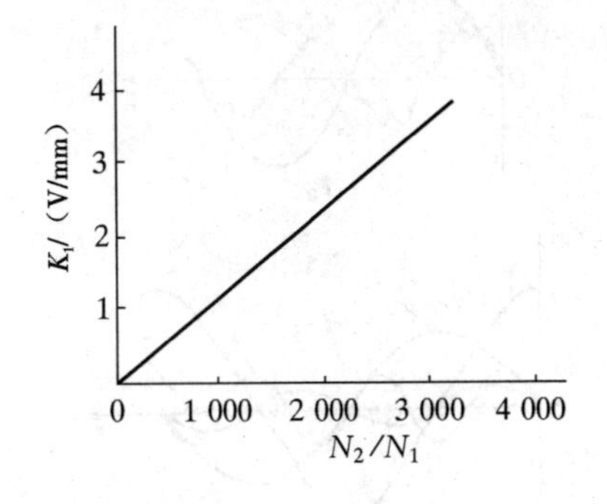

图5-9 灵敏度 K_1 与线圈匝数比的关系

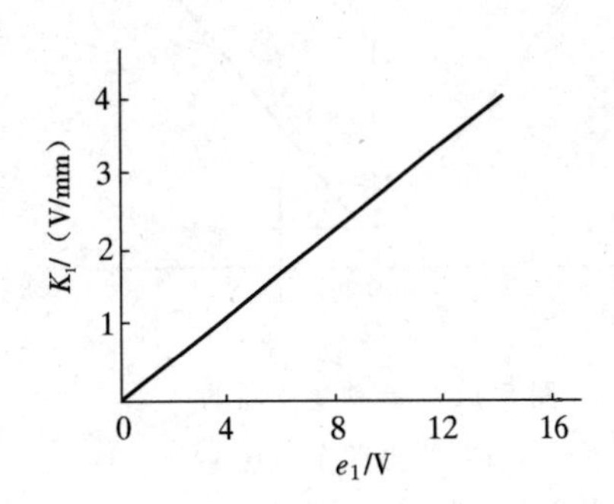

图5-10 灵敏度 K_1 与初级线圈电压 e_1 的关系

⑤为减少涡流损耗，线圈框架宜采用非导电的且膨胀系数小的材料。

⑥为了获得较高的灵敏度，初级线圈电源频率 f 一般取 400 Hz～10 kHz 为佳。由式(5-15)可知，低频时 $R_1 \gg \omega L_1$，此时输出电压 e_2 随频率的增加而增加，即其灵敏度随频率而变化，只有当频率高于某值时，由于 $\omega L_1 \gg R_1$，输出电压 e_2 与频率无关，即其灵敏度不随频率变化。但是频率 f 也不能太高，否则铁损和耦合电容的增加又会使其灵敏度下降。因此，激磁电源频率值的选取要满足差动变压器在此工作频率下能有最大的输出电压，并且在此频率附近由于励磁频率的变化而引起灵敏度的变化为最小。

5.2.3 误差因素分析

(1)激励电压的幅值与频率

激励电源电压幅值的波动，会使线圈激励磁场的磁通发生变化，直接影响输出电势。而频率的波动，由差动变压器灵敏度分析知道，只要选择适当，其影响是不大的。

(2)温度变化

周围环境温度的变化，引起线圈及导磁体磁导率的变化，从而使线圈磁场发生变化，产生温度漂移。当线圈品质因数较低时，这种影响更为严重。在这方面采用恒流源激励比恒压源激励有利。适当提高线圈品质因数并采用差动电桥可以减少温度的影响。

(3)零点残余电压

当差动变压器的衔铁处于中间位置时，理想条件下其输出电压为零。但实际上，当使用桥式电路时，零点处仍有一个微小的电压值(从零点几毫伏到数十毫伏)存在，称为零点残余电压。图 5-11 是扩大了的零点残余电压的输出特性，虚线为理想特性，实线为实际特性。零点残余电压的存在造成零点附近的不灵敏区；零点残余电压输入放大器内会使放大器末级趋向饱和，影响电路正常工作等。

零点残余电压的波形十分复杂。从示波器上观察，零点残余电压波形如图 5-12 中的 e_{20} 所示，图中 e_1 为差动变压器初级线圈的激励电压。经分析，e_{20} 包含了基波同相成分、基波正交成分，还有二次及三次谐波和幅值较小的电磁干扰波等。

消除零点残余电压一般可用以下方法。

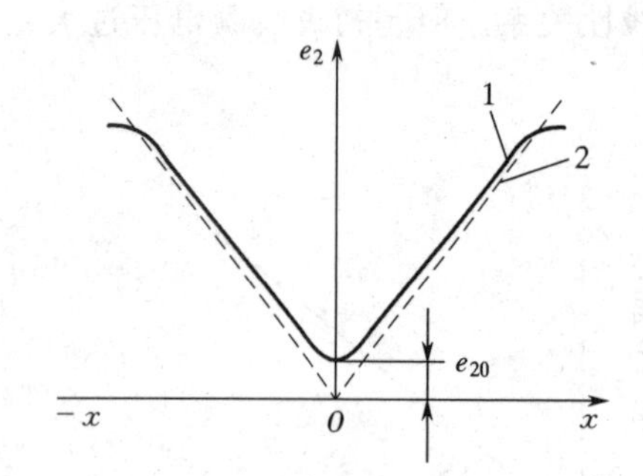

图 5-11　差动变压器的零点残余电压

1—实际特性；2—理想特性

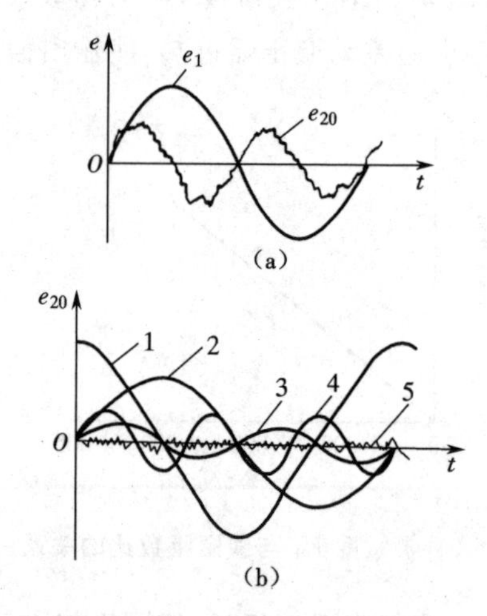

图 5-12　零点残余电压及其组成

(a)残余电压的波形　(b)波形分析

1—基波正交分量；2—基波同相分量；3—二次谐波；4—三次谐波；5—电磁干扰波

1)从设计和工艺上保证结构对称性

为保证线圈和磁路的对称性，首先，要求提高加工精度，线圈选配成对，采用磁路可调节结构；其次，应选高磁导率、低矫顽磁力、低剩磁感应的导磁材料，并应经过热处理，消除残余应力，以提高磁性能的均匀性和稳定性。由高次谐波产生的因素可知，磁路工作点应选在磁化曲线的线性段。

2)选用合适的测量电路

采用相敏检波电路不仅可以鉴别衔铁移动方向，而且可以把衔铁在中间位置时，因高次谐波引起的零点残余电压消除掉。如图 5-13 所示，采用相敏检波后衔铁反行程时的特性曲线由 1 变到 2，从而消除了零点残余电压。

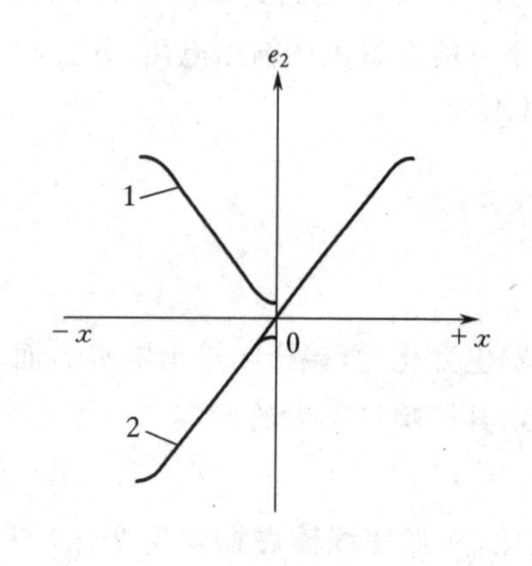

图 5-13　采用相敏检波后的输出特性

1—消除零点残余电压前；

2—消除零点残余电压后

3)采用补偿电路

由于两个次级线圈感应电压相位不同，并联电容可改变其一的相位，也可将电容 C 改为电阻，如图 5-14(a)虚线所示。由于 R 的分流作用将使流入传感器线圈的电流发生变化，从而改变磁化曲线的工作点，减小高次谐波所产生的残余电压。图 5-14(b)中串联电阻 R 可以调整次级线圈的电阻分量。

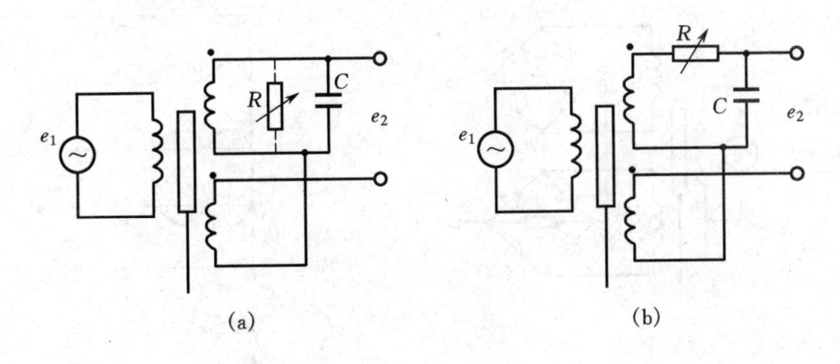

图 5-14　调相位式残余电压补偿电路

(a)并联电阻 R　(b)串联电阻 R

5.2.4　测量电路

差动变压器输出为交流电压，它与衔铁位移成正比。用交流电压表测量其输出值只能反映衔铁位移的大小，不能反映衔铁移动的方向，因此常采用差动整流电路和相敏检波电路进行测量。

(1)差动整流电路

图 5-15 为实际的全波相敏整流电路。这种电路是根据半导体二极管单向导通原理进行解调的。如传感器的一个次级线圈的输出瞬时电压极性，在 f 点为"+"，e 点为"－"，则电流路径是 $f \to g \to d \to c \to h \to e$[见图 5-15(a)]。反之，如 f 点为"－"，e 点为"+"，则电流路径是 $e \to h \to d \to c \to g \to f$。可见，无论次级线圈的输出瞬时电压极性如何，通过电阻 R 的电流总是从 d 到 c。同理，可分析另一个次级线圈的输出情况。输出的电压波形见图 5-15(b)，其值为 $U_{SC}=e_{ab}+e_{cd}$。

(2)相敏检波电路

图 5-16 为二极管相敏检波电路。这种电路容易做到输出平衡，而且便于阻抗匹配。图中调制电压 e_r 和 e 同频，经过移相器使 e_r 和 e 保持同相或反相，且满足 $e_r \gg e$。调节电位器 R 可调平衡，图中电阻 $R_1=R_2=R_0$，电容 $C_1=C_2=C_0$，输出电压为 U_{CD}。

电路工作原理如下：当差动变压器铁芯在中间位置时，$e=0$，只有 e_r 起作用，设此时 e_r 为正半周，即 A 为"+"，B 为"－"，VD_1、VD_2 导通，VD_3、VD_4 截止，流过 R_1、R_2 上的电流分别为 i_1、i_2，其电压降 U_{CB} 及 U_{DB} 大小相等、方向相反，故输出电压 $U_{CD}=0$。当 e_r 为负半周时，A 为"－"，B 为"+"，VD_3、VD_4 导通，VD_1、VD_2 截止，流过 R_1、R_2 上的电流分别为 i_3、i_4，其电压降 U_{BC} 与 U_{BD} 大小相等、方向相反，故输出电压 $U_{CD}=0$。

若铁芯上移，$e \neq 0$，设 e 和 e_r 同相位，由于 $e_r \gg e$，故 e_r 为正半周时 VD_1、VD_2 仍导通，VD_3、VD_4 截止，但 VD_1 回路内总电势为 $e_r+\frac{1}{2}e$，而 VD_2 回路内总电势为 $e_r-\frac{1}{2}e$，故回路

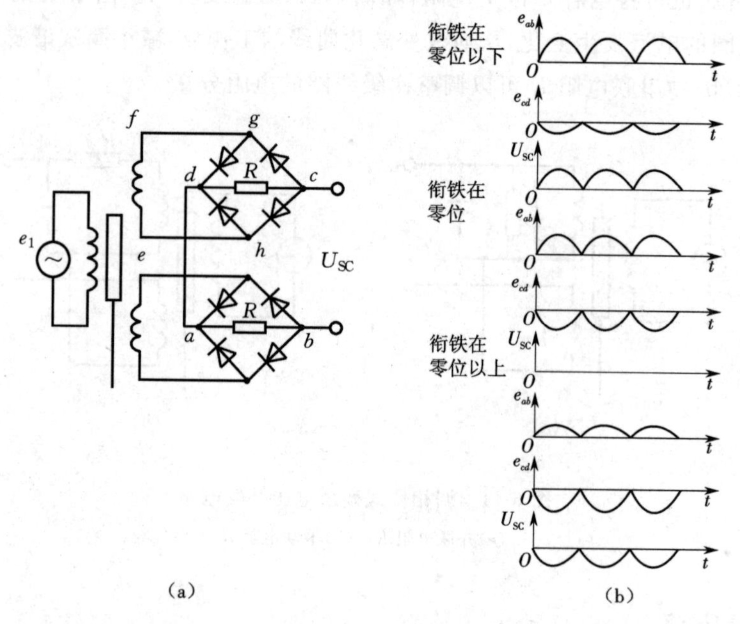

图 5-15　全波相敏整流电路和波形

(a)工作电路　(b)输出电压波形

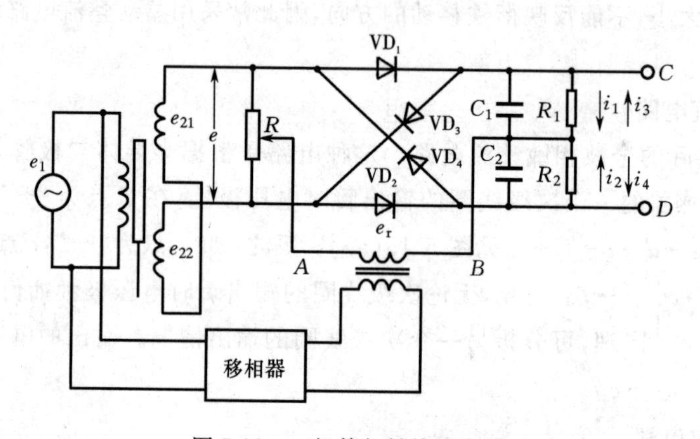

图 5-16　二极管相敏检波电路

电流 $i_1>i_2$，输出电压 $U_{CD}=R_0(i_1-i_2)>0$。当 e_r 为负半周时，VD_3、VD_4 导通，VD_1、VD_2 截止，此时 VD_3 回路内总电势为 $e_r-\frac{1}{2}e$，VD_4 回路内总电势为 $e_r+\frac{1}{2}e$，所以回路电流 $i_4>i_3$，故输出电压 $U_{CD}=R_0(i_4-i_3)>0$，因此铁芯上移时输出电压 $U_{CD}>0$。

当铁芯下移时，e 和 e_r 相位相反，同理可得 $U_{CD}<0$。

由此可见，该电路能判别铁芯移动的方向。

5.2.5　应用

差动变压器式传感器的应用非常广泛。凡是与位移有关的物理量均可经过它转换成电量输出。它常用于测量振动、厚度、应变、压力、加速度等各种物理量。

图 5-17 是差动变压器式加速度传感器结构原理和测量电路方框图。用于测定振动物体的频率和振幅时，其激磁频率必须是振动频率的 10 倍以上，这样可以得到精确的测量结果。可测量的振幅范围为 0.1～5 mm，振动频率一般为 0～150 Hz。

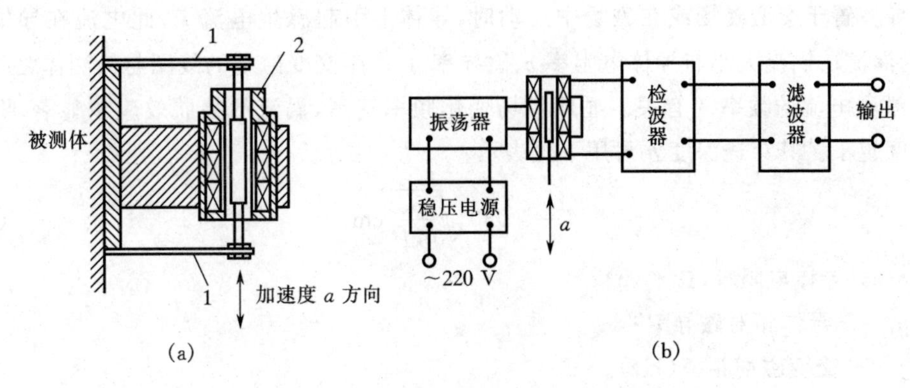

图 5-17 差动变压器式加速度传感器

(a)结构示意 (b)测量电路方框图

1—弹性支撑；2—差动变压器

将差动变压器和弹性敏感元件（膜片、膜盒和弹簧管等）相结合，可以组成各种形式的压力传感器。图 5-18 是微压力变送器的结构示意图，在被测压力为零时，膜盒在初始位置状态，此时固接在膜盒中心的衔铁位于差动变压器线圈的中间位置，因而输出电压为零。当被测压力由接头传入膜盒时，其自由端产生一正比于被测压力的位移，并且带动衔铁在差动变压器线圈中移动，从而使差动变压器输出电压。经相敏检波、滤波后，其输出电压可反映被测压力的数值。

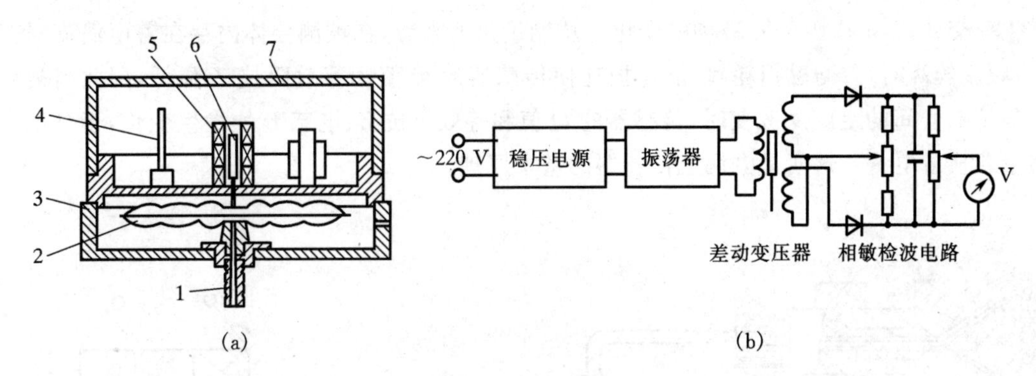

图 5-18 微压力变送器

(a)结构 (b)测量电路方框图

1—接头；2—膜盒；3—底座；4—电路板；5—差动变压器；6—衔铁；7—罩壳

微压力变送器测量电路包括直流稳压电源、振荡器、相敏检波器和指示器等部分。由于差动变压器输出电压比较大，所以电路中不需要放大器。这种微压力变送器经分挡可测量 $(-4\sim6)\times10^{4}$ Pa 压力，输出信号电压为 0～50 mV，精度为 1.5 级。

5.3 电涡流式传感器

当导体置于交变磁场或在磁场中运动时，导体上引起感生电流 i_e，此电流在导体内闭合，称为涡流。涡流大小与导体电阻率 ρ、磁导率 μ、产生交变磁场的线圈与被测体之间距离 x、线圈激励电流的频率 f 有关。显然磁场变化频率越高，涡流的集肤效应越显著，即涡流穿透深度越小。其穿透深度 h 可用下式表示：

$$h = 5\ 030\sqrt{\frac{\rho}{\mu_r f}}\ \text{cm} \tag{5-17}$$

式中 ρ——导体电阻率(Ω·cm)；

μ_r——导体相对磁导率；

f——交变磁场频率(Hz)。

由上式可知，涡流穿透深度 h 和激励电流频率 f 有关，所以涡流传感器根据激励频率高低，可以分为高频反射式或低频透射式两大类。

目前，高频反射式电涡流传感器应用广泛，本节重点介绍此类传感器。

(1)结构和工作原理

高频反射式电涡流传感器结构比较简单，主要由一个安置在框架上的扁平圆形线圈构成。此线圈可以粘贴于框架上，或在框架上开一条槽沟，将导线绕在槽内。图 5-19 为 CZF1 型涡流传感器的结构原理，它采取将导线绕在聚四氟乙烯框架窄槽内形成线圈的结构方式。

如图 5-20 所示，传感器线圈由高频信号激励而产生一个高频交变磁场 ϕ_i，当被测导体靠近线圈时，磁场作用范围内的导体表层产生与此磁场相交链的电涡流 i_e，而此电涡流又将产生一交变磁场 ϕ_e 阻碍外磁场的变化。从能量角度来看，在被测导体内存在着电涡流损耗(当频率较高时，忽略磁损耗)。能量损耗使传感器的 Q 值和等效阻抗 Z 降低，因此当被测体与传感器间的距离 d 改变时，传感器的 Q 值和等效阻抗 Z、电感 L 均发生变化，于是把位移量转换成电量。这便是电涡流传感器的基本原理。

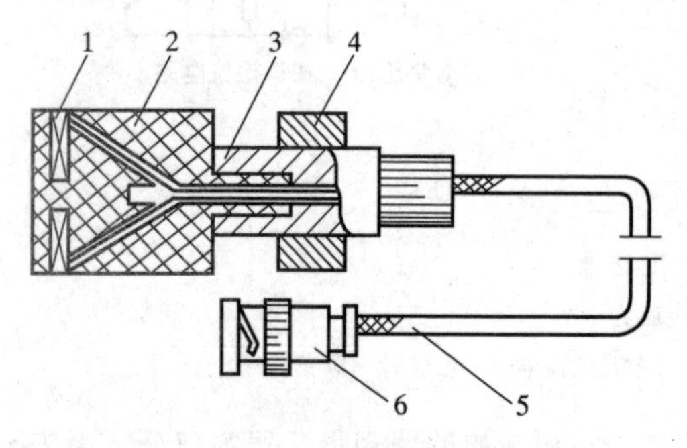

图 5-19 CZF1 型涡流传感器结构原理

1—线圈；2—框架；3—衬套；
4—支架；5—电缆；6—插头

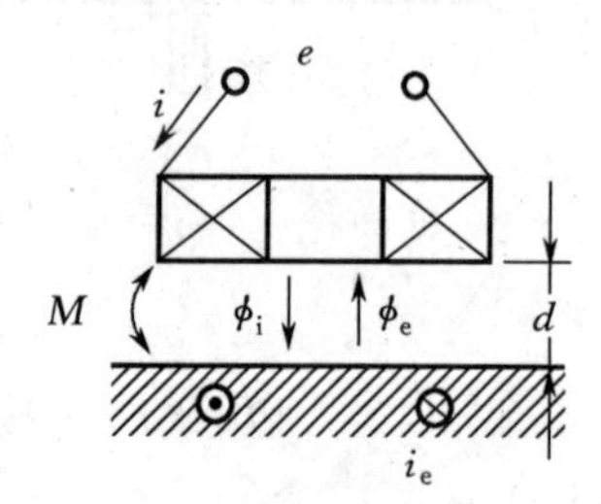

图 5-20 电涡流传感器原理

(2)等效电路

把金属导体形象地看作一个短路线圈，它与传感器线圈有磁耦合，于是可以得到图5-21所示的等效电路图。

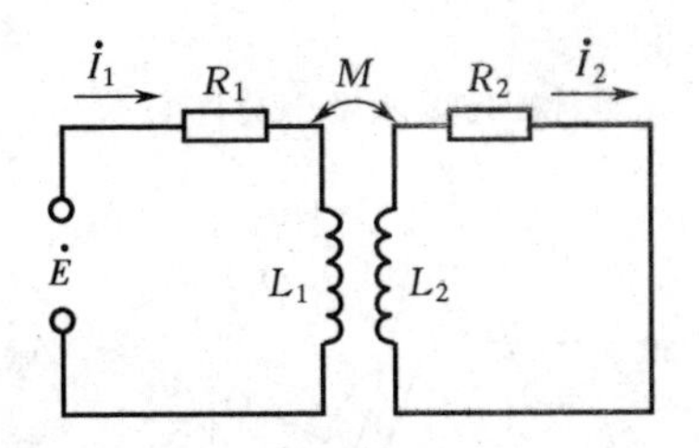

图5-21　电涡流传感器的等效电路

图中，R_1 和 L_1 为传感器线圈的电阻和电感，R_2 和 L_2 为金属导体的电阻和电感，$\dot{E}$ 为激励电压。根据克希霍夫定律及所设电流正方向，写出方程

$$\left.\begin{aligned}R_1\dot{I}_1+\mathrm{j}\omega L_1\dot{I}_1-\mathrm{j}\omega M\dot{I}_2=\dot{E}\\-\mathrm{j}\omega M\dot{I}_1+R_2\dot{I}_2+\mathrm{j}\omega L_2\dot{I}_2=0\end{aligned}\right\}\tag{5-18}$$

解上述方程组，得

$$\left.\begin{aligned}\dot{I}_1&=\frac{\dot{E}}{R_1+\frac{\omega^2M^2}{R_2^2+(\omega L_2)^2}R_2+\mathrm{j}\left[\omega L_1-\frac{\omega^2M^2}{R_2^2+(\omega L_2)^2}\omega L_2\right]}\\\dot{I}_2&=\mathrm{j}\omega\frac{M\dot{I}_1}{R_2+\mathrm{j}\omega L_2}=\frac{M\omega^2L_2\dot{I}_1+\mathrm{j}\omega MR_2\dot{I}_1}{R_2^2+\omega^2L_2^2}\end{aligned}\right\}\tag{5-19}$$

于是，线圈的等效阻抗为

$$\dot{Z}=\left[R_1+R_2\frac{\omega^2M^2}{R_2^2+(\omega L_2)^2}\right]+\mathrm{j}\left[\omega L_1-\omega L_2\frac{\omega^2M^2}{R_2^2+(\omega L_2)^2}\right]\tag{5-20}$$

线圈的等效电感为

$$L=L_1-L_2\frac{\omega^2M^2}{R_2^2+\omega^2L_2^2}\tag{5-21}$$

线圈的等效 Q 值为

$$Q=Q_0\frac{1-\frac{L_2}{L_1}\cdot\frac{\omega^2M^2}{Z_2^2}}{1+\frac{R_2}{R_1}\cdot\frac{\omega^2M^2}{Z_2^2}}\tag{5-22}$$

式中　Q_0——无涡流影响下线圈的 Q 值，$Q_0=\frac{\omega L_1}{R_1}$；

Z_2^2——金属导体中产生电涡流部分的阻抗，$Z_2^2=R_2^2+\omega^2L_2^2$。

从式(5-20)、式(5-21)和式(5-22)可知，线圈与金属导体系统的阻抗、电感和品质因数均是此系统互感系数平方的函数，而从麦克斯韦互感系数的基本公式出发，可以求得互感系数是两个磁性相连线圈距离 x 的非线性函数。因此，$Z=F_1(x)$、$L=F_2(x)$、$Q=F_3(x)$ 均是非线性函数。但是，在某一范围内，这些函数关系可以近似地通过某一线性函数来表示。也就是说，电涡流式位移传感器不是在电涡流整个波及范围内均能进行线性变换的。

式(5-21)中第一项 L_1 与静磁效应有关，线圈与金属导体构成一个磁路，其有效磁导率取决于此磁路的性质。当金属导体为磁性材料时，有效磁导率随导体与线圈距离的减小而增大，于是 L_1 增大；当金属导体为非磁性材料时，则有效磁导率和导体与线圈的距离无关，即 L_1 不变。式(5-21)中第二项为电涡流回路的反射电感，它使传感器的等效电感值减小。因此，当靠近传感器的被测物体为非磁性材料或硬磁材料时，传感器线圈的等效电感减小；

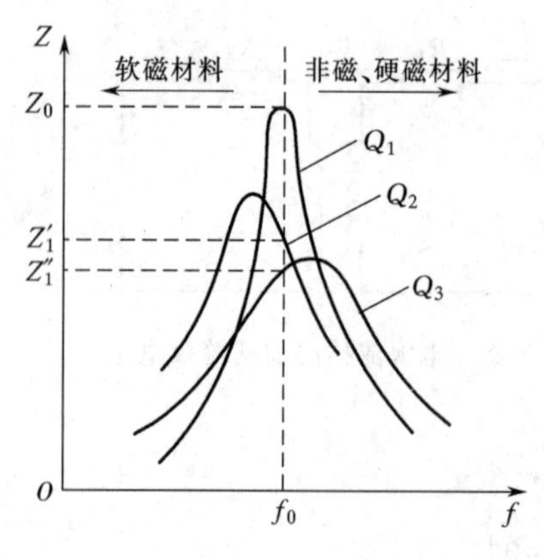

图 5-22　固定频率调幅谐振曲线

当被测导体为软磁材料时，则由于静磁效应使传感器线圈的等效电感增大。

为了提高传感器的灵敏度，用一个电容与电涡流线圈并联，构成并联谐振回路。当不接被测导体时，传感器调谐到某一谐振频率 f_0；当接入被测导体时，回路将失谐。当被测体为非铁磁材料和硬磁材料时，因传感器电感量减小，谐振曲线右移；当被测体为软磁材料时，其电感量增大，谐振曲线左移，如图 5-22 所示。当载流频率一定时，传感器 LC 回路的阻抗变化既反映了电感的变化，又反映了 Q 值的变化。

(3)测量电路

根据电涡流传感器的基本原理，将传感器与被测体间的距离变换为传感器 Q 值、等效阻抗 Z 和等效电感 L 等三个参数，用相应的测量电路测量。电涡流式传感器的测量电路可以归纳为高频载波调幅式和调频式两类。而高频载波调幅式又可分为恒定频率的载波调幅和频率变化的载波调幅两种。所以，根据测量电路可以把电涡流式传感器分为三种类型，即恒定频率调幅式、变频调幅式和调频式。对于这三种形式的测量电路及其原理介绍如下。

1)载波频率改变的调幅法和调频法

该测量电路的核心是一个电容三点式振荡器，传感器线圈是振荡回路的一个电感元件，如图 5-23 所示。

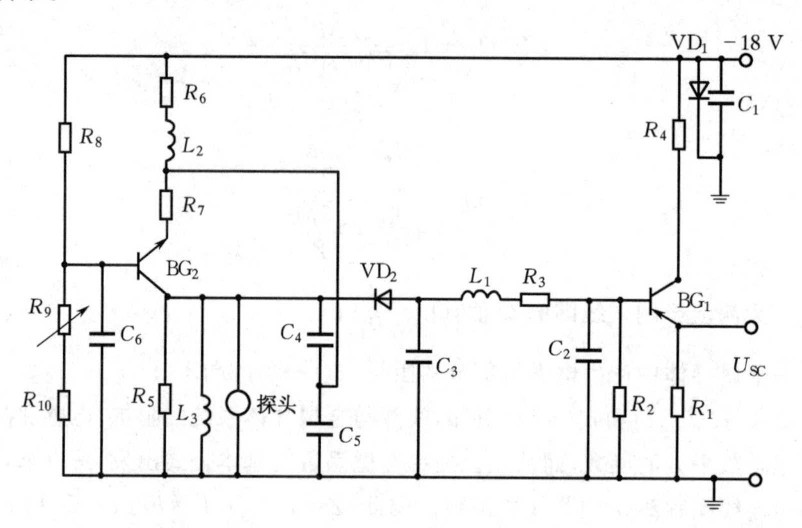

图 5-23　调频调幅式测量电路

这种测量电路的测量原理如下。

当无被测导体时，回路谐振于 f_0，此时 Q 值最高，所以对应的输出电压 U_0 最大。当被测导体接近传感器线圈时，振荡器的谐振频率发生变化，谐振曲线不但向两边移动，而且变得平坦。此时由传感器回路组成的振荡器输出电压的频率和幅值均发生变化，如图 5-24 所示。设其输出电压分别为 U_1、U_2……，振荡频率分别为 f_1、f_2……，假如我们直接取它的输出电压作为显示量，则这种电路称为载波频率改变的调幅法测量电路。它直接反映了 Q 值变化，因此可用于以 Q 值作为输出的电涡流传感器。若取改变了的频率作为显示量，那么就用来测量传感器的等效电感量，这种方法称为调频法。

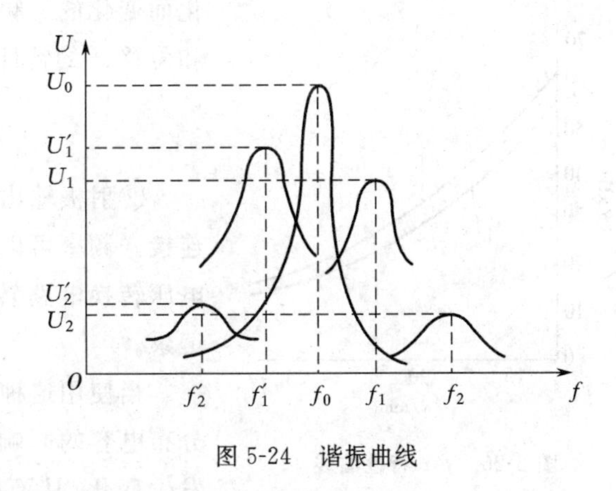

图 5-24　谐振曲线

这个测量电路是由下述三部分组成的。

①电容三点式振荡器。其作用是将位移变化引起的振荡回路的 Q 值变化转换成高频载波信号的幅值变化。为使电路具有较高的效率而自行起振，电路采用自给偏压的办法。适当选择振荡管分压电阻的比值，使电路静态工作点处于甲乙类。

②检波器。检波器由检波二极管和 π 形滤波器组成。采用 π 形滤波器可适应电流变化较大，而又要求纹波很小的情况，可获得平滑的波形。这部分电路的作用是将高频载波中的测量信号不失真地取出。

③射极跟随器。由于射极跟随器具有输入阻抗高、跟随性良好等特点，所以将其作为输出级可以获得尽可能大的不失真输出的幅度值。

2)调频式测量电路

该测量电路的测量原理是位移的变化引起传感器线圈电感的变化，而电感的变化导致振荡频率的变化，以频率变化作为输出量。这正是人们所需的测量信息。因此，电涡流传感器线圈在这个电路的振荡器中作为一个电感元件接入电路之中。其测量电路原理如图 5-25 所示。

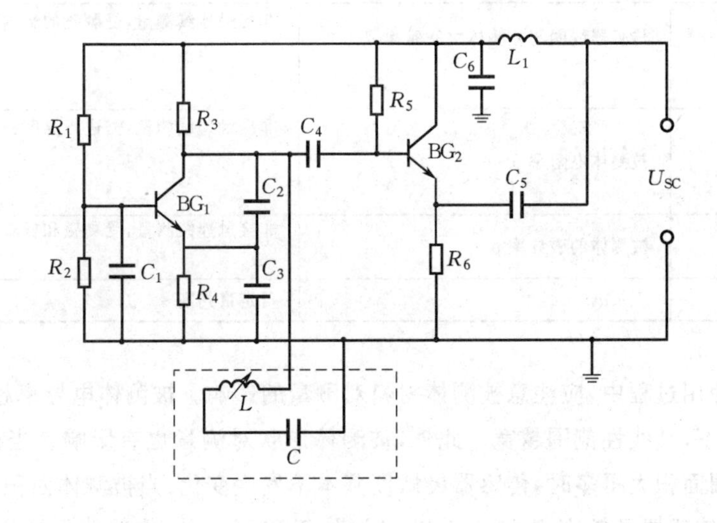

图 5-25　调频式测量电路

该测量电路由两大部分组成，即克拉泼电容三点式振荡器和射极输出器。

①克拉泼振荡器产生一个高频正弦波，这个高频正弦波频率是随传感器线圈 $L(x)$ 的变

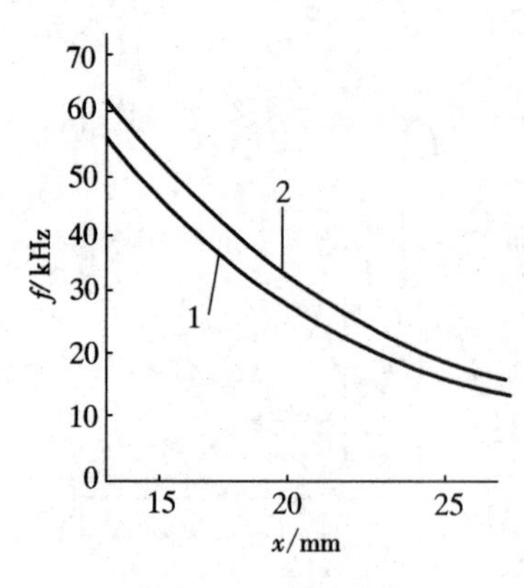

图 5-26　f-x 特性曲线

1—钢板；2—铜板

化而变化的。频率和 $L(x)$ 之间关系见式(5-23)，频率 f 和位移 x 的特性曲线见图 5-26。

$$f \approx \frac{1}{2\pi\sqrt{L(x)C}} \tag{5-23}$$

②射极输出器起阻抗匹配作用，以便和下级电路相连接。频率可以直接由数字频率计记录或通过频率—电压转换电路转换为电压量输出，再由其他记录仪器记录。

当使用这种调频式测量电路时，传感器输出电缆的分布电容的影响是不能忽视的。它使振荡器振荡频率发生变化，从而影响测量结果。为此可把电容 C 和线圈 L 都装在传感器内，如图 5-25 所示。这时电缆分布电容并联到大电容 C_2、C_3 上，因而对振荡频率 $f \approx \frac{1}{2\pi\sqrt{LC}}$ 的影响大大减小。尽可能将传感器靠近测量电路，甚至放在一起，这样分布电容的影响就更小了。

(4)应用

由于电涡流式传感器具有测量范围大、灵敏度高、结构简单、抗干扰能力强以及可以非接触测量等优点，广泛用于工业生产和科学研究的各个领域。表 5-1 给出了电涡流式传感器测量的参数、变换量及特征。

表 5-1　电涡流式传感器测量的参数、变换量和特征

被测参数	变换量	特征
位移 振动 厚度	传感器线圈与被测体之间距离 d	非接触连续测量，受剩磁的影响
表面温度 电解质浓度 速度(流量)	被测体电阻率 ρ	非接触连续测量，需进行温度补偿
应力 硬度	被测体的磁导率 μ	非接触连续测量，受剩磁和材质影响
损伤	d、ρ、μ	可定量判断

传感器在使用过程中，应注意被测体材料对测量的影响。被测体电导率越高，灵敏度越高，在相同量程下，其线性范围越宽。此外，被测体形状对测量也有影响。当被测体面积比传感器检测线圈面积大得多时，传感器灵敏度基本不发生变化；当被测体面积为传感器线圈面积的一半时，传感器灵敏度减少一半；当被测体面积更小时，传感器灵敏度则显著下降。如被测体为圆柱体，当它的直径 D 是传感器线圈直径 d 的 3.5 倍以上时，不影响测量结果；当 $D/d=1$ 时，传感器灵敏度降低至 70%。

下面就几种主要应用作一简略介绍。

1)位移测量

电涡流式传感器可以用来测量各种形式的位移量,如图 5-27 所示。

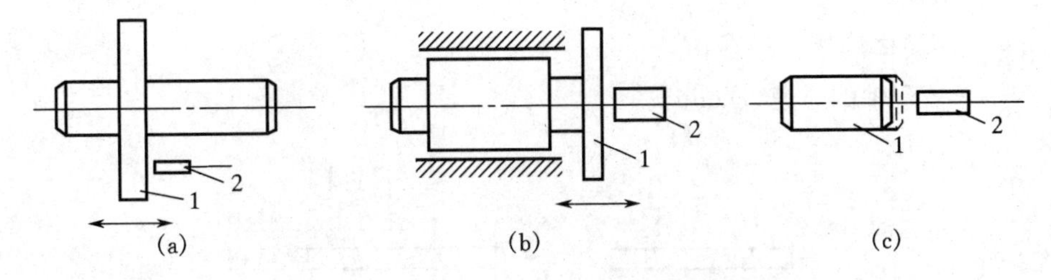

图 5-27　位移测量

a)测量汽轮机主轴的轴向位移　(b)测量磨床换向阀、先导阀的位移　(c)测量金属试件的热膨胀系数

1—被测件;2—传感器探头

2)振幅测量

电涡流式传感器可无接触地测量各种振动的幅值。在汽轮机、空气压缩机中,电涡流式传感器常用来监控主轴的径向振动[见图 5-28(a)],也可以测量发动机涡轮叶片的振幅[见图 5-28(b)]。研究轴的振动,常需要了解轴的振动形状,作出轴振形图,为此可将数个传感器探头并排地安置在轴附近[见图 5-28(c)],用多通道指示仪输出至记录仪。这样在轴振动时可以获得各个传感器所在位置轴的瞬时振幅,从而画出轴振形图。

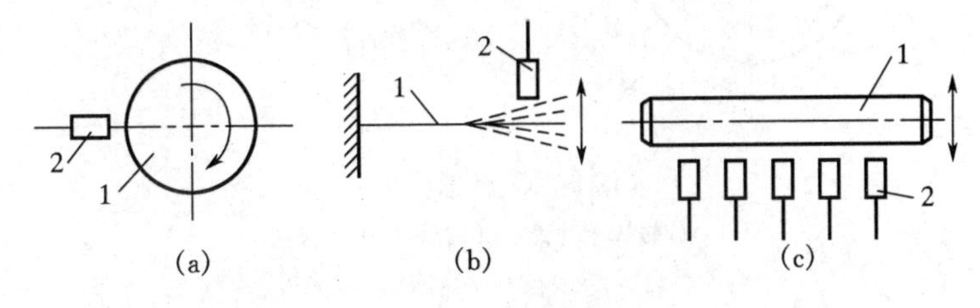

图 5-28　振幅测量

(a)测量主轴的径向振动　(b)测量发动机涡轮叶片的振幅　(c)测量轴振动形状

1—被测件;2—传感器探头

3)厚度测量

电涡流式传感器可以无接触地测量金属板厚度和非金属板的镀层厚度。图 5-29(a)即为电涡流式厚度计的基本测量原理,当金属板的厚度变化时,传感器探头与金属板间距离改变,从而引起输出电压的变化。由于在工作过程中金属板会上、下波动,这将影响测量精度,因此一般电涡流式厚度计常用比较的方法测量,如图 5-29(b)所示。被测金属板的上、下方各装一个传感器探头,其间距离为 D,而它们与板的上、下表面分别相距 x_1 和 x_2,这样板厚 $t=D-(x_1+x_2)$,当两个传感器在工作时分别测得 x_1 和 x_2,转换成电压值后相加。相加后的电压值与两传感器间距离 D 对应的设定电压再相减,就得到与板厚相对应的电压值。

4)转速测量

在一个旋转体上开一条或数条槽[见图 5-30(a)],或者做成齿状[见图 5-30(b)],旁边安装一个电涡流式传感器。当旋转体转动时,电涡流式传感器将周期性地改变输出信号,此电压经过放大、整形,可用频率计指示出频率数值。此值与槽数和被测转速有关,即

$$N=\frac{f}{n}\times 60 \tag{5-24}$$

式中 f——频率值(Hz)；

n——旋转体的槽(齿)数；

N——被测轴的转速(r/min)。

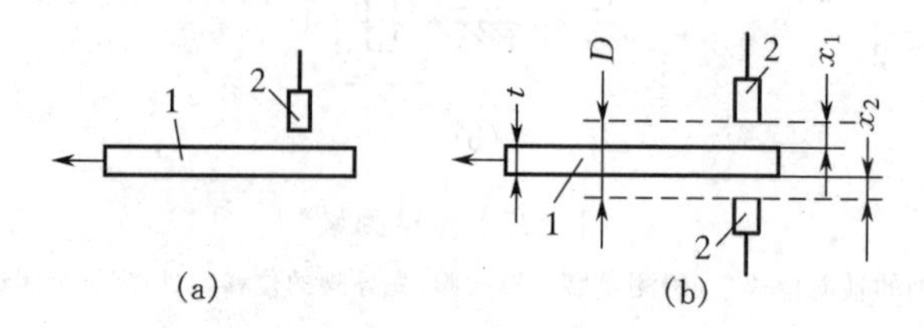

图 5-29 厚度测量

(a)基本测量原理 (b)比较方法测量原理

1—金属板；2—传感器探头

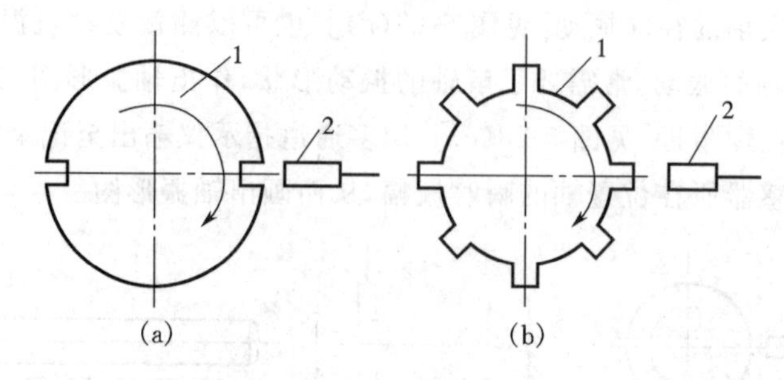

图 5-30 转速测量

(a)旋转体上开槽 (b)旋转体做成齿状

1—被测件；2—传感器探头

在航空发动机等的振动试验中，常需测得轴的振幅与转速的关系曲线。如果把转速计的频率值经过频率—电压转换装置接入 X-Y 函数记录仪的 X 轴输入端，而把振幅计的输出接入 X-Y 函数记录仪的 Y 轴，这样利用 X-Y 记录仪就可直接画出转速—振幅曲线。

5)涡流探伤

电涡流式传感器可以用来检查金属的表面裂纹、热处理裂纹以及用于焊接部位的探伤等。即使传感器与被测体距离不变，如有裂纹出现，也将引起金属的电阻率、磁导率的变化。裂纹处也可以说有位移值的变化。这些综合参数(x、ρ、μ)的变化将引起传感器参数的变化，通过测量传感器参数的变化即可达到探伤的目的。

在探伤时，导体与线圈之间有着相对运动速度，在测量线圈上就会产生调制频率信号。这个调制频率取决于相对运动速度和导体中物理性质的变化速度，如缺陷、裂缝，它们出现的信号总是比较短促的，所以缺陷、裂缝会产生较高的频率调幅波，剩余应力趋向于中等频率调幅波，热处理、合金成分变化趋向于较低的频率调幅波。在探伤时，重要的是缺陷信号和干扰信号比。为了获得需要的频率，采用滤波器使某一频率的信号通过，而抑制干扰频率信号。但对于比较浅的裂缝信号[见图 5-31(a)]，还需要进一步抑制干扰信号，可采用幅值甄别电路。把这一电路调整到裂缝信号正好能通过的状态，凡是低于裂缝信号便都不能通过这一电路，这样干扰信号都抑制掉了，如图 5-31(b)所示。

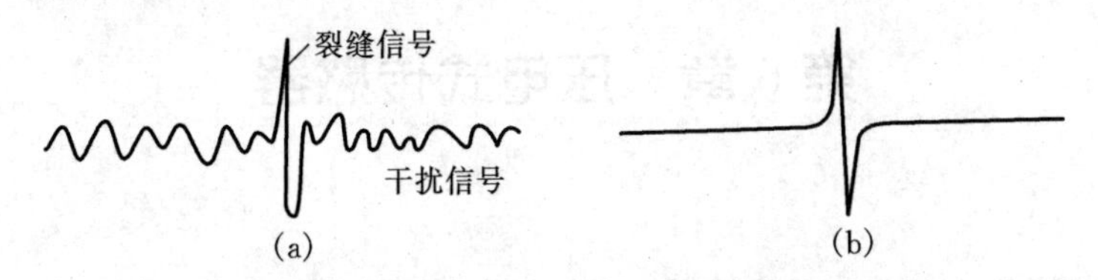

图 5-31　用涡流探伤时的测试信号

(a)未通过幅值甄别电路前的信号　(b)通过幅值甄别电路后的信号

第6章　压电式传感器

压电式传感器是一种典型的有源传感器(或发电型传感器)。它以某些电介质的压电效应为基础,在外力作用下,在电介质的表面上产生电荷,从而实现非电量电测的目的。

压电传感元件是力敏感元件,所以用于测量最终能变换为力的物理量,例如拉力、压力、加速度等。

压电式传感器具有响应频带宽、灵敏度高、信噪比大、结构简单、工作可靠、质量轻等优点。近年来,随着电子技术的飞速发展和与之配套的二次仪表以及低噪声、小电容、高绝缘电阻电缆的出现,压电式传感器的使用更为方便。因此,压电式传感器在工程力学、生物医学、电声学等许多技术领域中获得了广泛的应用。

6.1　压电效应

某些电介质,当沿着一定方向对其施力使其变形时,其内部便产生极化现象,同时在两个表面上产生符号相反的电荷;当外力去掉后,又重新恢复为不带电状态。这种现象称为压电效应。当作用力方向改变时,电荷极性也随之改变。相反,在电介质的极化方向施加电场,这些电介质也会产生变形,这种现象称为逆压电效应(电致伸缩效应)。具有压电效应的物质很多,如天然形成的石英晶体,人工制造的压电陶瓷、锆钛酸铅等。现以石英晶体为例说明压电现象。

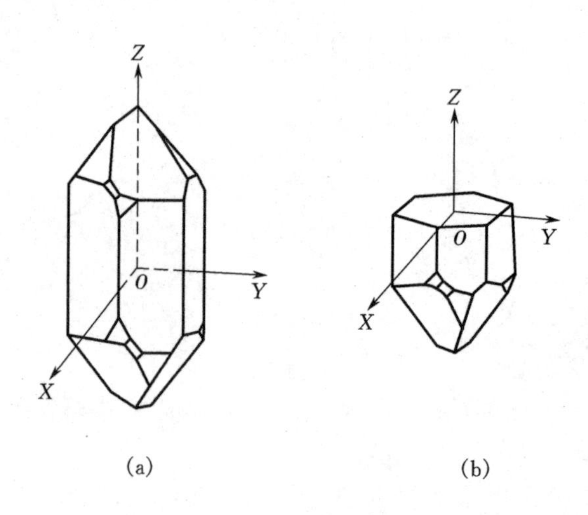

(a)　　(b)

图6-1　石英晶体

(a)理想石英晶体的外形　(b)坐标系

图6-1为天然形成的石英晶体的理想外形。它是一个正六面体,在晶体学中它可用三根互相垂直的轴来表示。其中,纵向轴 Z-Z 称为光轴;经过正六面体棱线,并垂直于光轴的 X-X 轴称为电轴;与 X-X 轴和 Z-Z 轴同时垂直的 Y-Y 轴(垂直于正六面体的棱面)称为机械轴。人们通常把沿电轴 X-X 方向的力作用下产生电荷的压电效应称为"纵向压电效应",而把沿机械轴 Y-Y 方向的力作用下产生电荷的压电效应称为"横向压电效应"。石英晶体沿光轴 Z-Z 方向受力不产生压电效应。

石英晶体之所以具有压电效应,与它的内部结构是分不开的。组成石英晶体的硅离子 Si^{4+} 和氧离子 O^{2-} 在 Z 平面投影,如图

6-2(a)所示。为讨论方便，将这些硅、氧离子等效为图 6-2(b)中正六边形排列，图中"⊕"代表 Si^{4+}，"⊖"代表 $2O^{2-}$。

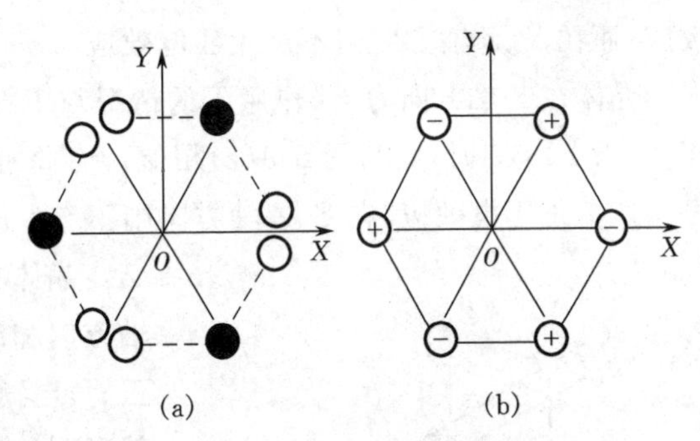

图 6-2　硅、氧离子的排列示意

(a)硅、氧离子在 Z 平面上的投影

(b)等效为正六边形排列的投影

下面讨论石英晶体受外力作用时晶格的变化情况。

当作用力 $F_X=0$ 时，正、负离子(即 Si^{4+} 和 $2O^{2-}$)正好分布在正六边形顶角上，形成三个互成 120°夹角的偶极矩 $\boldsymbol{P}_1$、$\boldsymbol{P}_2$、$\boldsymbol{P}_3$，如图 6-3(a)所示。此时正、负电荷中心重合，电偶极矩的矢量和等于零，即

$$\boldsymbol{P}_1+\boldsymbol{P}_2+\boldsymbol{P}_3=0$$

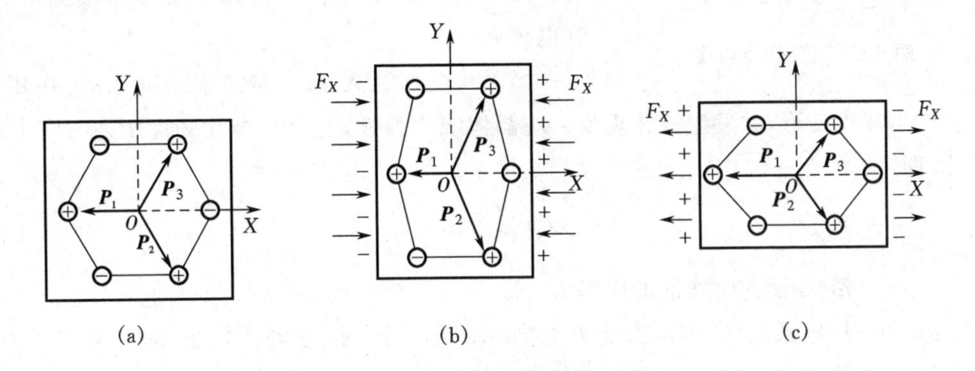

图 6-3　石英晶体的压电机构示意

(a)$F_X=0$　(b)$F_X<0$　(c)$F_X>0$

当晶体受到沿 X 方向的压力($F_X<0$)作用时，晶体沿 X 方向将产生收缩，正、负离子相对位置随之发生变化，如图 6-3(b)所示。此时正、负电荷中心不再重合，电偶极矩在 X 方向的分量为

$$(\boldsymbol{P}_1+\boldsymbol{P}_2+\boldsymbol{P}_3)_X>0$$

在 Y、Z 方向的分量为

$$(\boldsymbol{P}_1+\boldsymbol{P}_2+\boldsymbol{P}_3)_Y=0$$

$$(\boldsymbol{P}_1+\boldsymbol{P}_2+\boldsymbol{P}_3)_Z=0$$

由以上三式看出，在 X 轴的正向出现正电荷，在 Y、Z 轴方向则不出现电荷。

当晶体受到沿 X 方向的拉力($F_X>0$)作用时，其变化情况如图 6-3(c)所示。此时电偶极矩的三个分量为

$$(\boldsymbol{P}_1+\boldsymbol{P}_2+\boldsymbol{P}_3)_X<0$$

$$(\boldsymbol{P}_1+\boldsymbol{P}_2+\boldsymbol{P}_3)_Y=0$$

$$(\boldsymbol{P}_1+\boldsymbol{P}_2+\boldsymbol{P}_3)_Z=0$$

由以上三式看出，在 X 轴的正向出现负电荷，在 Y、Z 轴方向则不出现电荷。

由此可见，当晶体受到沿 X 轴(即电轴)方向的力 F_X 作用时，它在 X 方向产生正压电

效应，而在Y、Z轴方向则不产生压电效应。

晶体在Y轴方向力F_Y作用下的情况与F_X相似。当$F_Y>0$时，晶体的形变与图 6-3(b)相似；当$F_Y<0$时，则与图 6-3(c)相似。由此可见，晶体在Y轴方向力F_Y作用下，在X轴方向产生正压电效应，在Y、Z轴方向则不产生压电效应。

晶体在Z轴方向力F_Z的作用下，因为晶体沿X轴方向和沿Y轴方向所产生的正应变完全相同，所以正、负电荷中心保持重合，电偶极矩矢量和等于零。这就表明，在Z轴方向力F_Z作用下，晶体不产生压电效应。

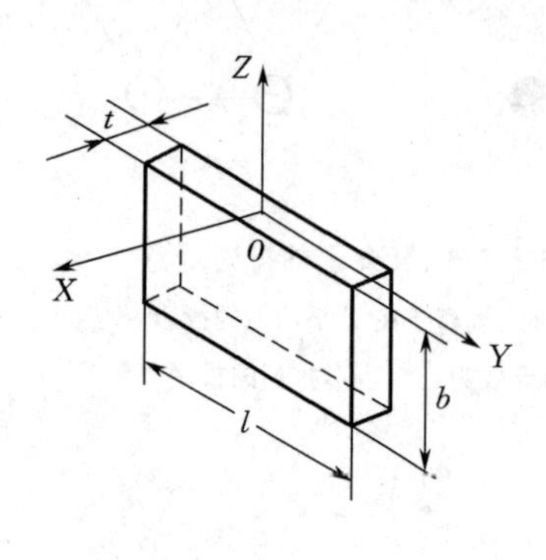

图 6-4　石英晶体切片

假设从石英晶体上切下一片平行六面体——晶体切片，使它的晶面分别平行于X、Y、Z轴，如图 6-4 所示。并在垂直X轴方向两面用真空镀膜或沉银法得到电极面。

当晶片受到沿X轴方向的压缩应力σ_{XX}作用时，晶片将产生厚度变形，并发生极化现象。在晶体线性弹性范围内，极化强度P_{XX}与应力σ_{XX}成正比，即

$$P_{XX}=d_{11}\sigma_{XX}=d_{11}\frac{F_X}{lb} \tag{6-1}$$

式中　F_X——沿X轴方向施加的压缩力(N)；

d_{11}——压电系数(C/N)，当受力方向和变形不同时，压电系数也不同，对于石英晶体，$d_{11}=2.3\times10^{-12}$ C/N；

l、b——石英晶片的长度和宽度(m)。

极化强度P_{XX}在数值上等于晶面上的电荷密度，即

$$P_{XX}=\frac{q_X}{lb} \tag{6-2}$$

式中　q_X——垂直于X轴平面上的电荷量(C)。

将式(6-2)代入式(6-1)，得

$$q_X=d_{11}F_X \tag{6-3}$$

其极间电压为

$$U_X=\frac{q_X}{C_X}=d_{11}\frac{F_X}{C_X} \tag{6-4}$$

式中　C_X——电极面间电容(F)，$C_X=\frac{\varepsilon_0\varepsilon_r lb}{t}$。

根据逆压电效应，晶体在X轴方向将产生伸缩，即

$$\Delta t=d_{11}U_X \tag{6-5}$$

或用应变表示，则

$$\frac{\Delta t}{t}=d_{11}\frac{U_X}{t}=d_{11}E_X \tag{6-6}$$

式中　E_X——X轴方向的电场强度(V/m)。

在 X 轴方向施加压力时，左旋石英晶体的 X 轴正向带正电；如果作用力 F_X 改为拉力，则在垂直于 X 轴的平面上仍出现等量电荷，但极性相反，见图 6-5(a)、(b)。

如果在同一晶片上作用力是沿着 Y 轴方向，其电荷仍在与 X 轴垂直平面上出现，其极性见图 6-5(c)、(d)，此时电荷的大小为

$$q_{XY}=d_{12}\frac{lb}{tb}F_Y=d_{12}\frac{l}{t}F_Y \tag{6-7}$$

式中 d_{12}——石英晶体在 Y 轴方向受力时的压电系数。

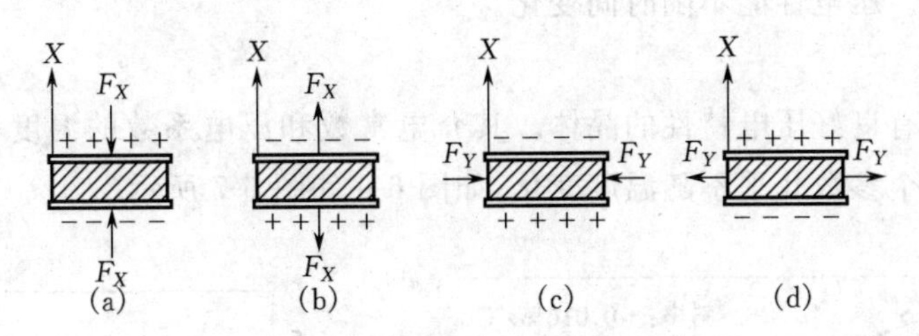

图 6-5 晶片上电荷极性与受力方向关系

(a)沿 X 轴方向施加压力 (b)沿 X 轴方向施加拉力 (c)沿 Y 轴方向施加压力 (d)沿 Y 轴方向施加拉力

根据石英晶体轴对称条件 $d_{11}=-d_{12}$，则式(6-7)可写成

$$q_{XY}=-d_{11}\frac{l}{t}F_Y \tag{6-8}$$

式中 t——晶片厚度(m)。

则其电极间电压为

$$U_X=\frac{q_{XY}}{C_X}=-d_{11}\frac{l}{t}\cdot\frac{F_Y}{C_X} \tag{6-9}$$

根据逆压电效应，晶片在 Y 轴方向将产生伸缩变形，即

$$\Delta l=-d_{11}\frac{l}{t}U_X \tag{6-10}$$

或用应变表示为

$$\frac{\Delta l}{l}=-d_{11}E_X \tag{6-11}$$

由上述可知：

①无论是正或逆压电效应，其作用力(或应变)与电荷(或电场强度)之间呈线性关系；

②晶体在哪个方向上有正压电效应，则在此方向上一定存在逆压电效应；

③石英晶体不是在任何方向都存在压电效应的。

6.2 压电材料

应用于压电式传感器中的压电材料主要有两种：一种是压电晶体，如石英等；另一种是压电陶瓷，如钛酸钡、锆钛酸铅等。

对压电材料要求具有以下几方面特性。

①转换性能。具有较大的压电常数。

②力学性能。压电元件作为受力元件，应该具有力学强度高、刚度大的物性，以期获得宽的线性范围和高的固有振动频率。

③电性能。具有高电阻率和大介电常数，以减弱外部分布电容的影响，并获得良好的低频特性。

④环境适应性强。温度和湿度稳定性好，具有较高的居里点，能获得较宽的工作温度范围。

⑤时间稳定性。压电性能不随时间变化。

(1)石英晶体

石英是一种具有良好压电特性的晶体。其介电常数和压电系数的温度稳定性相当好，在常温范围内这两个参数几乎不随温度变化，如图 6-6 和图 6-7 所示。

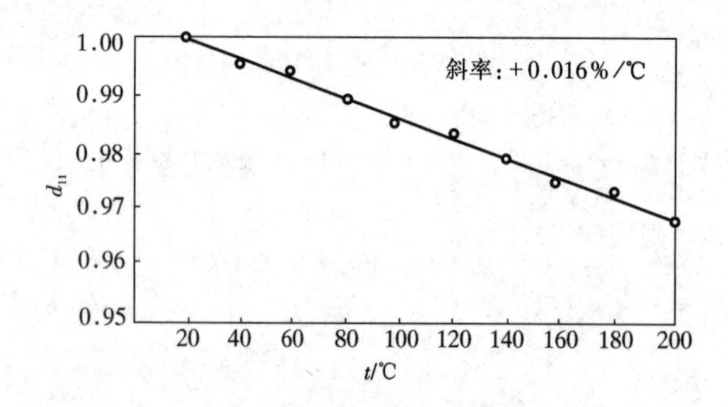

图 6-6　石英的 d_{11} 系数相对于 20 ℃ 的 d_{11} 随温度变化特性

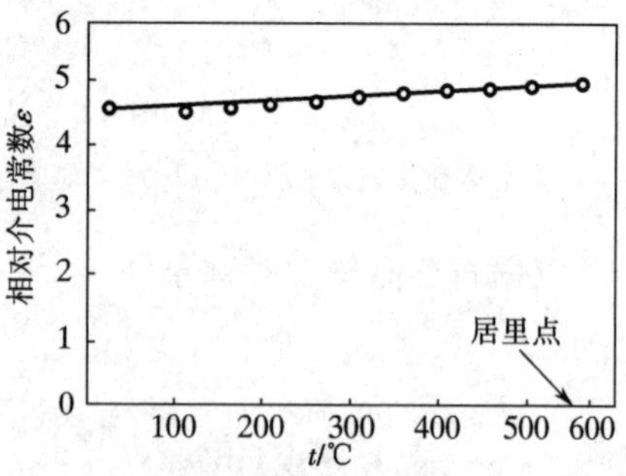

图 6-7　石英在高温下相对介电常数 ε 的温度特性

由图 6-6 可见，在 20～200 ℃ 温度范围内，温度每升高 1 ℃，压电系数仅减少 0.016%。但是当温度达到居里点(573 ℃)时，石英晶体便失去了压电特性。

石英晶体的突出优点是性能非常稳定，力学强度高，绝缘性能也相当好。但石英材料价格昂贵，且压电系数比压电陶瓷低得多，因此一般仅用于标准仪器或要求较高的传感器中。

需要指出的是，石英是一种各向异性晶体，因此按不同方向切割的晶片，其物理性质(如弹性、压电效应、温度特性等)相差很大。在设计石英传感器时，应根据不同使用要求正确地选择石英晶片的切型。

(2)压电陶瓷

压电陶瓷由于具有很高的压电系数，因此在压电式传感器中得到广泛应用。压电陶瓷主要有以下几种。

1)钛酸钡压电陶瓷

钛酸钡($BaTiO_3$)是由碳酸钡($BaCO_3$)和二氧化钛(TiO_2)按 1∶1莫尔比混合后充分研磨成型，经高温 1 300～1 400 ℃ 烧结，然后再经人工极化处理得到的压电陶瓷。

这种压电陶瓷具有很高的介电常数和较大的压电系数(约为石英晶体的 50 倍)。其不足之处是居里温度低(120 ℃)，温度稳定性和力学强度不如石英晶体。

2)锆钛酸铅系压电陶瓷

锆钛酸铅(PZT)是由 $PbTiO_3$ 和 $PbZrO_3$ 组成的固溶体 $Pb(Zr、Ti)O_3$。它与钛酸钡相比,压电系数更大,居里温度在 300 ℃以上,各项机电参数受温度影响小,时间稳定性好。此外,在锆钛酸中添加一种或两种其他微量元素(如铌、锑、锡、锰、钨等)还可以获得不同性能的 PZT 材料。因此锆钛酸铅系压电陶瓷是目前压电式传感器中应用最广泛的压电材料。

表 6-1 列出了目前常用压电材料的主要特性,表中除了石英、压电陶瓷外,还有压电半导体 ZnO、CdS,它们在非压电基片上用真空蒸发或溅射方法形成很薄的膜构成半导体压电材料。

表 6-1　常用压电材料的主要特性

材　料	形状	压电系数/($\times10^{-12}$ C/N)	相对介电系数	居里温度/℃	密　度/($\times10^3$ kg/m^3)	品质因数
石　英(α-SiO_2)	单晶	$d_{11}=2.31$ $d_{14}=0.727$	4.6	573	2.65	10^5
钛酸钡($BaTiO_3$)	陶瓷	$d_{33}=190$ $d_{31}=-78$	1 700	~120	5.7	300
锆钛酸铅(PZT)	陶瓷	$d_{33}=71\sim590$ $d_{31}=-230\sim-100$	460~3 400	180~350	7.5~7.6	65~1 300
硫化镉(CdS)	单晶	$d_{33}=10.3$ $d_{31}=-5.2$ $d_{15}=-14$	10.3 9.35		4.82	
氧化锌(ZnO)	单晶	$d_{33}=12.4$ $d_{31}=-5.0$ $d_{15}=-8.3$	11.0 9.26		5.68	
聚二氟乙烯(PVF_2)	延伸薄膜	$d_{31}=6.7$	5	~120	1.8	
复合材料(PVF_2-PZT)	薄膜	$d_{31}=15\sim25$	100~120		5.5~6	

目前,已研制成将氧化锌(ZnO)膜制作在 MOS 晶体管栅极上的 PI-MOS 力敏器件。当力作用在 ZnO 薄膜上时,由压电效应产生的电荷加在 MOS 管栅极上,从而改变了漏极电流。这种力敏器件具有灵活度高、响应时间短等优点。此外,用 ZnO 作为表面声波振荡器的压电材料,可测取力和温度等参数。

表中聚二氟乙烯(PVF_2)是目前发现的压电效应较强的聚合物薄膜,这种合成高分子薄膜就其对称性来看,不存在压电效应,但是这种物质具有“平面锯齿”结构,存在抵消不了的偶极子。经延展和拉伸后分子链轴呈规则排列,并在与分子轴垂直方向上产生自发极化偶极子。当在膜厚方向加直流高压电场极化后,就可以成为具有压电性能的高分子薄膜。这种薄膜有可挠性,并容易制成大面积压电元件。这种元件耐冲击,不易破碎,稳定性好,频带宽。为提高其压电性能还可以掺入压电陶瓷粉末,制成混合复合材料(PVF_2-PZT)。

6.3 压电式传感器的测量电路

(1)等效电路

当压电式传感器中的压电晶体承受被测机械应力的作用时,它的两个极面上出现极性相反但电量相等的电荷。显然,人们可以把压电式传感器看成一个静电发生器,如图 6-8(a)所示;也可以把它视为两极板上聚集异性电荷,中间为绝缘体的电容器,如图 6-8(b)所示。其电容量为

$$C_a=\frac{\varepsilon S}{t}=\frac{\varepsilon_r\varepsilon_0 S}{t}\ \mathrm{F} \tag{6-12}$$

式中 S——极板面积(m^2);

t——晶体厚度(m);

ε——压电晶体的介电常数(F/m);

ε_r——压电晶体的相对介电常数(对石英晶体,$\varepsilon_r=4.58$);

ε_0——真空介电常数($\varepsilon_0=8.85\times10^{-12}$ F/m)。

当两极板聚集异性电荷时,两极板就呈现出一定的电压,其大小为

$$U_a=\frac{q}{C_a} \tag{6-13}$$

式中 q——板极上聚集的电荷电量(C);

C_a——两极板间的等效电容(F);

U_a——两极板间的电压(V)。

因此,压电传感器可以等效地看作一个电压源 U_a 和一个电容器 C_a 的串联电路,如图 6-9(a)所示;也可以等效为一个电荷源 $\dot{q}$ 和一个电容器 C_a 的并联电路,如图 6-9(b)所示。

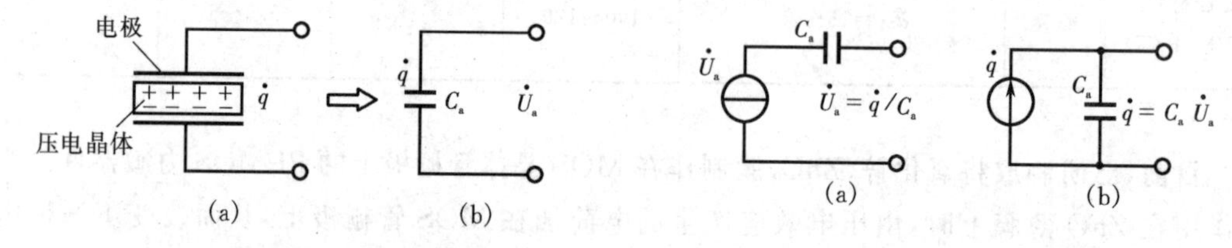

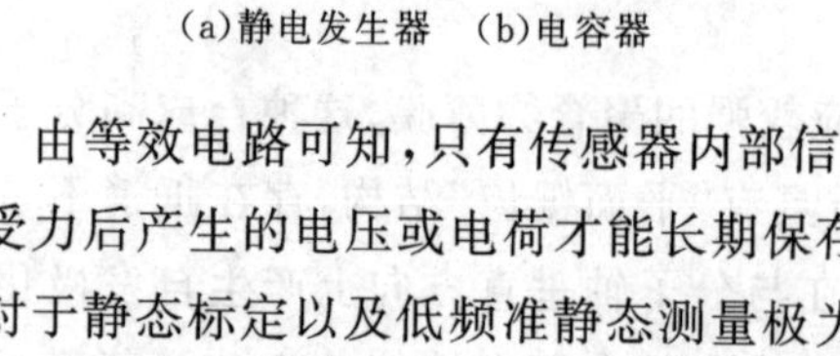

图 6-8 压电式传感器的等效原理

(a)静电发生器 (b)电容器

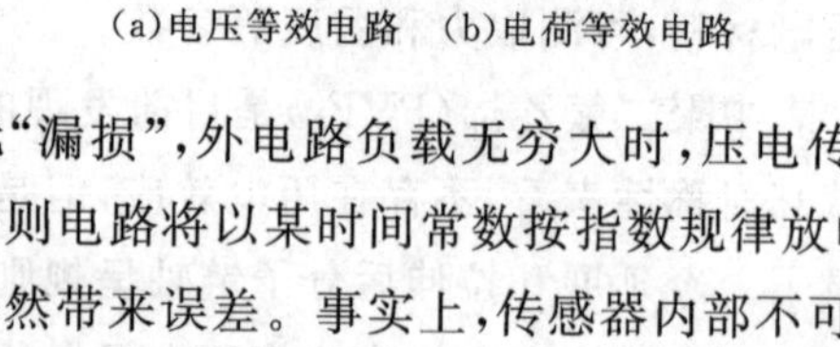

图 6-9 压电传感器等效电路

(a)电压等效电路 (b)电荷等效电路

由等效电路可知,只有传感器内部信号电荷无"漏损",外电路负载无穷大时,压电传感器受力后产生的电压或电荷才能长期保存下来,否则电路将以某时间常数按指数规律放电。这对于静态标定以及低频准静态测量极为不利,必然带来误差。事实上,传感器内部不可能没有泄漏,外电路负载也不可能无穷大,只有外力以较高频率不断地作用,传感器的电荷才能得以补充。从这个意义上讲,压电晶体不适于静态测量。

当用导线连接压电传感器和测量仪器时,应考虑连接导线的等效电容、电阻,前置放大器的输入电阻、输入电容。图 6-10 是压电传感器的完整电荷等效电路。

由图 6-10 等效电路来看,压电传感器的绝缘电阻 R_a 与前置放大器的输入电阻 R_i 相并

联。为保证传感器和测试系统有一定的低频（或准静态）响应，要求压电传感器的绝缘电阻保持在 $10^{13}\ \Omega$ 以上，才能使内部电荷泄漏减少到满足一般测试精度的要求。与此相适应，测试系统则应有较大的时间常数，亦即前置放大器要有相当高的输入阻抗，否则传感器的信号电荷将通过输入电路泄漏，产生测量误差。

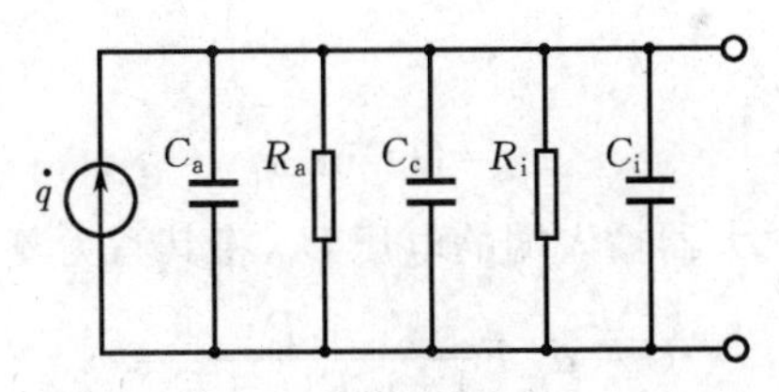

图 6-10　压电传感器的完整等效电路

C_a—传感器的电容；C_i—前置放大器输入电容；C_c—连接导线对地电容；

R_a—包括连接导线在内的传感器绝缘电阻；R_i—前置放大器的输入电阻

（2）测量电路

压电式传感器的前置放大器有两个作用：(a)将压电式传感器的高输出阻抗变换成低阻抗输出；(b)放大压电式传感器输出的弱信号。根据压电式传感器的工作原理及其等效电路，它的输出可以是电压信号也可以是电荷信号。因此，前置放大器也有两种形式：一种是电压放大器，其输出电压与输入电压（传感器的输出电压）成正比；另一种是电荷放大器，其输出电压与输入电荷成正比。

1）电压放大器

压电式传感器连接电压放大器的等效电路如图 6-11(a)所示，其简化的等效电路如图 6-11(b)所示。

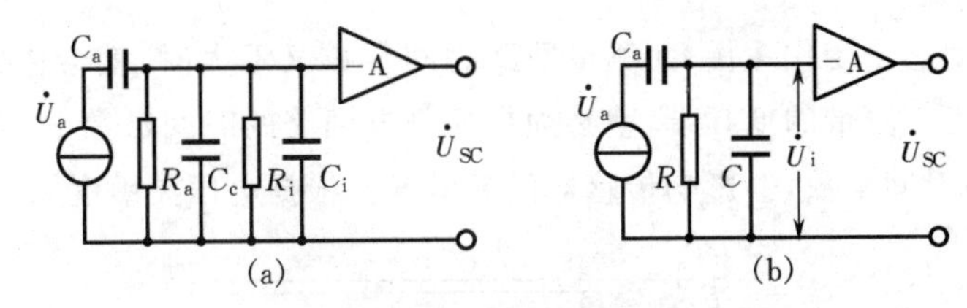

图 6-11　压电式传感器连接电压放大器的等效电路

(a)等效电路　(b)简化的等效电路

图 6-11(b)中，等效电阻为

$$R=\frac{R_aR_i}{R_a+R_i}$$

等效电容为

$$C=C_c+C_i$$

而

$$\dot{U}_a=\frac{\dot{q}}{C_a}$$

假设压电元件所受作用力为

$$\dot{F}=F_m\sin\omega t \tag{6-14}$$

式中　F_m——作用力的幅值。

若压电元件材料是压电陶瓷，其压电系数为 d_{33}，则在外力作用之下，压电元件产生的电压值为

$$\dot{U}_a=\frac{d_{33}F_m}{C_a}\sin\omega t \tag{6-15}$$

或

$$\dot{U}_a=U_m\sin\omega t \tag{6-16}$$

由图 6-11(b)可得送入放大器输入端的电压 U_i，将其写为复数形式，即

$$\dot{U}_i=d_{33}\dot{F}\frac{j\omega R}{1+j\omega R(C+C_a)} \tag{6-17}$$

$\dot{U}_i$ 的幅值为

$$U_{im}=\frac{d_{33}F_m\omega R}{\sqrt{1+\omega^2R^2(C_a+C_c+C_i)^2}} \tag{6-18}$$

输入电压与作用力之间的相位差为

$$\phi=\frac{\pi}{2}-\arctan[\omega R(C_a+C_c+C_i)] \tag{6-19}$$

令 $\tau=R(C_a+C_c+C_i)$，τ 为测量回路的时间常数，并令 $\omega_0=1/\tau$，则可得

$$U_{im}=\frac{d_{33}F_m\omega R}{\sqrt{1+(\omega/\omega_0)^2}}\approx\frac{d_{33}F_m}{C_a+C_c+C_i} \tag{6-20}$$

由式(6-20)可知，如果 $\omega/\omega_0\gg1$，即作用力变化频率与测量回路时间常数的乘积远大于1时，前置放大器的输入电压 U_{im} 与频率无关。一般认为 $\omega/\omega_0\geqslant3$，可以近似看成输入电压与作用力频率无关。这说明，在测量回路时间常数一定的条件下，压电式传感器具有相当好的高频响应特性。

但是，当被测动态量变化缓慢，而测量回路时间常数又不大时，就会造成传感器灵敏度下降，因而要扩大工作频带的低频端，就必须提高测量回路的时间常数 τ。但是靠增大测量回路的电容来提高时间常数，会影响传感器的灵敏度。根据电压灵敏度 K_u 的定义，得

$$K_u=\frac{U_{im}}{F_m}=\frac{d_{33}}{\sqrt{\left(\frac{1}{\omega R}\right)^2+(C_a+C_c+C_i)^2}}$$

因为 $\omega R\gg1$，故上式可以近似为

$$K_u\approx\frac{d_{33}}{C_a+C_c+C_i} \tag{6-21}$$

由式(6-21)可知，传感器的电压灵敏度 K_u 与回路电容成反比，增加回路电容必然使传感器的灵敏度下降。为此，常将输入内阻 R_i 很大的前置放大器接入回路。其输入内阻越大，测量回路时间常数越大，则传感器低频响应就越好。

由式(6-20)还可看出，当改变连接传感器与前置放大器的电缆长度时，C_c 将改变，U_{im} 也随之变化，从而使前置放大器的输出电压 $U_{SC}=-AU_{im}$ 也发生变化（A 为前置放大器增益）。因此，传感器与前置放大器组合系统的输出电压与电缆电容有关。在设计时，常常把电缆长度定为一常值。因而在使用时，如果改变电缆长度，必须重新校正灵敏度值，否则由

于电缆电容 C_c 的改变，将会引入测量误差。

图 6-12 为一实用的阻抗变换电路。MOS 型 FFT 管 3DO1F 为输入级，R_4 为其自给偏置电阻，R_5 提供串联电流负反馈。适当调节 R_2 的大小可以使 R_3 的负反馈接近 100%。此电路的输入电阻可达 $2\times10^8\ \Omega$。

近年来，由于线性集成运算放大器的飞速发展，出现了如 5G28 型结型场效应管输入的高阻抗器件，因而由集成运算放大器构成的电荷放大器电路进一步发展。随着 MOS 型和双极型混合集成电路的发展，具有更高阻抗的器件也将问世。因而，电荷放大器将有良好的发展远景。

2）电荷放大器

电荷放大器是一个具有深度负反馈的高增益放大器，其等效电路如图 6-13 所示。若放大器的开环增益 A_0 足够大，并且放大器的输入阻抗很高，则放大器输入端几乎没有分流，运算电流仅流入反馈回路 C_F 与 R_F。由图 6-13 可知

$$\begin{aligned}\dot{i}&=(\dot{U}_\Sigma-\dot{U}_{SC})\left(j\omega C_F+\frac{1}{R_F}\right)\\&=[\dot{U}_\Sigma-(-A_0\dot{U}_\Sigma)]\left(j\omega C_F+\frac{1}{R_F}\right)\\&=\dot{U}_\Sigma\left[j\omega(A_0+1)C_F+(A_0+1)\frac{1}{R_F}\right]\end{aligned}\tag{6-22}$$

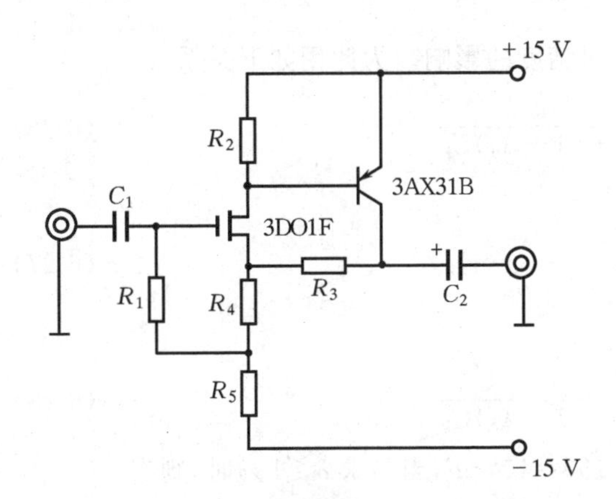

图 6-12　阻抗变换电路

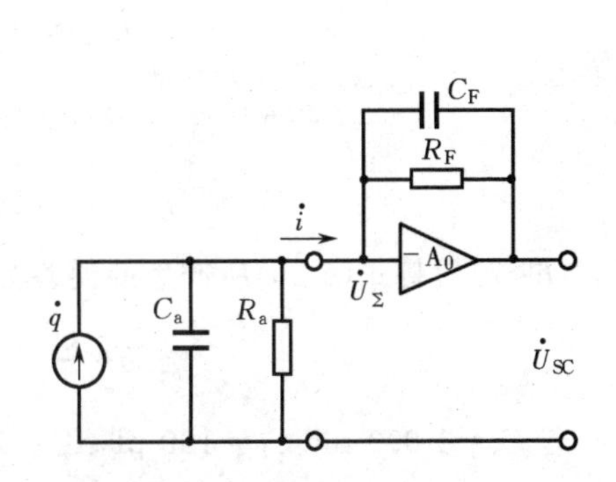

图 6-13　电荷放大器等效电路

根据式(6-22)可画出等效电路图，如图 6-14 所示。

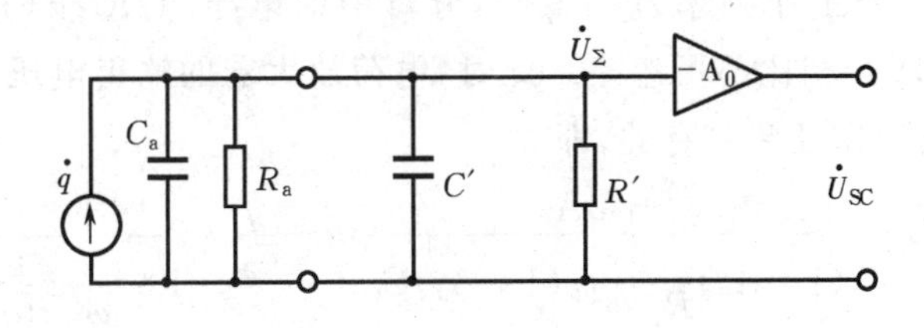

图 6-14　压电传感器接至电荷放大器的等效电路

由式(6-22)可见，C_F、R_F 等效到电荷放大器的输入端时，电容 C_F 将增大 A_0 倍。电导 $1/R_F$ 也增大了 A_0 倍。所以，图 6-14 中 $C'=(1+A_0)C_F$；$1/R'=(1+A_0)/R_F$，这就是所谓密勒效应的结果。

由图 6-14 电路可以方便地求得 $\dot{U}_\Sigma$ 和 $\dot{U}_{SC}$：

$$\dot{U}_\Sigma=\frac{j\omega\dot{q}}{\left[\frac{1}{R_a}+(1+A_0)\frac{1}{R_F}\right]+j\omega[C_a+(1+A_0)C_F]}$$

$$\dot{U}_{SC}=-A_0\dot{U}_\Sigma=\frac{-j\omega\dot{q}A_0}{\left[\frac{1}{R_a}+(1+A_0)\frac{1}{R_F}\right]+j\omega[C_a+(1+A_0)C_F]} \tag{6-23}$$

若考虑电缆电容 C_c，则有

$$\dot{U}_{SC}=\frac{-j\omega\dot{q}A_0}{\left[\frac{1}{R_a}+(1+A_0)\frac{1}{R_F}\right]+j\omega[C_a+C_c+(1+A_0)C_F]} \tag{6-24}$$

当 A_0 足够大时，传感器本身的电容和电缆长短将不影响电荷放大器的输出。因此，输出电压 $\dot{U}_{SC}$只取决于输入电荷 $\dot{q}$ 及反馈回路的参数 C_F 和 R_F。由于 $1/R_F\ll\omega C_F$，则

$$\dot{U}_{SC}\approx-\frac{A_0\dot{q}}{(1+A_0)C_F}\approx-\frac{\dot{q}}{C_F} \tag{6-25}$$

可见当 A_0 足够大时，输出电压只取决于输入电荷 $\dot{q}$ 和反馈电容 C_F，改变 C_F 的大小便可得到所需的电压输出。

下面讨论运算放大器的开环放大倍数 A_0 对精度的影响。为此用如下关系式：

$$\dot{U}_{SC}\approx\frac{-A_0\dot{q}}{C_a+C_c+(1+A_0)C_F} \tag{6-26}$$

及

$$\dot{U}'_{SC}\approx-\frac{\dot{q}}{C_F} \tag{6-27}$$

以式(6-27)代替式(6-26)所产生的误差为

$$\delta=\frac{\dot{U}'_{SC}-\dot{U}_{SC}}{\dot{U}'_{SC}}\approx\frac{C_a+C_c}{(1+A_0)C_F} \tag{6-28}$$

若 $C_a=1\ 000$ pF、$C_F=100$ pF、$C_c=100\times100=10^4$ pF，当要求 $\delta\leqslant1\%$时，则有

$$\delta=0.01=\frac{1\ 000+10^4}{(1+A_0)\times100}$$

由此得 $A_0\geqslant10^4$。对线性集成运算放大器来说，这一要求是不难达到的。

由式(6-24)可知，当工作频率 ω 很低时，分母中的电导$[1/R_a+(1+A_0)/R_F]$与电纳 $j\omega[C_a+C_c+(1+A_0)C_F]$相比不可忽略。此时，电荷放大器的输出电压 $\dot{U}_{SC}$就成为一复数，其幅值和相位都将与工作频率 ω 有关，即

$$\dot{U}_{SC}\approx\frac{-j\omega\dot{q}A_0}{(1+A_0)\frac{1}{R_F}+j\omega(1+A_0)C_F}\approx-\frac{\dot{q}}{C_F}\cdot\frac{1}{1+\frac{1}{j\omega C_F R_F}} \tag{6-29}$$

由式(6-29)可知，-3 dB 截止频率为

$$f_L=\frac{1}{2\pi R_F C_F} \tag{6-30}$$

相位误差

$$\phi=90^{\circ}-\arctan\frac{1}{\omega R_{F}C_{F}} \tag{6-31}$$

可见压电式传感器配用电荷放大器时，其低频幅值误差和截止频率只取决于反馈电路的参数 R_F 和 C_F，其中 C_F 的大小可以由所需要的电压输出幅度决定。所以，当给定工作频带下限截止频率 f_L 时，反馈电阻 R_F 值可以由式(6-30)确定。譬如当 $C_F=1\ 000$ pF，$f_L=0.16$ Hz 时，则要求 $R_F\geqslant 10^9\ \Omega$。

6.4　压电式传感器的应用

(1)压电式加速度传感器

压电式加速度传感器的结构一般有纵向效应型、横向效应型和剪切效应型三种。纵向效应型是最常见的一种结构，如图 6-15 所示。压电陶瓷和质量块为环形，通过螺母对质量块预先加载，使之压紧在压电陶瓷上。测量时将传感器基座与被测对象牢牢地紧固在一起，输出信号由电极引出。

当传感器感受到振动时，由于质量块相对于被测体质量较小，因此质量块感受到与传感器基座相同的振动，并受到与加速度方向相反的惯性力，此力为 $F=ma$。同时，惯性力作用在压电陶瓷片上产生的电荷为

$$q=d_{33}F=d_{33}ma \tag{6-32}$$

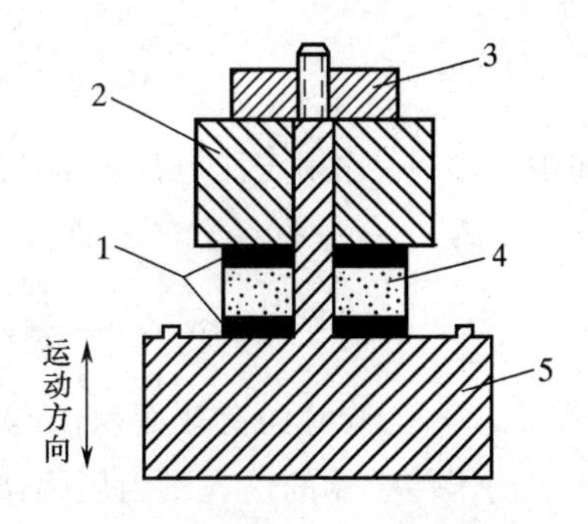

图 6-15　纵向效应型加速度传感器的截面图

1—电极；2—质量块；3—螺母；4—压电陶瓷；5—传感器基座

此式表明电荷量直接反映加速度大小。它的灵敏度与压电材料压电系数和质量块质量有关。为了提高传感器灵敏度，一般选择压电系数大的压电陶瓷片。由于增加质量块的质量会影响被测振动，同时会降低振动系统的固有频率，因此一般不用增加质量的办法来提高传感器灵敏度。此外，用增加压电片的数目和采用合理的连接方法也可以提高传感器灵敏度。

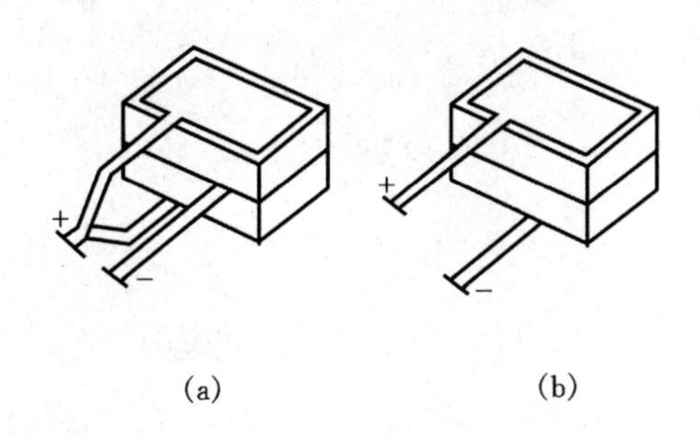

图 6-16　叠层式压电元件的连接方式

(a)并联　(b)串联

一般压电片的连接方式有并联和串联两种。图 6-16(a)所示为并联形式，片上的负极集中在中间极上，其输出电容 C' 为单片电容 C 的两倍，但输出电压 U' 等于单片电压 U，极板上电荷量 q' 为单片电荷量 q 的两倍，即

$$q'=2q;U'=U;C'=2C$$

图 6-16(b)为串联形式，正电荷集中在上极板，负电荷集中在下极板，而中间的极板上产生的负电荷与下极板产生的正电荷相互抵消。从图中可知，输出的总电荷 q' 等于单片电荷 q，而输出电压 U' 为单片电压 U 的 2 倍，总电容 C' 为单片电容 C 的 1/2，即

$$q'=q;U'=2U;C'=\frac{1}{2}C$$

在两种接法中，并联接法输出电荷大，时间常数大，宜用于测量缓变信号，并且适用于以电荷作为输出量的场合；而串联接法输出电压大，本身电容小，适用于以电压作为输出信号，且测量电路输入阻抗很高的场合。

(2)压电式压力传感器

根据使用要求不同，压电式测压传感器有各种不同的结构形式，但它们的基本原理相同。

图 6-17 是一种压力传感器的结构，它采用两个相同的膜片对晶片施加预载力，从而消除由振动加速度引起的附加输出。

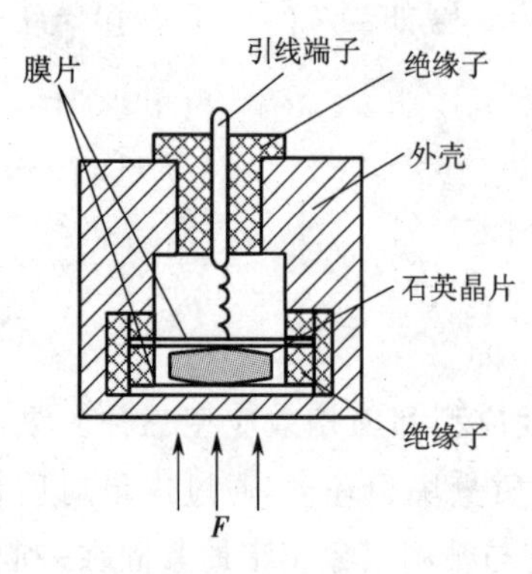

图 6-17　压力传感器结构

该传感器具有体积小、重量轻、结构简单、工作可靠、测量频率范围宽等优点，是一种应用较为广泛的压力测量传感器。

当膜片受到压力 F 作用后，则在压电晶片上产生电荷。在一个压电片上所产生的电荷为

$$q=d_{11}F=d_{11}Sp \tag{6-42}$$

式中　F——作用于压电片上的力(N)；

d_{11}——压电系数(C/N)；

p——压强(N/m^2)，$p=\frac{F}{S}$；

S——膜片的有效面积(m^2)。

测压传感器的输入量为压强 p，如果传感器只由一个压电晶片组成，则根据灵敏度的定义有以下两种表达方法。

电荷灵敏度

$$k_q=\frac{q}{p} \tag{6-43}$$

电压灵敏度

$$k_u=\frac{U_0}{p} \tag{6-44}$$

根据式(6-42)，电荷灵敏度可表示为

$$k_q=d_{11}S \tag{6-45}$$

因为 $U_0=\frac{q}{C_0}$，所以电压灵敏度也可表示为

$$k_u=\frac{d_{11}S}{C_0} \tag{6-46}$$

式中　C_0——压电片等效电容(F)。

第 7 章　数字式传感器

本书前几章所介绍的传感器均属于模拟式传感器。这类传感器将诸如应变、压力、位移、加速度等被测参数转变为电模拟量（如电流、电压）显示出来。因此，若用数字显示或输入计算机，就需要经过模数转换（A/D 转换）装置，将模拟量变成数字量，这不但增加了投资，而且增加了系统的复杂性，降低了系统的可靠性和精确度。若直接采用数字式传感器，则可将被测参数直接转换成数字信号输出。数字式传感器有以下优点：

①精确度和分辨力高；

②抗干扰能力强，便于远距离传输；

③信号易于处理和存储；

④可以减少读数误差。

正因为如此，数字式传感器引起人们的普遍重视。根据工作原理不同，它可分为脉冲数字式传感器（如光栅传感器、感应同步器、磁栅传感器等）和频率输出式数字传感器（如振弦式、振筒式和振膜式传感器）。

7.1　码盘式传感器

这种传感器建立在编码器的基础上，只要编码器保证一定的制作精度，并配置合适的读出部件，这种传感器就可以达到较高的精度。另外，它的结构简单、可靠性高，因此在空间技术、数控机械系统等方面获得广泛应用。

编码器按工作原理可以分为电触式、电容式、感应式、光电式等，按编码方式又可以分为绝对式编码器和增量式编码器两大类。这里只讨论光电式编码器，该编码器又称为光学编码器。

编码器包括码盘和码尺。前者用于测角度，后者用于测长度。因为测长度实际应用较少，故这里只讨论码盘。

7.1.1　绝对式编码器

光学码盘式传感器是用光电方法把被测角位移转换成以数字代码形式表示的电信号的转换部件。图 7-1 为其工作原理示意。由光源发出的光线，经柱面镜变成一束平行光或会聚光，照射到码盘上。码盘由光学玻璃制成，其上刻有许多同心码道，每位码道上按一定规律排列着若干透光和不透光部分，即亮区和暗区。通过亮区的光线经狭缝后，形成一束很窄的光束照射在元件上。光电元件的排列与码道一一对应。当有光照射时，对应于亮区和暗区的光电元件的输出相反，如前者为“1”，后者为“0”。光电元件的各种信号组合，反映出按一定规律编码的数字量，代表了码盘转角的大小。由此可见，码盘在传感器中是将轴的转角转换成代码输出的主要元件。

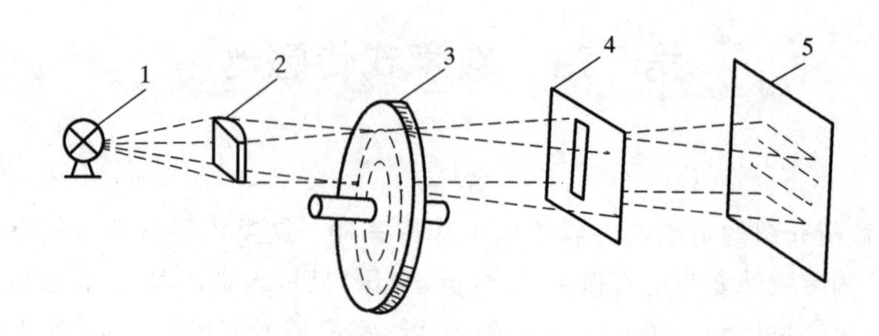

图 7-1　光学码盘式传感器工作原理

1—光源；2—柱面镜；3—码盘；4—狭缝；5—元件

(1)码制与码盘

图 7-2 所示是一个 6 位的二进制码盘。最内圈称为 C_6 码道，一半透光、一半不透光。最外圈称为 C_1 码道，一共分成 $2^6=64$ 个黑白间隔。每一个角度方位对应于不同的编码。例如零位对应于 000000(全黑)，第 23 个方位对应于 010111。测量时，只要根据码盘的起始和终止位置即可确定转角，与转动的中间过程无关。

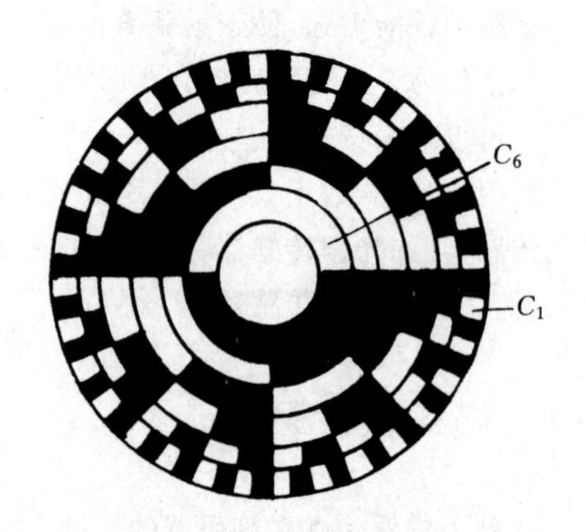

图 7-2　6 位二进制码盘

二进制码盘具有以下主要特点：

①n 位(n 个码道)的二进制码盘具有 2^n 种不同编码，称其容量为 2^n，其最小分辨力 $\theta_1=360°/2^n$，它的最外圈角节距为 $2\theta_1$；

②二进制码为有权码，编码 $C_n, C_{n-1}, \cdots, C_1$ 对应于由零位算起的转角为 $\sum_{i=1}^{n} C_i 2^{i-1}\theta_1$；

③码盘转动中，C_k 变化时，所有 $C_j(j<k)$ 应同时变化。

为了达到 1″左右的分辨力，二进制码盘需要采用 20 或 21 位码盘。一个刻画直径为 400 mm 的 20 位码盘，其外圈分别间隔稍大于 1 μm。不仅要求各个码道刻画精确，而且要求彼此对准，这给码盘制作造成很大困难。

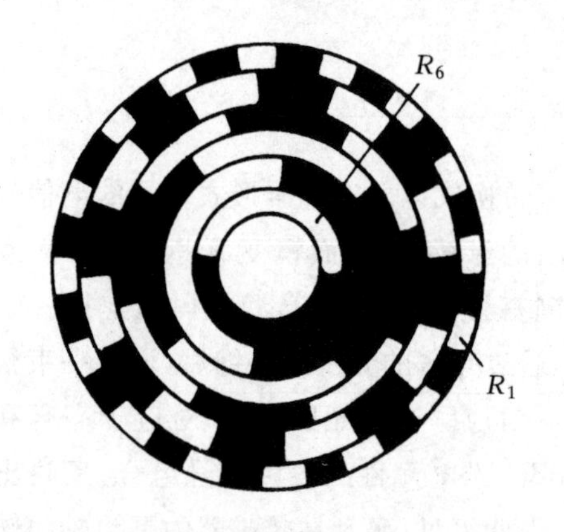

图 7-3　6 位循环码码盘

二进制码盘，由于微小的制作误差，只要有一个码道提前或延后改变，就可能造成输出的粗误差。

为了消除粗误差，可以采用循环码代替二进制码。图 7-3 所示是一个 6 位的循环码码盘。循环码码盘具有以下特点：

①n 位循环码码盘，与二进制码盘一样具有 2^n 种不同编码，最小分辨力为 $\theta_1=360°/$

2^n，最内圈为 R_n 码道，一半透光、一半不透光，其他第 i 码道相当于二进制码盘第 $i+1$ 码道向零位方向转过 θ_1 角，它的最外圈 R_1 码道的角节距为 $4\theta_1$；

②循环码码盘具有轴对称性，其最高位相反，而其余各位相同；

③循环码为无权码；

④循环码码盘转到相邻区域时，编码中只有一位发生变化，不会产生粗误差，由于这一原因，循环码码盘获得了广泛应用。

(2)二进制码与循环码的转换

表7-1是4位二进制码与循环码的对照表。

表7-1　4位二进制码与循环码对照表

十进制数	二进制码	循 环 码	十进制数	二进制码	循 环 码
0	0000	0000	8	1000	1100
1	0001	0001	9	1001	1101
2	0010	0011	10	1010	1111
3	0011	0010	11	1011	1110
4	0100	0110	12	1100	1010
5	0101	0111	13	1101	1011
6	0110	0101	14	1110	1001
7	0111	0100	15	1111	1000

按表7-1所列，可以找到循环码和二进制码之间存在一定转换关系，为

$$\left.\begin{aligned} C_n &= R_n \\ C_i &= C_{i+1} \oplus R_i \\ R_i &= C_{i+1} \oplus C_i \end{aligned}\right\} \tag{7-1}$$

图7-4所示为将二进制码转换为循环码的电路。

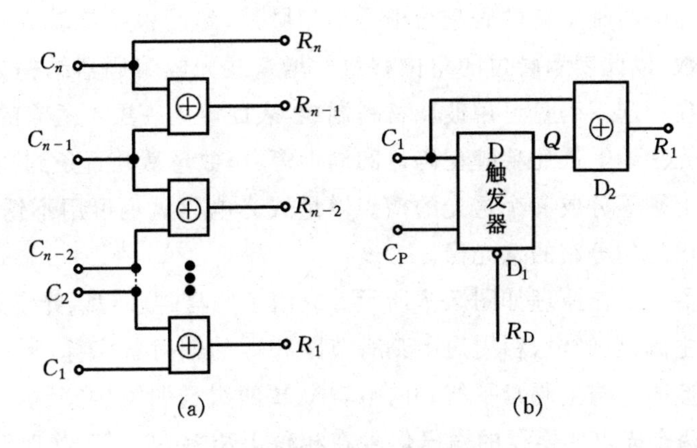

图7-4　二进制码转换为循环码的电路

(a)并行变换电路　(b)串行变换电路

采用串行电路时，工作之前先将D触发器 D_1 置零，$Q=0$。在 C_i 端送入 C_n，异或门 D_2 输出 $R_n=C_n\oplus 0=C_n$；随后加 C_P 脉冲，使 $Q=C_n$；在 C_i 端加入 C_{n-1}，D_2 输出 $R_{n-1}=C_{n-1}\oplus$

C_n。以后重复上述过程，可依次获得 $R_n, R_{n-1}, \cdots, R_2, R_1$。

图 7-5 所示为将循环码转变为二进制码的电路。采用串行变换电路时，开始之前先将 JK 触发器 D 复零，$Q=0$。将 R_n 同时加到 J、K 端，再加入 C_P 脉冲后，$Q=C_n=R_n$。以后若 Q 端为 C_{i+1}，在 J、K 端加入 R_i，根据 JK 触发器的特性，若 J、K 为“1”，则加入 C_P 脉冲后 $Q=\overline{C}_{i+1}$；若 J、K 为“0”，则加入 C_P 脉冲后保持 $Q=\overline{C}_{i+1}$。其逻辑关系可写成

$$Q=C_i=R_i\overline{C}_{i+1}+\overline{R}_iC_{i+1}=C_{i+1}\oplus R_i \tag{7-2}$$

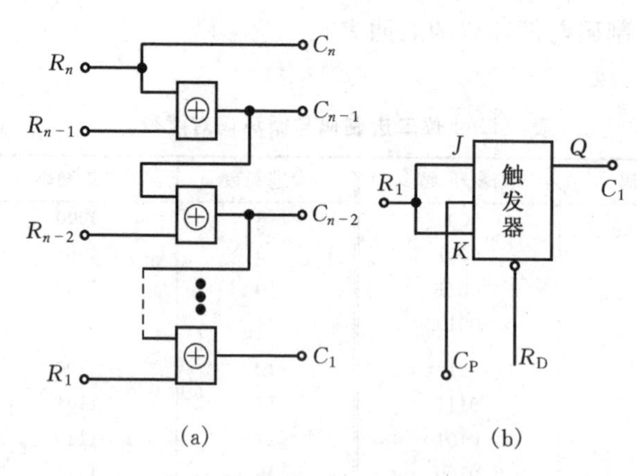

图 7-5　循环码转变为二进制码的电路

(a)并行变换电路　(b)串行变换电路

重复上述步骤，可以依次获得 $C_n, C_{n-1}, \cdots, C_2, C_1$。

循环码是无权码，直接译码有困难，一般先把它转换为二进制码后再译码。并行转换速度快，所用元件较多；串行转换所用元件少，但速度慢，只能用于速度要求不高的场合。

7.1.2　增量式编码器

增量式编码器随转轴旋转的码盘给出一系列脉冲，然后根据旋转方向用计数器对这些脉冲进行加减计数，以此表示转过的角位移量。增量式光电编码器结构如图 7-6 所示。光电码盘与转轴连在一起。码盘可用玻璃材料制成，表面镀上一层不透光的金属铬，然后在边缘制成向心的透光狭缝。透光狭缝在码盘圆周上等分，数量从几百条到几千条不等。这样，整个码盘在圆周上被等分成 n 个透光的槽。增量式光电码盘也可用不锈钢薄板制成，然后在圆周边缘切割出均匀分布的透光槽。

增量式编码器的工作原理如图 7-7 所示。它由主码盘、鉴向盘、光学系统和光电变换器组成。在图形的主码盘(光电盘)周边上刻有节距相等的辐射状窄缝，形成均匀分布的透明区和不透明区。鉴向盘与主码盘平行，并刻有 A、B 两组透明检测窄缝，它们彼此错开 1/4 节距，以使 A、B 两个光电变换器的输出信号在相位上相差 90°。工作时，鉴向盘静止不动，主码盘与转轴一起转动，光源发出的光投射到主码盘与鉴向盘上。当主码盘上的不透明区正好与鉴向盘上的透明窄缝对齐时，光线被全部遮住，光电变换器输出电压为最小；当主码盘上的透明区正好与鉴向盘上的透明窄缝对齐时，光线全部通过，光电变换器输出电压为最大。主码盘每转过一个刻线周期，光电变换器将输出一个近似的正弦波电压，且光电变换器

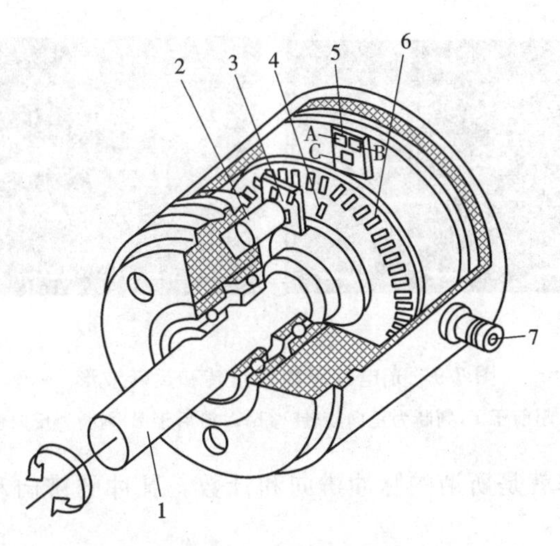

图 7-6　增量式光电编码器结构示意

1—转轴；2—发光二极管；3—光栏板；4—零标志位光槽；5—光敏元件；6—码盘；7—电源及信号线连接座

A、B 的输出电压相位差为 90°。

光电编码器的光源最常用的是自身有聚光效果的发光二极管。当光电码盘随工作轴一起转动时，光线透过光电码盘和光栏板狭缝形成忽明忽暗的光信号。光敏元件将此光信号转换成电脉冲信号，通过信号处理电路后，向数控系统输出脉冲信号，也可由数码管直接显示位移量。

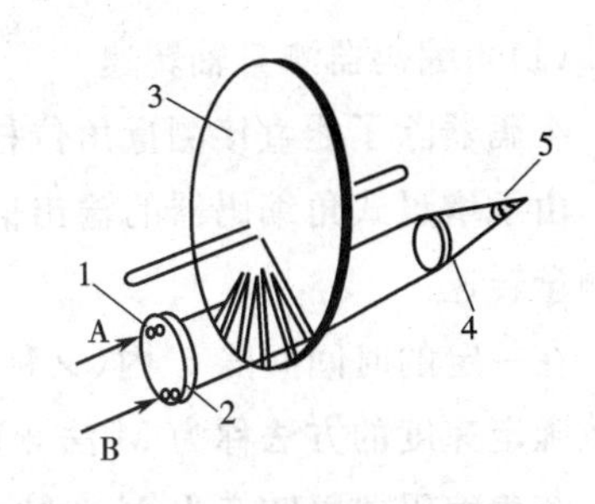

图 7-7　增量式编码器工作原理

1—光电变换器；2—鉴向盘；3—主码盘；4—透镜；5—光源

光电编码器的测量准确度与码盘圆周上的狭缝条纹数 n 有关，能分辨的角度 α 为$360°/n$，分辨力为 $1/n$。例如码盘边缘的透光槽数为 1 024 个，则其能分辨的最小角度 $\alpha=360°/1\ 024=0.352°$。

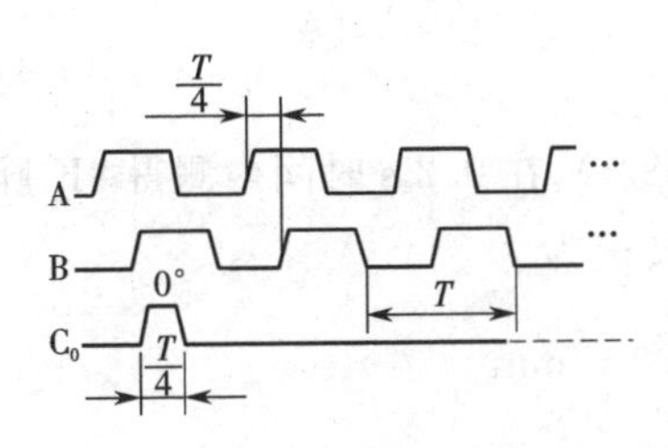

图 7-8　光电编码器的输出波形

为了判断码盘旋转的方向，必须在光栏板上设置两个狭缝，其距离是码盘上的两个狭缝距离的$(m+1/4)$倍（m 为正整数），并设置两组对应的光敏元件，如图7-6的A、B 光敏元件，也称为 cos 元件、sin 元件。当检测对象旋转时，同轴或关联安装的光电编码器便会输出 A、B 两路相位相差 90°的数字脉冲信号。光电编码器的输出波形如图 7-8 所示。为了得到码盘转动的绝对位置，还须设置一个基准点，如图 7-6 中的“零标志位光槽”。码盘每转一圈，零标志位光槽对应的光敏元件产生一个脉冲，称为“一转脉冲”，见图 7-8 中的 C_0 脉冲。

图 7-9 给出了编码器正、反转时 A、B 信号的波形及其时序关系，当编码器正转时，A 信号的相位超前 B 信号 90°，如图 7-9(a)所示；反转时则 B 信号相位超前 A 信号 90°，如图 7-9(b)所示。A 和 B 输出的脉冲个数与被测角位移变化量呈线性关系，因此通过对脉冲个数计数就能计算出相应的角位移。根据 A 和 B 之间的关系正确地解调出被测机械的旋转

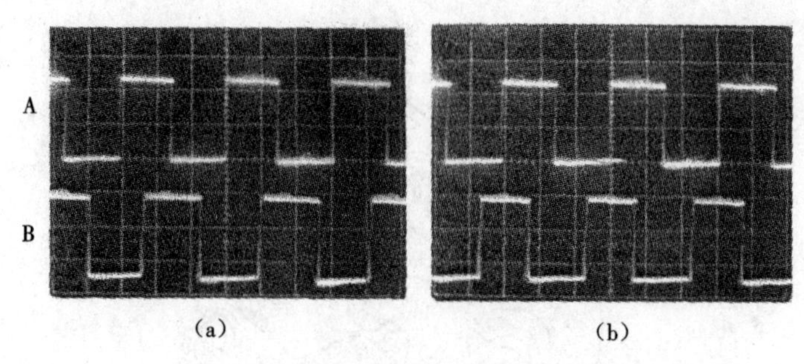

图 7-9 光电编码器的正转和反转波形

(a)A 超前于 B,判断为正向旋转 (b)A 滞后于 B,判断为反向旋转

方向和旋转角位移/速率就是所谓的脉冲辨向和计数。脉冲的辨向和计数既可用软件实现也可用硬件实现。

7.1.3 编码器的应用

(1)角编码器测量轴转速

编码器除了能直接测量角位移或间接测量直线位移外,还可以测量轴的转速。

由于增量式角编码器的输出信号是脉冲形式,因此可以通过测量脉冲频率或周期的方法测量转速。

在一定的时间间隔 t_s 内(又称闸门时间,如 10 s、1 s、0.1 s 等),用角编码器所产生的脉冲数确定速度的方法称为 M 法测速。

若角编码器每转产生 N 个脉冲,在闸门时间 t_s 内得到 m_1 个脉冲,则角编码器所产生的脉冲频率为

$$f=\frac{m_1}{t_s} \tag{7-3}$$

则转速

$$n=60\ \frac{f}{N}=60\ \frac{m_1}{t_s N}(\mathrm{r/min}) \tag{7-4}$$

例如某角编码器的指标为 2 048 个脉冲/r(即 N=2 048/r),在 0.2 s 时间内测得 8K 脉冲,即 t_s=0.2 s,m_1=8K=8 192 个脉冲,则角编码器轴的转速为

$$n=60\ \frac{m_1}{t_s N}=60\times\frac{8\ 192}{2\ 048\times 0.2}=1\ 200\ \mathrm{r/min}$$

(2)工位编码

由于绝对式编码器每一转角位置均有一个固定的编码输出,若编码器与转盘同轴相连,则转盘上每一工位安装的被加工工件均可以与一个编码相对应,转盘工位编码原理如图 7-10 所示。当转盘上某一工位转到加工点时,该工位对应的编码由编码器输出给控制系统。

例如,要使处于工位 6 上的工件转到加工点等待钻孔加工,计算机控制电动机通过带轮带动转盘顺时针旋转。与此同时,绝对式编码器(假设为 4 码道)输出的编码不断变化。设工位 1 的绝对二进制码为 0000,当输出从工位 4 的 0100 变为 0110 时,表示转盘已将工位 6 转到加工点,电动机停转。

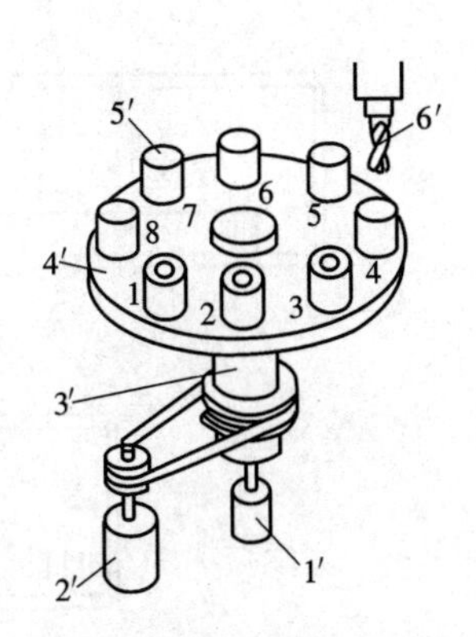

图 7-10 转盘工位编码原理

1′—绝对式编码器；2′—电动机；3′—转轴；4′—转盘；5′—工件；6′—刀具

7.2 光栅传感器

光栅传感器是根据莫尔条纹原理制成的，它主要用于线位移和角位移的测量。由于光栅传感器具有精度高、测量范围大、易于实现测量自动化和数字化等特点，所以目前光栅传感器的应用已扩展到测量与长度和角度有关的其他物理量，如速度、加速度、振动、质量、表面轮廓等方面。

(1)光栅传感器的结构原理

光栅传感器由照明系统、光栅副和光电接收元件组成，如图 7-11 所示。光栅副是光栅传感器的主要部分。在长度计量中应用的光栅通常称为计量光栅，它主要由主光栅(也称标尺光栅)和指示光栅组成。当标尺光栅相对于指示光栅移动时，形成的莫尔条纹产生亮暗交替变化，利用光电接收元件将莫尔条纹亮暗变化的光信号转换成电脉冲信号，并用数字显示，从而测量出标尺光栅的移动距离。

透射光栅是在一块长方形的光学玻璃上均匀地刻上许多条纹，形成规则排列的明暗线条。图 7-12 中 a 为刻线宽度，b 为刻线间的缝隙宽度，$a+b=W$ 称为光栅的栅距(或光栅常数)。

通常情况下，$a=b=W/2$，也可以做成 $a:b=1.1:0.9$。刻线密度一般为每毫米 10、25、50、100 条线。

指示光栅一般比主光栅短得多，通常刻有与主光栅同样密度的线纹。

光源一般用钨丝灯泡，它有较大的输出功率、较宽的工作范围，可以在 −40～130 ℃温度下工作。但是它与光电元件相组合的转换效率低。在机械振动和冲击条件下工作时，使用寿命将降低。因此，必须定期更换照明灯泡以防止由于灯泡失效而造成的失误。近年来，固态光源有很大发展。如砷化镓发光二极管可以在 −66～100 ℃的温度下工作，发出的光为近似红外光(91～94 μm)，接近硅光敏三极管的敏感波长。虽然砷化镓发光二极管的输出功率比钨丝灯泡低，但是它与硅光敏三极管相结合，有很高的转换效率，最高可达 30%左右。此外，砷化镓发光二极管的脉冲响应时间为几十纳秒，与硅光敏三极管组合可得到 2 μs 的响应时间。这种快速的响应特性，可以使光源工作在触发状态，从而减小功耗和热耗散。

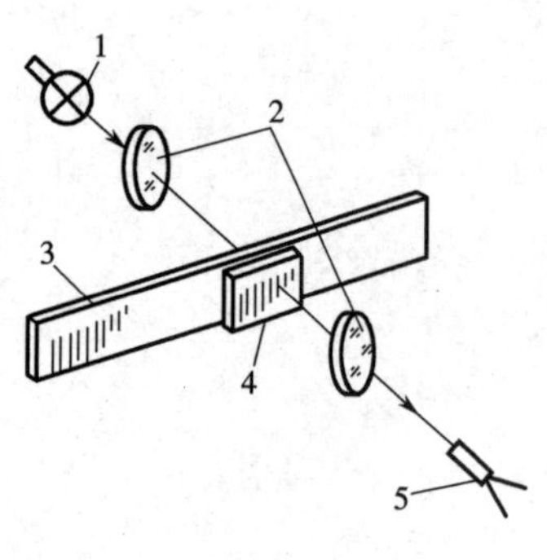

图 7-11　光栅传感器的构成

1—光源；2—透镜；3—标尺光栅；

4—指示光栅；5—光电元件

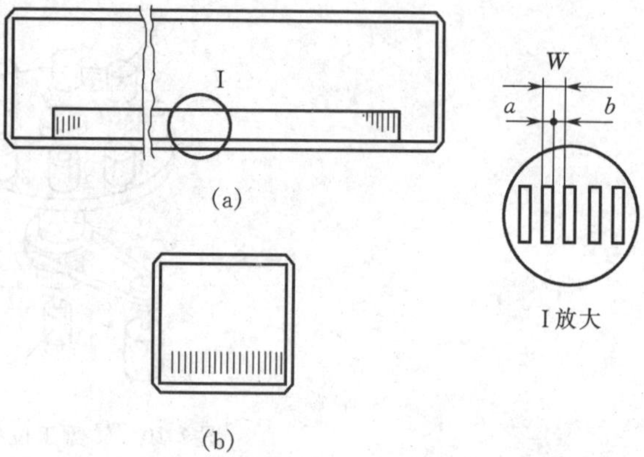

图 7-12　黑白透射光栅示意

(a)主光栅　(b)指示光栅

光电元件包括光电池和光敏三极管等部分。在采用固态光源时，需要选用敏感波长与光源相接近的光敏元件，以获得高的转换效率。光敏元件的输出端常接有放大器，通过放大器得到足够的信号输出以防止干扰的影响。

(2)莫尔条纹的形成原理及特点

1)莫尔条纹的形成原理

把光栅常数相等的主光栅和指示光栅相对叠合在一起(片间留有很小的间隙)，并使两者栅线(光栅刻线)之间保持很小的夹角 θ，于是在近于垂直栅线的方向上出现明暗相间的条纹，如图 7-13 所示。在 a-a' 线上两光栅的栅线彼此重合，光线从缝隙中通过，形成亮带；在 b-b' 线上，两光栅的栅线彼此错开，形成暗带。这种明暗相间的条纹称为莫尔条纹。莫尔条纹方向与刻线方向垂直，故又称横向莫尔条纹。

由图 7-13 可看出，横向莫尔条纹的斜率为

$$\tan\alpha=\tan\frac{\theta}{2} \tag{7-5}$$

式中　α——亮(暗)带的倾斜角(rad)；

θ——两光栅的栅线夹角(rad)。

横向莫尔条纹(亮带与暗带)之间距离为

$$B_{\mathrm{H}}=AB=\frac{BC}{\sin\frac{\theta}{2}}=\frac{W}{2\sin\frac{\theta}{2}}\approx\frac{W}{\theta} \tag{7-6}$$

式中　B_{H}——横向莫尔条纹之间的距离(mm)；

W——光栅常数(mm · rad)。

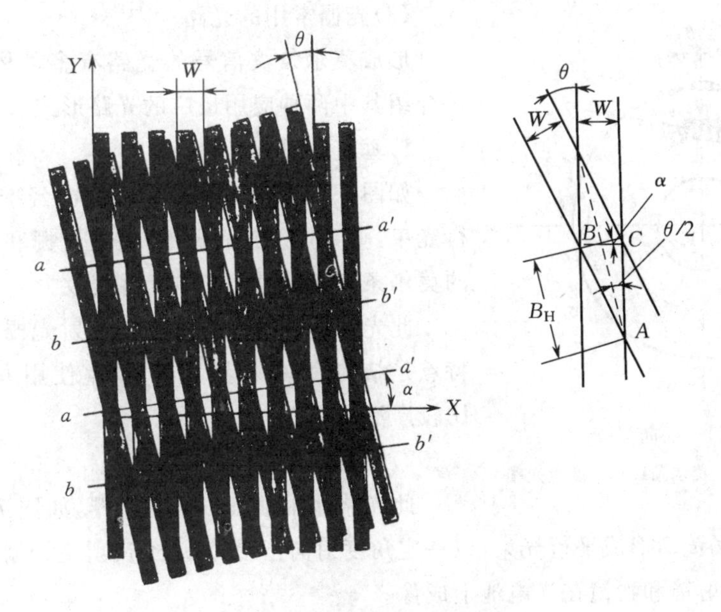

图 7-13 光栅和横向莫尔条纹

由此可见,莫尔条纹的宽度 B_H 由光栅常数与光栅的夹角 θ 决定。对于给定光栅常数 W 的两光栅,夹角 θ 愈小,条纹宽度愈大,即条纹愈稀。所以,通过调整夹角 θ,可以使条纹宽度为任何所需要的值。

2)莫尔条纹技术的特点

①由式(7-6)可知,虽然光栅常数 W 很小,但只要调整夹角 θ,即可得到很大的莫尔条纹的宽度 B_H,起到了放大作用。例如,$W=0.02$ mm,若使 $\theta=0.01$ rad$=0.57°$,则有 $B_H=2$ mm,相当于放大了 99 倍。这样,就把一个微小移动量的测量转变成一个较大移动量的测量,既方便,又提高了测量精度。

②莫尔条纹的光强度变化近似正弦变化,因此便于将电信号作进一步细分,即采用“倍频技术”。将计数单位变成比一个周期 W 更小的单位,例如变成 $W/10$ 记一个数。这样可以提高测量精度或可以采用较粗的光栅。

③由图 7-11 可知,光电元件接收的并不只是固定一点的条纹,而是在一定长度范围内所有刻线产生的条纹。这样,对于光栅刻线的误差起到了平均作用。也就是说,刻线的局部误差和周期误差对于测量精度没有直接的影响。因此,就有可能得到比光栅本身的刻线精度高的测量精度。这是用光栅测量和普通标尺测量的主要差别。

④莫尔条纹技术除了用上述长度光栅进行位移测量外,还可以用径向光栅进行角度测量。所谓径向光栅,就是在一圆盘面上刻有由圆心向四周辐射的等角间距的辐射线,如图 7-14 所示。当两块径向光栅重叠在一起时,如果使指示光栅刻线的辐射中心 C_2 略微偏离标尺光栅(度盘光栅)的中心 C_1,便形成莫尔条纹,条纹垂直于两中心连线的垂直平分线。当标尺光栅相对于指示光栅转动时,条纹即沿径向移动,测出条纹的移动数目,即可得到标尺光栅相对于指示光栅转动的角度,以刻线的角间距为单位来表示。目前,径向光栅的刻线角间距范围多为 20″~20′(相当于一圆周内刻有 1 080~64 800 条线)。

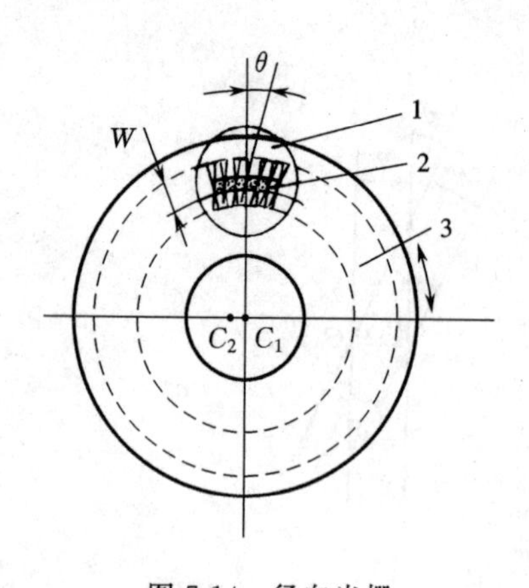

图 7-14　径向光栅

1—指示光栅；2—莫尔条纹；3—度盘光栅

(3)光栅常用的光路

形成莫尔条纹信号的光路有多种形式，这里仅简单介绍其中两种应用最广的光路形式。

1)垂直透射式光路

如图 7-15 所示，光源发出的光，经准直透镜形成平行光束，垂直投射到光栅上，由主光栅和指示光栅形成的莫尔条纹光信号由光电元件接收。

此光路适合粗栅距的黑白透射光栅。这种光路的特点是结构简单，位置紧凑，调整使用方便，目前应用比较广泛。

2)反射式光路

此光路适用于黑白反射光栅，如图 7-16 所示。光源经聚光镜和场镜后形成平行光束，以一定角度射向指示光栅，经反射主光栅反射后形成莫尔条纹，再经反射镜和物镜在光电池上成像。

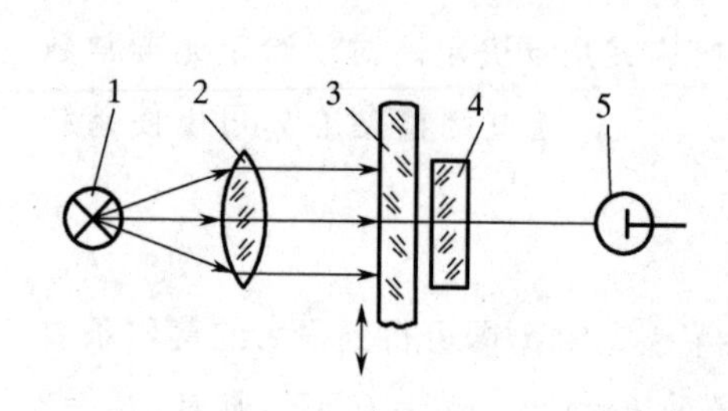

图 7-15　垂直透射式光路

1—光源；2—准直透镜；3—主光栅；

4—指示光栅；5—光电元件

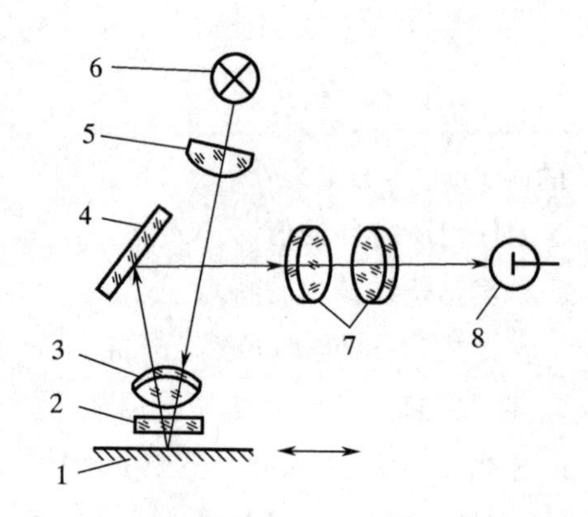

图 7-16　反射式光路

1—反射主光栅；2—指示光栅；3—场镜；4—反射镜；

5—聚光镜；6—光源；7—物镜；8—光电池

(4)辨向原理

在实际应用中，大部分被测物体的移动往往不是单向的，可能既有正向运动，也有反向运动。单个光电元件接收一固定点的莫尔条纹信号，只能判别明暗的变化而不能辨别莫尔条纹的移动方向，因而不能判别运动零件的运动方向，以致不能正确测量位移。

设主光栅随被测零件正向移动 10 个栅距后，又反向移动 1 个栅距，也就是相当于正向移动了 9 个栅距。可是，单个光电元件由于缺乏辨向本领，从正向运动的 10 个栅距得到 10 个条纹信号，从反向运动的 1 个栅距又得到 1 个条纹信号，总计得到 11 个条纹信号。这和正向移动 11 个栅距得到的条纹信号数相同。因而，这种测量结果是不正确的。

如果能够在物体正向移动时，将得到的脉冲数累加，而物体反向移动时可从已累加的脉冲数中减去反向移动的脉冲数，这样就能得到正确的测量结果。

完成这种辨向任务的电路就是辨向电路。为了能够辨向，应当在相距$\frac{1}{4}B_H$ 的位置上设置两个光电元件 1 和 2，以得到两个相位互差 90°的正弦信号（见图 7-17），然后送到辨向电路中去处理（见图 7-18）。

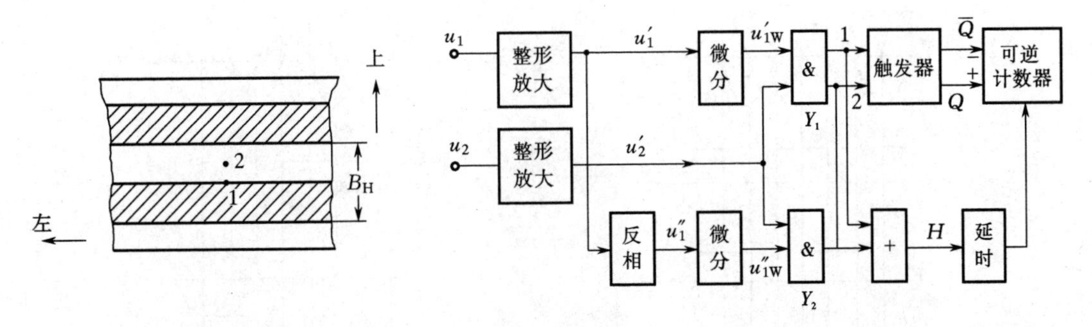

图 7-17　相距$\frac{1}{4}B_H$的两个光电元件

图 7-18　辨向电路原理

主光栅正向移动时，莫尔条纹向上移动，这时光电元件 2 的输出电压波形如图 7-19(a)中曲线 u_2 所示，光电元件 1 的输出电压波形如曲线 u_1 所示，显然 u_1 超前 $u_2$90°相角。u_1、u_2 经整形放大后得到两个方波信号 u'_1 和 u'_2，u'_1 仍超前 u'_2 90°。u''_1 是 u'_1 反相后得到的方波。u'_{1W}和 u''_{1W}是 u'_1 和 u''_1 两个方波经微分电路后得到的波形。由图 7-19(a)可见，对于与门 Y_1，由于 u'_{1W}处于高电平时，u'_2 总是处于低电平，因而 Y_1 输出为零；对于与门 Y_2，u''_{1W}处于高电平时，u'_2也正处于高电平，因而与门 Y_2 有信号输出，使加减控制触发器置 1，可逆计数器作加法计数。主光栅反向移动时，莫尔条纹向下移动。这时光电元件 2 的输出电压波形如图 7-19(b)中 u_2 曲线所示，光电元件 1 的输出电压波形如 u_1 曲线所示。显然 u_2 超前 u_1 90°相角，与正向移动时情况相反。整形放大后的 u'_2 仍超前 u'_1 90°。同样，u''_1 是 u'_1 反向后得到的方波，u'_{1W}和 u''_{1W}是 u'_1和 u''_1两个方波经微分电路后得到的波形。由图 7-19(b)可见，对于与门 Y_1，u'_{1W}处于高电平时，u'_2也是处于高电平，因而 Y_1 有输出；而对于与门 Y_2，u''_{1W} 处于高电平时，u'_2却处于低电平，Y_2 无输出。因此，加减控制器置零，将控制可逆计数器作减法计数。

正向移动时脉冲数累加，反向移动时便从累加的脉冲数中减去反向移动所得到的脉冲数，这样光栅传感器就可辨向，因而可以进行正确的测量。

(5)细分技术

利用光栅进行测量时，当运动零件移动一个栅距，输出一个周期的交变信号，也即产生一个脉冲间隔。那么，每个脉冲间隔代表移过一个栅距，即分辨力（或称脉冲当量）为一个栅距。例如每毫米 250 条栅线的长光栅，栅距为 4 μm，那么其分辨力（脉冲当量）为 4 μm。随着对测量精度要求的提高，分辨力为 4 μm 是不够的，希望提高到 1 μm、0.1 μm 或更高。如果以光栅的栅距直接作为计量单位，则对长光栅来说，这意味着栅线的密度要达到每毫米千条线到万条线之多。就目前先进的工艺水平来看，栅线密度每毫米 7 000 条线还能实现，但要达到每毫米万条线尚无法实现。另外，从经济角度来看，采用密度太大的光栅作为标准器不合适，因此人们广为采用的方法是在选择合适的光栅栅距的前提下，对栅距进行测微，电子学中称“细分”，以得到所需的最小读数值。

所谓细分，就是在莫尔条纹变化一周期时，不只输出 1 个脉冲，而是输出若干个脉冲，以

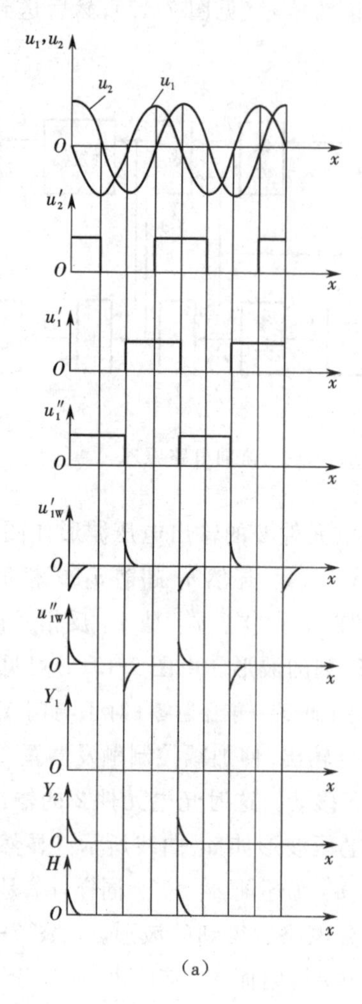

(a)

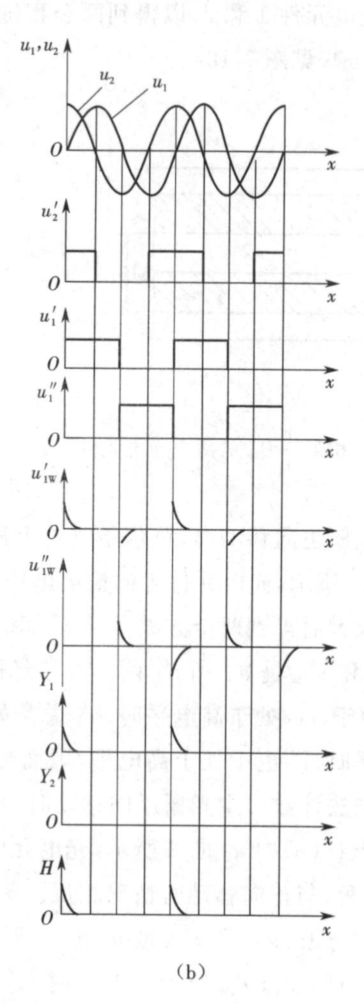

(b)

图 7-19　辨向电路各点波形

(a)正向移动的波形　(b)反向移动的波形

减小脉冲当量，提高分辨力。例如，莫尔条纹变化一周期不是输出 1 个脉冲数，而是输出 4 个脉冲数，这就叫四细分。在采用四细分的情况下，栅距为 4 μm 的光栅，其分辨力可从 4 μm 提高到1 μm。细分越多，分辨力越高。

下面介绍常用的直接细分方法。

直接细分又称位置细分。直接细分常用的细分数为 4。四细分可用 4 个依次相距 $B_H/4$ 的光电元件，这样可以获得依次有 90°相位差的 4 个正弦交流信号。用鉴零器分别鉴取 4 个信号的零电平，即在每个信号由负到正过零点时发出 1 个计数脉冲。这样，在莫尔条纹的一个周期内将产生 4 个计数脉冲，实现了四细分。

图 7-20 示出了四倍频细分的具体电路及其波形图。由图可知，两个相位差 π/2 的光电信号(用 S 和 C 来表示)经整形、反向后，得到 4 个相位依次为 0°(S)、90°(C)、180°($\overline{S}$)、270°($\overline{C}$)的方波信号。在光栅作相对运动时，经过微分电路，在正向运动和反向运动时各得 4 个微分脉冲。根据运动的方向，在一个栅距内得到 4 个正向计数脉冲，或 4 个反向计数脉冲。如在正向运动时，0°方波信号所产生的微分脉冲发生在 90°方波信号的“1”电平期间，而

在反向运动时，0°方波信号所产生的微分脉冲则发生在270°方波信号的“1”电平期间，根据其对应关系，即可得到按1/4栅距细分的加、减计数脉冲。

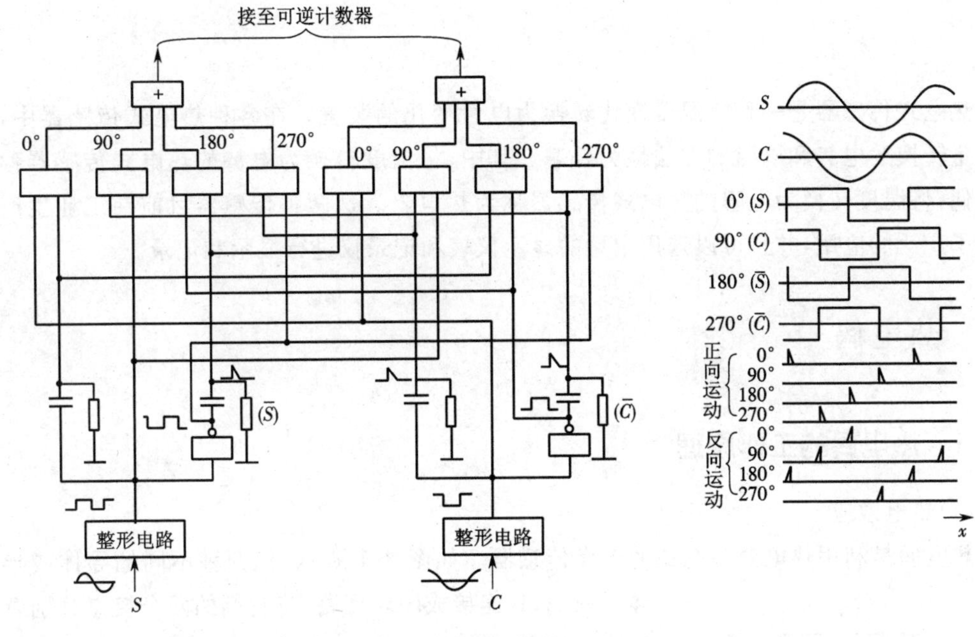

图 7-20　四倍频细分电路

S—正弦信号；C—余弦信号

(6)光栅数字传感器的应用

光栅数字传感器分辨率高，测量范围大，动态特性好，非常适合非接触式动态测量，易于实现自动控制，广泛用于数控机床和精密测量设备中。

图7-21所示为光栅数字传感器用于数控机床的位置检测和位置闭环控制系统框图。由控制系统生成的位置指令 P_c 控制工作台移动。工作台移动过程中，光栅数字传感器不断检测工作台的实际位置 P_f，并进行反馈(与位置指令 P_c 比较)，形成位置偏差 P_e($P_e = P_f - P_c$)。当 $P_f = P_c$ 时，则 $P_e = 0$，表示工作台已到达指令位置，伺服电动机停转，工作台准确地停在指令位置上。

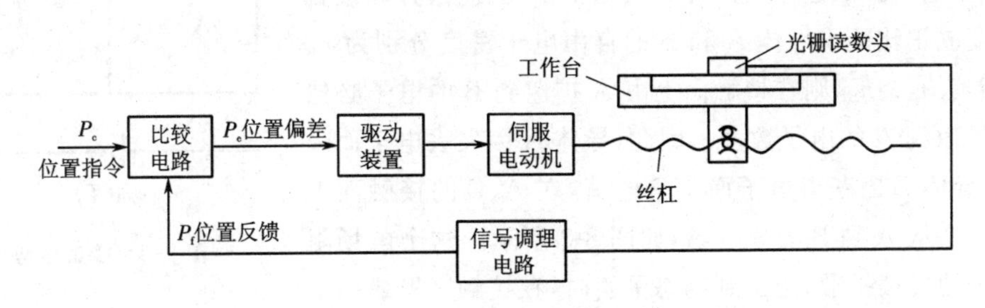

图 7-21　数控机床位置控制框图

第8章 热电式传感器

热电式传感器是一种将温度变化转换为电量变化的装置。在各种热电式传感器中，把温度量转换为电势和电阻的方法最为普遍。其中，将温度转换为电势的热电式传感器称为热电偶，将温度转换为电阻的热电式传感器称为热电阻。这两种传感器目前在工业生产中得到了广泛的应用，并且可以选用定型的显示仪表和记录仪进行显示和记录。

8.1 热电偶

8.1.1 热电偶的工作原理

(1)热电效应

热电偶是利用热电效应制成的温度传感器。如图 8-1 所示，把两种不同的导体或半导体材料 A、B 连接成闭合回路，将它们的两个接点分别置于温度为 T 及 T_0（设 $T>T_0$）的热源中，则在该回路内就会产生热电动势（简称热电势），可用 $E_{AB}(T,T_0)$ 表示，这种现象称作热电效应。两种不同导体或半导体的这种组合称为热电偶，A 和 B 称为热电极，温度高的接点称为热端（或工作端），温度低的接点称为冷端（或自由端）。

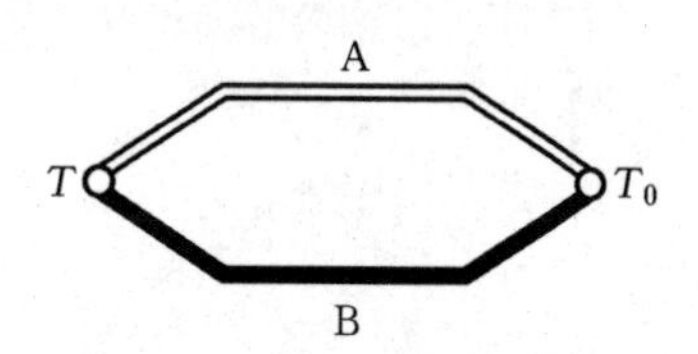

图 8-1 热电效应原理

图 8-1 所示的热电偶回路中所产生的热电势由两种导体的接触电势和单一导体的温差电势所组成。

1)接触电势

所有金属中都有大量自由电子，而不同的金属材料其自由电子密度不同。当两种不同的金属导体接触时，在接触面上因自由电子密度不同而发生电子扩散，电子扩散速率与两导体的电子密度有关，并和接触区的温度成正比。设导体 A 和 B 的自由电子密度分别为 n_A 和 n_B，且有 $n_A>n_B$，则在接触面上由 A 扩散到 B 的电子必然比由 B 扩散到 A 的电子数多。因此，导体 A 因失去电子而带正电荷，导体 B 因获得电子而带负电荷，在 A、B 的接触面上便形成一个从 A 到 B 的静电场，如图 8-2 所示。这个电场阻碍了电子的继续扩散，当达到动态平衡时，在接触区形成一个稳定的电位差，即接触电势，其大小可以表示为

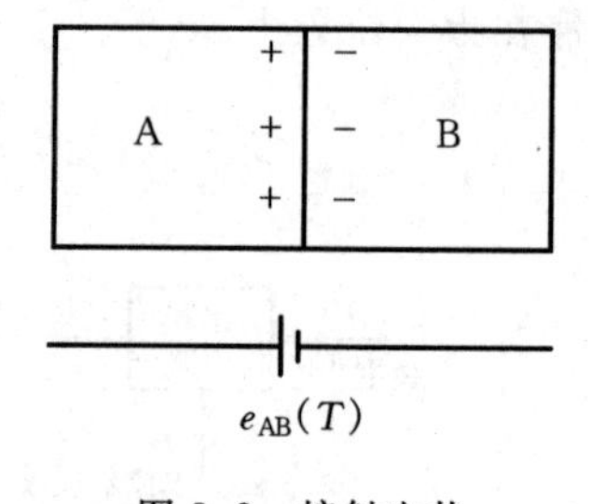

图 8-2 接触电势

$$e_{AB}(T)=\frac{kT}{e}\ln\frac{n_A}{n_B} \tag{8-1}$$

式中 $e_{AB}(T)$——导体 A 和 B 的接点在温度 T 时形成的接触电势；

e——电子电荷，$e=1.6\times10^{-19}$ C；

k——玻耳兹曼常数，$k=1.38\times10^{-23}$ J/K。

2)温差电势

在单一导体中，如果两端温度不同，在两端间会产生电势，即单一导体的温差电势。这是由于导体内自由电子在高温端具有较大的动能，因而向低温端扩散，结果高温端因失去电子而带正电荷，低温端因得到电子而带负电荷，从而形成一个静电场，如图 8-3 所示。该电场阻碍电子的继续扩散，当达到动态平衡时，在导体的两端便产生一个相应的电位差，该电位差称为温差电势，其大小可以表示为

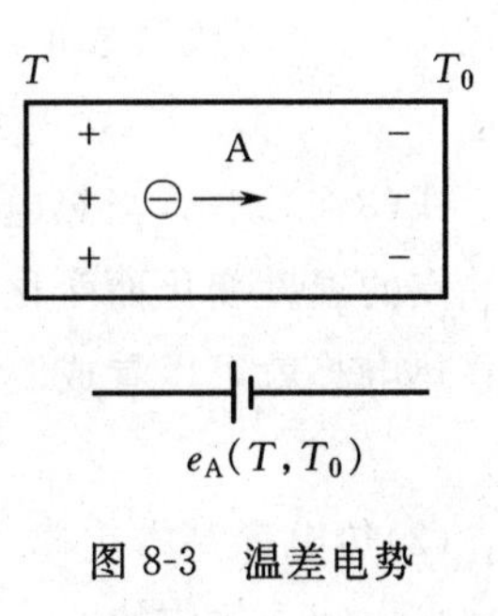

图 8-3 温差电势

$$e_A(T,T_0)=\int_{T_0}^{T}\sigma \mathrm{d}T \tag{8-2}$$

式中 $e_A(T,T_0)$——导体 A 两端温度为 T 和 T_0 时形成的温差电势；

σ——汤姆逊系数，表示单一导体两端温度差为 1 ℃时所产生的温差电势，其值与材料性质及两端温度有关。

3)热电偶回路热电势

对于由导体 A、B 组成的热电偶闭合回路，当温度 $T>T_0$，$n_A>n_B$ 时，闭合回路总的热电势为 $E_{AB}(T,T_0)$，如图 8-4 所示，并可用下式表示：

$$E_{AB}(T,T_0)=[e_{AB}(T)-e_{AB}(T_0)]+[-e_A(T,T_0)+e_B(T,T_0)] \tag{8-3}$$

或者

$$E_{AB}(T,T_0)=\frac{kT}{e}\ln\frac{n_{AT}}{n_{BT}}-\frac{kT_0}{e}\ln\frac{n_{AT_0}}{n_{BT_0}}+\int_{T_0}^{T}(\sigma_B-\sigma_A)\mathrm{d}T \tag{8-4}$$

式中 n_{AT}，n_{AT_0}——导体 A 在接点温度为 T 和 T_0 时的电子密度；

n_{BT}，n_{BT_0}——导体 B 在接点温度为 T 和 T_0 时的电子密度；

σ_A，σ_B——导体 A 和 B 的汤姆逊系数。

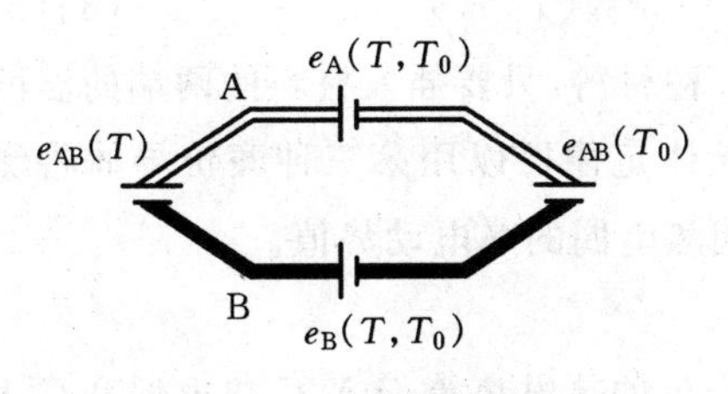

图 8-4 回路总热电势

由此可以得出如下结论：

①如果热电偶两电极材料相同，即 $n_A=n_B$，$\sigma_A=\sigma_B$，虽然两端温度不同，但闭合回路的总热电势仍为零，因此热电偶必须用两种不同材料作为热电极；

②如果热电偶两电极材料不同，而热电偶两端的温度相同，即 $T=T_0$，则闭合回路中不产生热电势。

应当指出的是，在金属导体中自由电子数目很大，以致温度不能显著地改变它的自由电子浓度，所以在同一种金属导体内，温差电势极小，可以忽略。因此，在一个热电偶回路中起决定作用的，是两个接点处产生的与材料性质和该点所处温度有关的接触电势。故式(8-4)可以近似改写为

$$E_{AB}(T,T_0)=e_{AB}(T)-e_{AB}(T_0)=e_{AB}(T)+e_{BA}(T_0) \tag{8-5}$$

在工程中，常用式(8-5)来表征热电偶回路的总热电势。从该式可以看出，回路的总热电势是随 T 和 T_0 而变化的，即总热电势为 T 和 T_0 的函数差，这在实际使用中很不方便。

为此，在标定热电偶时，使 T_0 为常数，即

$$e_{AB}(T_0)=f(T_0)=c(\text{常数})$$

则式(8-5)可以改写成

$$E_{AB}(T,T_0)=e_{AB}(T)-f(T_0)=f(T)-c \quad (8\text{-}6)$$

式(8-6)表示，当热电偶回路的一个端点保持温度不变，则热电势 $E_{AB}(T,T_0)$ 只随另一个端点的温度变化而变化。两个端点温差越大，回路总热电势 $E_{AB}(T,T_0)$ 就越大，这样回路总热电势就可以看成温度 T 的单值函数，这给工程中用热电偶测量温度带来了极大的方便。

(2)热电偶基本定律

1)中间导体定律

用热电偶测量温度时，回路中总要接入仪表和连接导线，即插入第三种材料 C，如图 8-5 所示。假设 3 个接点的温度均为 T_0，回路的总热电势为

$$E_{ABC}(T_0)=E_{AB}(T_0)+E_{BC}(T_0)+E_{CA}(T_0)=0 \quad (8\text{-}7)$$

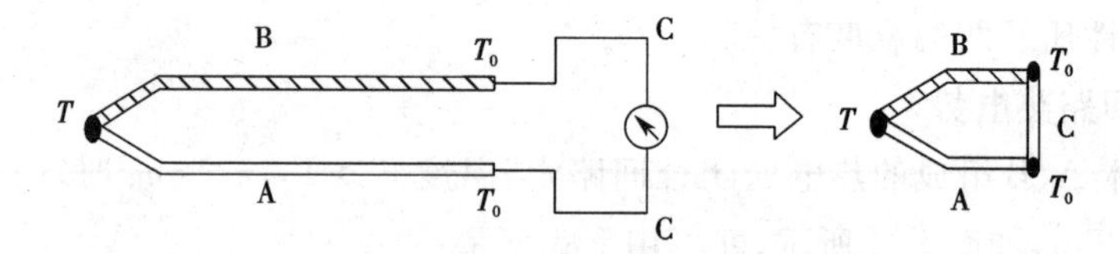

图 8-5 中间导体定律

若 A、B 接点的温度为 T，其余接点温度为 T_0，且 $T>T_0$，则回路的总热电势为

$$E_{ABC}(T,T_0)=E_{AB}(T)+E_{BC}(T_0)+E_{CA}(T_0) \quad (8\text{-}8)$$

由式(8-7)得

$$E_{AB}(T_0)=-[E_{BC}(T_0)+E_{CA}(T_0)] \quad (8\text{-}9)$$

将式(8-9)代入式(8-8)可得

$$E_{ABC}(T,T_0)=E_{AB}(T)-E_{AB}(T_0)=E_{AB}(T,T_0) \quad (8\text{-}10)$$

由此证明，在热电偶回路中插入测量仪或插入第三种材料，只要插入材料的两端的温度相同，则插入后对回路热电动势没有影响。利用中间导体定律可以用第三种廉价导体将测量时的仪表和观测点延长至远离热端的位置，而不影响热电偶的热电动势值。

2)标准电极定律

当接点温度为 T、T_0 时，用导体 A、B 组成热电偶产生的热电势等于 A、C 热电偶和 C、B 热电偶热电势的代数和，即

$$E_{AB}(T,T_0)=E_{AC}(T,T_0)+E_{CB}(T,T_0) \quad (8\text{-}11)$$

导体 C 称为标准电极(一般由铂制成)。这一规律称为标准电极定律。三种导体分别构成的热电偶如图 8-6 所示。

3)中间温度定律

任何两种均匀材料构成的热电偶，接点温度为 T、T_0 时的热电势等于次热电偶在接点温度为 T、T_n 和 T_n、T_0 的热电势的代数和，如图 8-7 所示，即

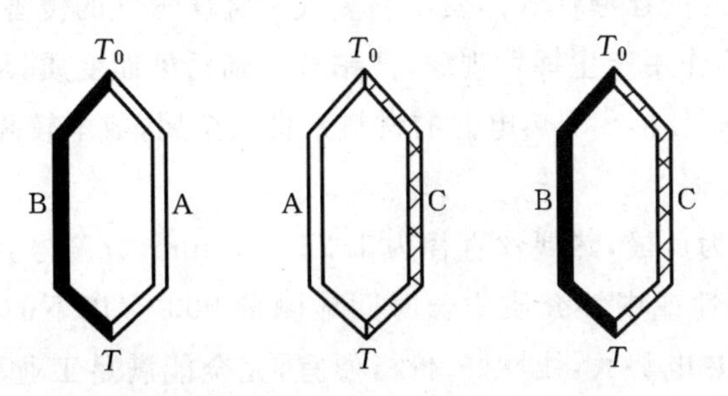

图 8-6 三种导体分别组成的热电偶

$$E_{AB}(T,T_0)=E_{AB}(T,T_n)+E_{AB}(T_n,T_0) \tag{8-12}$$

式中 T_n——中间温度。

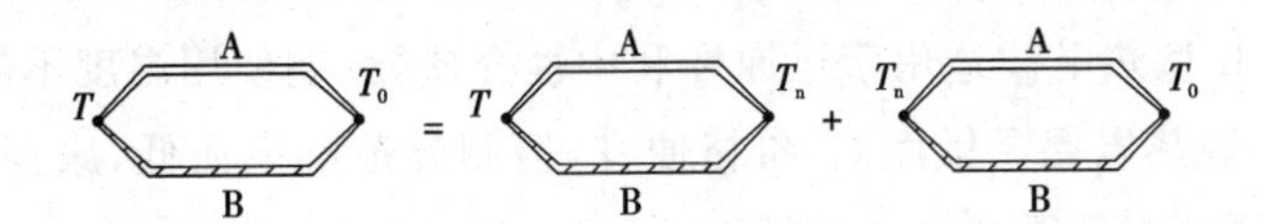

图 8-7 中间温度定律

中间温度定律是制定热电偶的分度表的理论基础。热电偶的分度表都是以冷端为 0 ℃时做出的。而在工程测试中,冷端往往不是 0 ℃,这时就需要利用中间温度定律修正测量的结果。

8.1.2 常用热电偶及结构

从理论上讲,任何两种不同导体(或半导体)都可以配制成热电偶,但是从实用角度考虑,对热电偶电极材料的要求是多方面的。为了保证工程技术中的可靠性以及足够的测量精度,热电偶的电极材料应满足下列基本要求:

①在测温范围内,热电性质稳定,不随时间而变化,有足够的物理化学稳定性,不易氧化或腐蚀;

②电阻温度系数小,电导率高,比热小;

③测温中产生热电势要大,并且热电势与温度之间呈线性或接近线性的单值函数关系;

④材料复制性好,力学强度高,制造工艺简单,价格便宜。

(1)常用热电偶

目前,常用的热电偶电极材料分贵金属和普通金属两大类。在我国被广泛使用的热电偶有以下几种。

1)铂铑—铂热电偶

由直径为 0.5 mm 的纯铂丝和相同直径的铂铑丝(铂和铑的质量分数分别为 90％和 10％)制成,其分度号为 S。在 S 型热电偶中铂铑丝为正极,铂丝为负极。此种热电偶在 1 300 ℃ 以下范围内可长期使用,在良好的使用环境下可短期测量 1 600 ℃高温。由于容易得到高纯度的铂和铂铑,故 S 型热电偶的复制精度和测量准确性较高,可用于精密温度测量和用作标准热电偶,在氧化性或中性介质中具有较高的物理化学稳定性。其主要缺点是:

热电势较小;在高温时易受还原性气体发出的蒸气和金属蒸气的侵害而变质;铂铑丝中铑分子在长期使用后受高温作用产生挥发现象,使铂丝受到污染而变质,从而引起热电偶特性变化,失去测量的准确性;另外,S 型热电偶的材料系贵重金属,成本较高。

2)镍铬—镍硅热电偶

镍铬为正极,镍硅为负极,热偶丝直径为 1.2～2.5 mm,分度号为 K。K 型热电偶化学稳定性较高,可在氧化性或中性介质中长时间地测量 900 ℃以下的温度,短期可测 1 200 ℃。其复制性好,产生热电势大,线性好,价格便宜,完全能满足工业测温要求,是工业生产中最常用的一种热电偶。但它在还原性介质中易受腐蚀,只能测 500 ℃以下的温度,测量精度偏低。

3)镍铬—康铜热电偶

它由镍铬材料与镍、铜合金材料组成。镍铬为正极,康铜为负极,热偶丝直径为 1.2～2 mm,分度号为 E。E 型热电偶适用于还原性和中性介质,长期使用温度不超过 600 ℃,短期测温可达 800 ℃。该热电偶灵敏度高,价格便宜,但测温范围窄而低,康铜合金丝易氧化而变质,由于材质坚硬而不易得到均匀线径。

4)铂铑$_{30}$—铂铑$_{6}$ 热电偶

铂铑$_{30}$丝(铂和铑的质量分数分别为 70％和 30％)为正极,铂铑$_{6}$(铂和铑的质量分数分别为 94％和 6％)为负极,分度号为 B。它可长期测 1 600 ℃高温,短期测温可达 1 800 ℃。B 型热电偶性能稳定,精度高,适用于氧化性或中性介质,但其输出热电势小,价格高。B 型热电偶由于在低温时热电势极小,因此冷端在 40 ℃以下范围内对热电势值可不必修正。

5)铜—康铜热电偶

铜—康铜热电偶是非标准分度热电偶中应用较多的一种,尤其在低温下使用更为普遍,测量范围为－200～200 ℃,多用于实验室和科研中,分度号为 T。

由于康铜电极热电特性复制性差,所以做出的各种铜—康铜热电偶的热电势也不一致。铜—康铜热电偶的热电势与温度的关系可以近似地由下式决定:

$$E_t = at + bt^2 \tag{8-13}$$

式中 E_t——热电势(冷端为 0 ℃时)(V);

a、b——常数,测负温时 $a \approx -39.5$,$b \approx -0.05$。

由于铜—康铜热电偶在低温下有较好的稳定性,所以在低温技术领域应用较多。

现将我国常用的热电偶型号、测温范围及性能列于表 8-1 中,以供参考。

表 8-1 工业热电偶分类及性能

名　称	分度号	测量范围/℃	适用气氛	稳定性
铂铑$_{30}$—铂铑$_{6}$	B	200～1 800	O、N	<1 500 ℃,优;>1 500 ℃,良
铂铑$_{13}$—铂	R	－40～1 600	O、N	<1 400 ℃,优;>1 400 ℃,良
铂铑$_{10}$—铂	S			
镍铬—镍硅(铝)	K	－270～1 300	O、N	中等
镍铬硅—镍硅	N	－270～1 260	O、N、R	良

续表

名　称	分度号	测量范围/℃	适用气氛	稳定性
镍铬—康铜	E	−270～1 000	O、N	中等
铁—康铜	J	−40～760	O、N、R、V	<500 ℃,良;>500 ℃,差
铜—康铜	T	−270～350	O、N、R、V	−170～200 ℃,优
钨铼$_3$—钨铼$_{25}$	WRe$_3$-WRe$_{25}$	0～2 300	N、V、R	中等
钨铼$_5$—钨铼$_{26}$	WRe$_5$-WRe$_{26}$			

注:O 为氧化气氛,N 为中性气氛,R 为还原气氛,V 为真空。

表 8-2 列出 8 种热电偶分度表。由分度表可以看出,各种型号的热电偶在相同温度下,具有不同的热电势,在 0 ℃时,热电偶的热电势均为 0。各种型号的热电偶还有更细的分度表可查。

表 8-2　热电偶分度表　(mV)

t_{90}/℃	热电偶类型							
	B	R	S	K	N	E	J	T
−270	—	—	—	−6.458	−4.345	−9.835	—	−6.258
−200	—	—	—	−5.891	−3.990	−8.825	−7.890	−5.603
−100	—	—	—	−3.554	−2.407	−5.237	−4.633	−3.379
0	0	0	0	0	0	0	0	0
100	0.033	0.647	0.646	4.096	2.774	6.319	5.269	4.279
200	0.178	1.469	1.441	8.138	5.913	13.421	10.779	9.288
300	0.431	2.401	2.323	12.209	9.341	21.036	16.327	14.862
400	0.787	3.408	3.259	16.397	12.974	28.946	21.848	20.872
500	1.242	4.471	4.233	20.644	16.748	37.005	27.393	—
600	1.792	5.583	5.239	24.905	20.613	45.093	33.102	—
700	2.431	6.743	6.275	29.129	24.527	53.112	39.132	—
800	3.154	7.950	7.345	33.275	28.455	61.017	45.494	—
900	3.957	9.205	8.449	37.326	32.371	68.787	51.877	—
1 000	4.834	10.506	9.587	41.276	36.256	76.373	57.953	—
1 100	5.780	11.850	10.757	45.119	40.087	—	63.792	—
1 200	6.786	13.228	11.951	48.838	43.846	—	69.553	—
1 300	7.848	14.629	13.159	52.410	47.513	—	—	—
1 400	8.956	16.040	14.373	—	—	—	—	—
1 500	10.099	17.451	—	—	—	—	—	—
1 600	11.263	18.849	—	—	—	—	—	—
1 700	12.433	20.222	—	—	—	—	—	—
1 800	13.591	—	—	—	—	—	—	—
1 900	—	—	—	—	—	—	—	—

(2)热电偶的结构

工程上实际使用的热电偶大多数由热电极、绝缘套管、保护套管和接线盒等几部分构成,如图 8-8 所示。

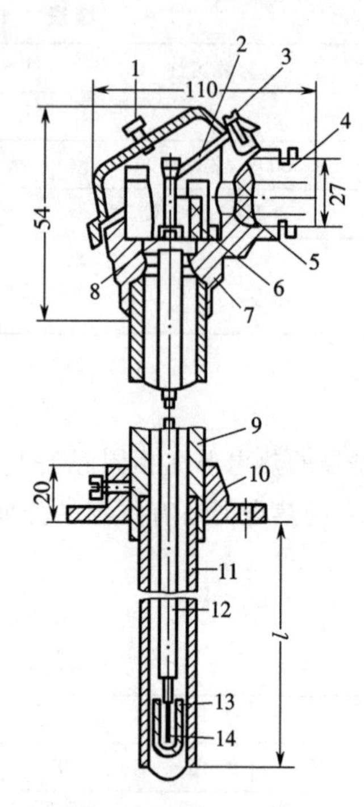

图 8-8　热电偶的结构

1—链环；2—垫圈；3—螺丝；4—填料；5—石棉；6—瓷座垫料；7—头部外壳；8—接线柱；9—保护管非工作段；10—法兰；11—保护管工作段；12—瓷珠；13—瓷帽；14—热电偶工作端

1)热电极

热电极的直径由材料的价格、力学强度、电导率以及热电偶的用途和测量范围等决定。贵金属热电偶的热电极多采用直径为 0.35～0.65 mm 的细导线，这样不仅保证了必要的强度，而且整个热电偶的阻值不会太大。非贵重金属热电极的直径一般是 0.5～3.2 mm，热电极的长度由安装条件，特别是工作端在介质中插入深度来决定，通常为 350～2 000 mm，最长可达 3 500 mm。

热电偶热电极的工作端牢固地焊接在一起，焊接后的热电偶均需经过退火处理。

2)绝缘套管

绝缘套管又叫绝缘子，用来防止热电偶的两个电极之间短路。绝缘材料种类很多，应根据测量范围来选择。

3)保护管

为了延长使用寿命和保证测量的准确度，热电偶需要有适当的保护装置，这样可以防止热电极直接和被测介质接触，避免各种有害气体和物质的侵蚀，同时还可以避免火焰和气流的直接冲击作用。保护套管采用的材料须根据各种热电偶的类型和实际使用时热电偶所处介质情况而定。

4)接线盒

热电偶接线盒供热电偶和测量仪表之间连接用，多采用铝合金制成。为防止灰尘及有害气体进入内部，接线盒及其出线孔都具有密闭用的垫片和垫圈。

8.1.3　热电偶冷端温度补偿

由热电偶测温的原理可知，只有当热电偶冷端温度保持不变时，热电势才是被测温度的单值函数。在实际应用中，由于冷端暴露于空气中，容易受到周围环境温度波动的影响，因而冷端温度难以保持恒定，为此可采用下述几种方法进行补偿。

(1)补偿导线法

为了使冷端温度保持恒定(最好为 0 ℃)，热电偶可以做得很长，使冷端远离工作端，并连同测量仪表一起放置到恒温或温度波动较小的地方。但这种方法一方面安装使用不方便，另一方面也要多耗费许多贵重金属材料。因此，一般是用一导线(称为补偿导线)将热电偶的冷端延伸出来，如图 8-9 所示。图中，A′、B′为补偿导线；t_0' 为原冷端温度；t_0 为新冷端温度。这种补偿导线要求在 0～100 ℃范围内和所连接的热电偶应具有相同的热电性能，而其材料又是廉价金属。对于常用的热电偶，例如铂铑—铂热电偶，补偿导线用铜—镍铜；镍铬—镍硅热电偶，补偿导线用铜—康铜；对于镍铬—康铜、铜—康铜热电偶等，用廉价金属制成的热电偶，则可用其本身的材料做补偿导线将冷端延伸到温度恒定的地方。

必须指出的是，只有当新移的冷端温度恒定或配用仪表本身具有冷端温度自动补偿装置时，应用补偿导线才有意义。

此外，热电偶和补偿导线连接处温度不应超过 100 ℃，同时所用的补偿导线不应选错，否则会由于热电特性不同而带来新的误差。

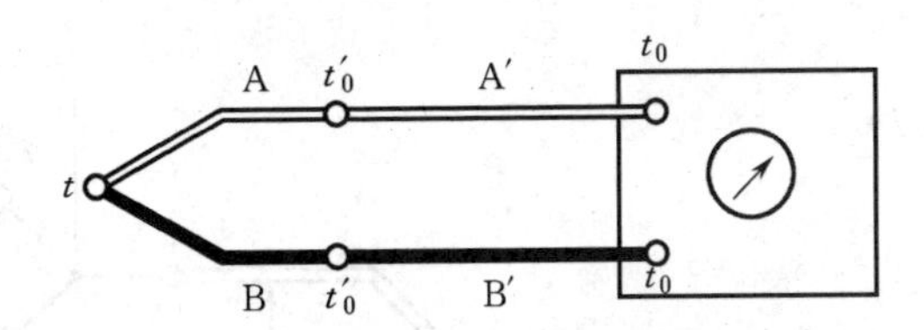

图 8-9　补偿导线在回路中连接

(2)冷端温度计算校正法

由于热电偶的分度表是在冷端温度保持 0 ℃的情况下得到的，与它配套使用的仪表又是根据分度表进行刻度的，因此尽管已采用了补偿导线使热电偶冷端延伸到温度恒定的地方，但只要冷端温度不等于 0 ℃，就必须对仪表示值加以修正。例如，冷端温度高于 0 ℃，但恒定于 t_0，则测得的热电偶热电势要小于该热电偶的分度值，此时可用下式进行修正：

$$E(t,0^\circ)=E(t,t_0)+E(t_0,0^\circ)$$

例题　K 型热电偶在工作时冷端温度 $t_0=30$ ℃，测得热电势 $E_K(t,t_0)=39.17$ mV。求被测介质的实际温度 t。

解：由分度表查出 $E_K(30\ ℃,0\ ℃)=1.20$ mV，则

$$\begin{aligned}E_K(t,0\ ℃)&=E_K(t,30\ ℃)+E_K(30\ ℃,0\ ℃)\\&=39.17+1.20=40.37\ \text{mV}\end{aligned}$$

查分度表求出真实温度 $t=977$ ℃。

(3)冰浴法

为避免经常校正的麻烦，可采用冰浴法使冷端保持 0 ℃，如图 8-10 所示。这种办法最为妥善，但是不够方便，所以仅限于科学实验和实验室使用。

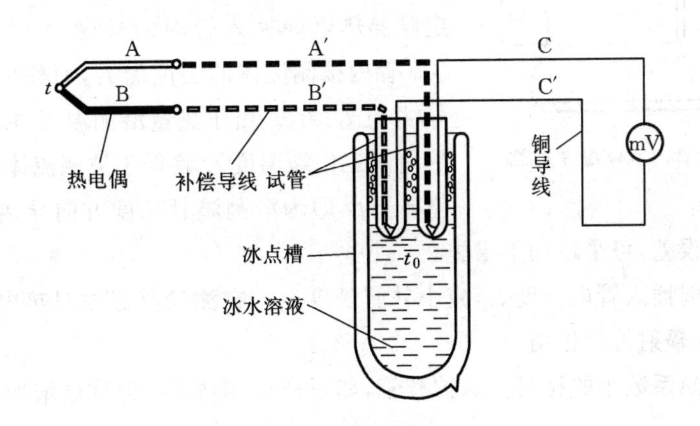

图 8-10　冷端处理冰点槽法

(4)补偿电桥法

补偿电桥法如图 8-11 所示，它的四个桥臂中有一个铜电阻 R_{Cu}，铜的电阻温度系数较大，阻值随温度而变，其余三个臂由阻值恒定的锰铜电阻制成，铜电阻必须和热电偶冷端靠近并处于同一温度。

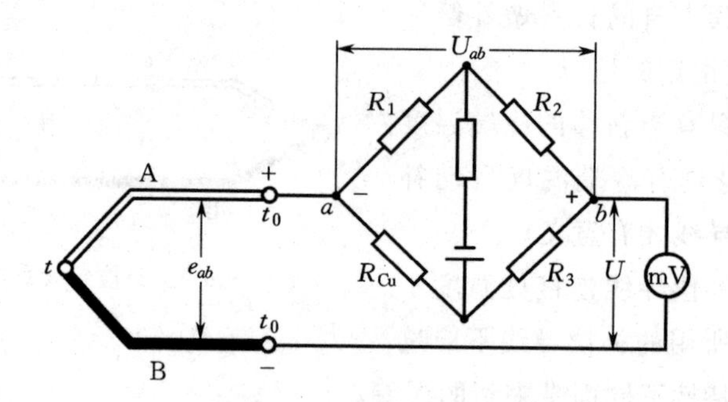

图 8-11　补偿电桥法

设计时使 R_{Cu} 在 20 ℃下的阻值和其余三个桥臂电阻完全相等，即 $R_{Cu20}=R_1=R_2=R_3$，这种情况下电桥处于平衡状态，图中 a 和 b 之间的电压 $U_{ab}=0$，对热电势没有补偿作用。

当冷端温度 $t_0>20$ ℃时，热电势随之减小，但这时 R_{Cu} 亦增大，使电桥不平衡，并且 U_{ab} 电压方向与热电势相同，即 a 点为负、b 点为正，此时回路总电压 $U=E(t,t_0)+U_{ab}$。若 $t_0<20$ ℃，则 U_{ab} 电压方向为 a 点为正、b 点为负，此时回路总电压 $U=E(t,t_0)-U_{ab}$。

如果铜电阻选择合适，可使电桥产生的不平衡电压 U_{ab} 正好补偿由于冷端温度变化而引起的热电势变化量，仪表即可指示出正确温度。由于电桥是在 20 ℃时平衡的，所以采用这种补偿电桥须把仪表机械零位调到 20 ℃。

8.1.4　热电偶测温误差分析

在热电偶测温过程中，测量结果存在一定误差，主要原因有以下几方面。

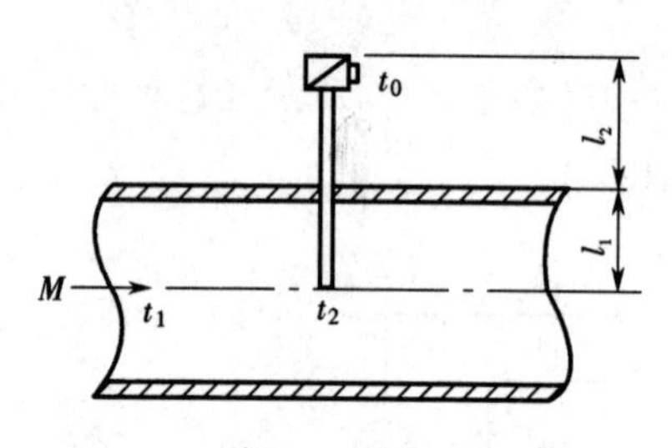

图 8-12　测量管内流体温度示意

(1)沿测温元件导热引起的误差

管道中流体温度的测量，是流体测量中经常遇到的问题，图 8-12 是热电偶测流体管道温度示意图。假定测温热电偶插入管内的长度为 l_1，而管外长度为 l_2。管内被测流体的温度为 t_1，而外部环境的温度为 t_0，并且 $t_1>t_0$。由于热量沿测温元件向外导出，所以热电偶工作端温度 t_2 将低于被测流体温度 t_1，这个差值 t_1-t_2 即为沿测温管长度方向导热产生的测温误差。为减小这种误差，可采取如下措施。

①增大热电偶插入管内长度 l_1，减小外露长度 l_2。在测较高温度时热电偶和器壁都应加保温层，以减少辐射传热作用。

②宜采用导热系数小的材料做保护套管，如不锈钢、陶瓷等，但这会增加导热阻力，使动态误差增加。

③热电偶保护管外径，宜细宜薄。但这与保护管强度、寿命要求有矛盾，故应适当选择外形尺寸。

④测量流动介质温度时，将工作端插到流速最高的地方，最好是在迎流方向，以保证介质与热电偶之间的传热效率。

(2)热惯性引起的误差

热电偶测量变化较快的温度时,由于热电偶存在热惯性,其温度变化跟不上被测对象的变化,从而产生动态测量误差。为减少动态测量误差,可采用小惯性热电偶,把热电偶热端直接焊在保护管的底部或把热电偶的热端露在保护管外,并采取对焊以尽量减小热电偶的热惯性。

(3)分度误差

由于热电极材料存在化学成分的不均匀性,同一类热电偶的化学成分、微观结构和应力也不尽相同,同时热电偶在使用过程中由于氧化腐蚀和挥发、弯曲应力及高温下再结晶等也会导致热电特性发生变化,与分度不一致,形成分度误差。这种误差经热电偶校验可以测知。

8.2　热电阻

绝大多数金属具有正的电阻温度系数 α_t,温度越高,电阻越大。利用这一规律可制成温度传感器,与热电偶对应,称为热电阻。用于制造热电阻的金属材料应满足以下要求:

①电阻温度系数大,电阻随温度变化保持单值并且最好呈线性关系;

②热容量小;

③电阻率尽量大,这样可以在同样灵敏度情况下使元件尺寸做得小一些;

④在工作范围内,物理和化学性能稳定;

⑤容易获得较纯物质,材料复制性好,价格便宜。

根据以上要求,目前世界上大都采用铂和铜两种金属作为制造热电阻的材料。

(1)常用热电阻

1)铂电阻

在氧化性介质中,甚至在高温下,铂的物理、化学性质都很稳定;但在还原性介质中,特别是在高温下,很容易被氧化物中还原成金属的金属蒸气所沾污,以致铂丝变脆,并改变电阻与温度关系特性。另外,铂是贵金属,价格较贵。尽管如此,从对热电阻的要求衡量,铂在极大程度上能满足上述要求,所以它是制造基准热电阻、标准热电阻和工业用热电阻的最好材料。至于它的缺点,可以用保护套管设法避免或减轻。

铂电阻与温度的关系可以用下式表示:

$$-200\ ℃\leqslant t\leqslant 0\ ℃: R_t=R_0[1+At+Bt^2+Ct^3(t-100)]$$

$$0\ ℃\leqslant t\leqslant 650\ ℃: R_t=R_0(1+At+Bt^2) \tag{8-14}$$

式中,$A=3.908\ 02\times10^{-3}$(℃$^{-1}$);$B=-5.802\times10^{-7}$(℃$^{-2}$);$C=-4.273\ 50\times10^{-12}$(℃$^{-4}$)。

铂电阻的分度号如表8-3所示,表中 R_{100}/R_0 代表温度范围为0～100 ℃时阻值变化的倍数。

表 8-3　铂电阻分度号

材　质	分度号	0 ℃时电阻值 R_0/Ω		电阻比 R_{100}/R_0		温度范围/℃
		名义值	允许误差	名义值	允许误差	
铂	Pt10	10 (0～850 ℃)	A 级±0.006 B 级±0.012	1.385	±0.001	−200～850
	Pt100	100 (−200～850 ℃)	A 级±0.06 B 级±0.12			

2)铜电阻

铜电阻与温度近似呈线性关系,且温度系数大,容易加工和提纯,价格便宜;缺点是当温度超过 100 ℃时容易被氧化,电阻率较小。

铜电阻的测温范围一般为−50～150 ℃,其电阻与温度的关系可用下式表示:

$$-50\ ℃\leqslant t\leqslant 150\ ℃:R_t=R_0(1+At+Bt^2+Ct^3) \tag{8-15}$$

式中,$A=4.288\ 99\times10^{-3}$(℃$^{-1}$);$B=-2.133\times10^{-7}$(℃$^{-2}$);$C=1.233\times10^{-9}$(℃$^{-3}$)。

铜电阻分度号如表 8-4 所示。

表 8-4　铜电阻分度号

材　质	分度号	0 ℃时电阻值 R_0/Ω		电阻比 R_{100}/R_0		温度范围/℃
		名义值	允许误差	名义值	允许误差	
铜	Cu50	50	±0.05	1.428	±0.002	−50～150
	Cu100	100	±0.1			

以上两种热电阻亦有分度表可查,见表 8-5 和表 8-6。

表 8-5　工业热电阻分度表(1)　(Ω)

t_{90}/℃	Pt100	Pt10	t_{90}/℃	Pt100	Pt10	t_{90}/℃	Pt100	Pt10
−200	18.52	1.852	160	161.05	16.105	520	287.62	28.762
−180	27.10	2.710	180	168.48	16.848	540	294.21	29.421
−160	35.54	3.554	200	175.86	17.586	560	300.75	30.075
−140	43.88	4.388	220	183.19	18.319	580	307.25	30.725
−120	52.11	5.211	240	190.47	19.047	600	313.71	31.371
−100	60.26	6.026	260	197.71	19.771	620	320.12	32.012
−80	68.33	6.833	280	204.90	20.490	640	326.48	32.648
−60	76.33	7.633	300	212.05	21.205	660	332.79	33.279
−40	84.27	8.427	320	219.15	21.915	680	339.06	33.906
−20	92.16	9.216	340	226.21	22.621	700	345.28	34.528
0	100.00	10.000	360	233.21	23.321	720	351.46	35.146
20	107.79	10.779	380	240.18	24.018	740	357.59	35.759
40	115.54	11.554	400	247.09	24.709	760	363.67	36.367
60	123.24	12.324	420	253.96	25.396	780	369.71	36.971
80	130.90	13.090	440	260.78	26.078	800	375.70	37.570

续表

t_{90}/℃	Pt100	Pt10	t_{90}/℃	Pt100	Pt10	t_{90}/℃	Pt100	Pt10
100	138.51	13.581	460	267.56	26.756	820	381.65	38.165
120	146.07	14.607	480	274.29	27.429	840	387.55	38.775
140	153.58	15.358	500	280.98	28.098	850	390.48	39.048

表 8-6　工业热电阻分度表(2)　(Ω)

t_{90}/℃	Cu100	Cu50
−40	82.80	41.401
−20	94.1	45.706
0	100.0	50.000
20	108.57	54.285
40	117.13	58.565
60	125.68	62.842
80	134.24	67.119
100	142.80	71.400
120	151.37	75.687
140	159.97	79.983

(2)热电阻结构

工业热电阻按结构分为普通型和铠装型两种形式。

1)普通型热电阻

普通型热电阻结构如图 8-13(a)所示，主要由感温元件、内引线、绝缘套管、保护套管和接线盒等部分组成。感温元件是由细的铂丝或铜丝绕在绝缘支架上构成，为了使电阻体不产生电感，电阻丝要用无感绕法绕制，即将电阻丝对折后双绕，使电阻丝的两端均由支架的同一侧引出，如图 8-13(b)所示。其对于保护套管的要求与热电偶相同。

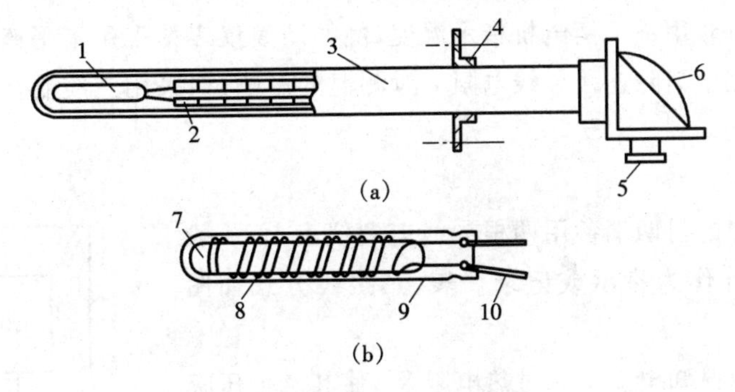

图 8-13　普通型热电阻结构

(a)结构示意　(b)电阻丝绕法

1—电阻体；2—瓷绝缘套管；3—不锈钢套管；4—安装固定件；5—引线口；6—接线盒；7—芯柱；8—电阻丝；9—保护膜；10—引线端

2)铠装型热电阻

铠装电缆作为保护管—绝缘物—内引线组件，前端与感温元件连接，外部焊接短保护管，便组成铠装型热电阻。铠装型热电阻外径一般为 2～8 mm。其特点是体积小，热响应快，耐振动和冲击性能好，除感温元件部分外，其他部分可以弯曲，适合复杂条件下的安装。

(3)热电阻测温线路

工业用热电阻安装在生产现场,而其指示或记录仪表则安装在控制室,其间的引线很长,如果仅用两根导线接在热电阻两端,导线本身的阻值必然和热电阻的阻值串联在一起,造成测量误差。如果每根导线的阻值是 r,测量结果中必然含有绝对误差 $2r$。实际上,这种误差很难修正,因为导线阻值 r 随其所处环境温度而变,而环境温度变化莫测,这就注定了两线制连接方式不宜在工业热电阻上应用。目前,工业热电阻常用的有三线制和四线制两种连接方式。

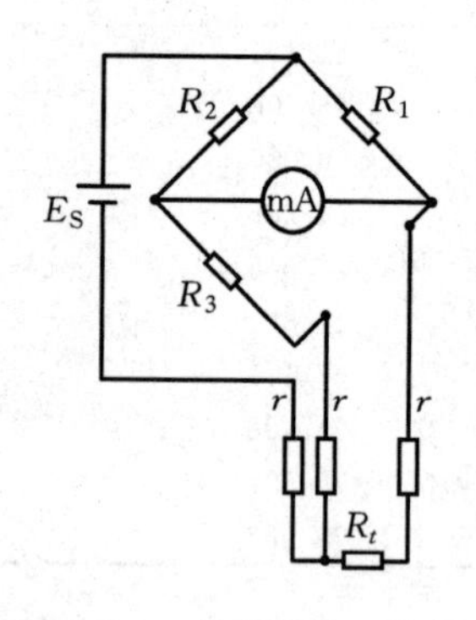

图 8-14 热电阻的三线制电桥测量电路

1)三线制

为避免或减小导线电阻对测温的影响,工业热电阻多采用三线制接法,即热电阻的一端与一根导线相接,另一端同时接两根导线。当热电阻与电桥配合时,三线制的优越性可用图 8-14 说明。图中,热电阻 R_t 的三根连接导线,直径和长度均相同,阻值都是 r,且其中一根串联在电桥的电源上,对电桥的平衡与否毫无影响,另外两根分别串联在电桥的相邻两臂上,则相邻两臂的阻值都增加相同的阻值 r。

当电桥平衡时,可写出下列关系式:

$$(R_t+r)R_2=(R_3+r)R_1$$

由此可以得出

$$R_t=\frac{R_3R_1}{R_2}+\left(\frac{R_1}{R_2}-1\right)r \tag{8-16}$$

设计电桥时如满足 $R_1=R_2$,则式(8-16)中右边含有 r 的项完全消去,这种情况下连线电阻 r 对桥路平衡毫无影响,即可以消除热电阻测量过程中 r 的影响。但必须注意,只有在电桥对称(即 $R_1=R_2$),且处于平衡状态下才如此。

工业热电阻有时用不平衡电桥指示温度,例如动圈仪表是采用不平衡电桥原理指示温度的。虽然不能完全消除连接导线电阻 r 对测温的影响,但采用三线制接法肯定会减少它的影响。

2)四线制

四线制就是热电阻两端各用两根导线连到仪表上,一般是用直流电位差计作为指示或记录仪表,其接线方式如图 8-15 所示。

由恒流源供给已知电流 I 流过热电阻 R_t,使其产生压降 U,再用电位差计测出 U,便可利用欧姆定律得

$$R_t=\frac{U}{I} \tag{8-17}$$

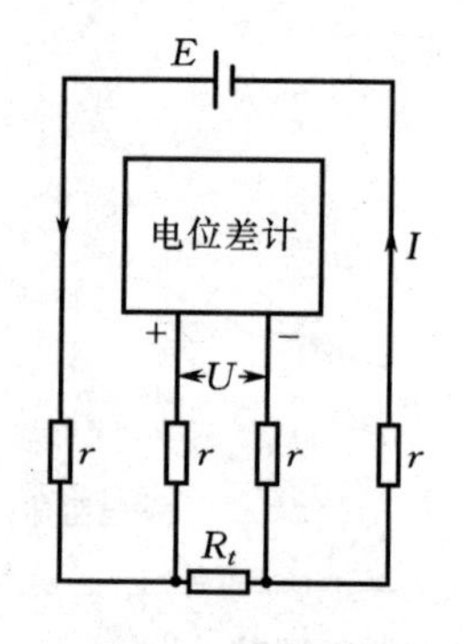

图 8-15 热电阻的四线制接法

此处供给电流和测量电压使用了热电阻上四根导线,尽管导线有电阻 r,但电流在导线上形成的压降 $r\cdot I$ 不在测量范围之内。电压导线上虽有电阻但无电流,因为电位差计测量时不取电流,所以四根导线的电阻 r 对测量均无影响。四线制和电位差计配合测量热电

阻是比较完善的方法，它不受任何条件的约束，总能消除连接导线电阻对测量的影响，当然恒流源必须保证电流 I 的稳定不变，而且其值的精确度应该和 R_t 的测量精度相适应。

(4)热电阻的特点

热电阻与热电偶相比有以下特点。

①同样温度下输出信号较大，易于测量。以 0～100 ℃为例，用 K 型热电偶输出为 4.095 mV，用 S 型热电偶输出只有 0.643 mV；但用铂热电阻测量 0 ℃时阻值为 100 Ω，100 ℃ 时为 139.1 Ω，电阻增量为 39.1 Ω，如用铜热电阻增量可达 42.8 Ω。测量毫伏级电动势，显然不如测几十欧姆电阻增量容易。

②测电阻必须借助外加电源。热电偶只要热端和冷端有温差，就会产生电动势，是不需要电源的发电式传感器；热电阻却必须通过电流才能体现出电阻变化，无电源则不能工作。

③热电阻感温部分尺寸较大，而热电偶工作端是很小的焊点，因而热电阻测温的反应速度比热电偶慢。

④同类材料制成的热电阻不如热电偶测温上限高。由于热电阻必须用细导线绕在绝缘支架上，支架材质在高温下的物理性质限制了温度上限范围。

8.3　热敏电阻

热敏电阻是一种用半导体材料制成的敏感元件，其主要特点如下。

①灵敏度高。通常温度变化 1 ℃，阻值变化 1％～6％，电阻温度系数绝对值比一般金属电阻大 10～100 倍。

②体积小。珠形热敏电阻探头的最小尺寸达 0.2 mm，能测量热电偶和其他温度计无法测量的空隙、腔体、内孔等处的温度，如人体血管内温度等。

③使用方便。热敏电阻阻值范围在 10^2～10^3 Ω，可任意挑选，热惯性小，而且不像热电偶需要冷端补偿，不必考虑线路引线电阻和接线方式，容易实现远距离测量，功耗小。

热敏电阻主要缺点是其阻值与温度变化呈非线性关系，元件稳定性和互换性较差。

1.热敏电阻的结构与材料

(1)结构

热敏电阻主要由热敏探头、引线和壳体等构成，如图 8-16 所示。

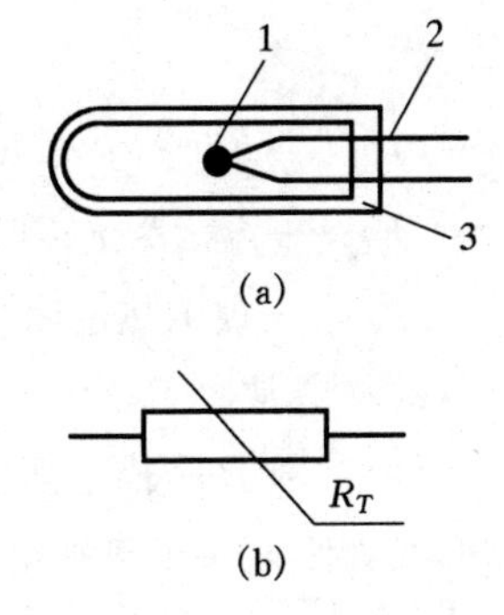

图 8-16　热敏电阻的结构及电路符号

(a)结构　(b)电路符号

1—热敏探头；2—引线；3—壳体

热敏电阻一般做成二端器件，但也有做成三端或四端器件的。二端和三端器件为直热式，即热敏电阻直接由连接的电路中获得功率。四端器件则是旁热式的。

根据不同的使用要求，可以把热敏电阻做成不同的形状和结构，其典型结构如图 8-17 所示。

从电阻体的形状来说，有片形(包括垫圈形)、杆形(包括管形)、珠形、线形、薄膜形等，其特点如下。

①片形电阻：通过粉末压制、烧结成型，适于大批生产。由

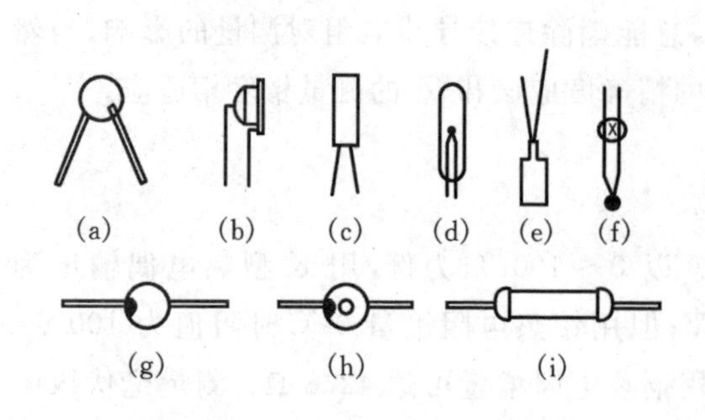

图 8-17 热敏电阻的结构形式

(a)圆片形 (b)薄膜形 (c)杆形 (d)管形 (e)平板形 (f)珠形 (g)扁圆形 (h)垫圈形 (i)杆形(金属帽引出)

于体积大,功率也较大。圆片形热敏电阻中心留一个圆孔,便成为垫圈形。它便于用螺丝固定散热片,因此功率可以更大,也便于把多个元件进行串联、并联。

②杆形电阻:用挤压工艺可做成杆形或管形,杆形比片形容易制成高阻值元件。管形内部加电极又易于得到低阻值,因此其阻值调整方便,阻值范围广。

③线形电阻:线形是在金属管的中心(管的中心有一金属丝)灌注已烧结好的粉状热敏材料然后拉伸而成。这种热敏电阻适于缠绕、贴附在物体上,用于控制温度或报警。

④珠形电阻:在两根丝间滴上糊状热敏材料的小珠后烧结而成,铂丝作为电极一般用玻璃壳或金属壳密封。其特点是热惰性小、稳定性好,但使用功率小。

⑤薄膜形电阻:用溅射法或真空蒸镀成型。其热容量和时间常数很小,一般可用作红外探测器和用于流量检测。

(2)材料

最常见的热敏电阻是用金属氧化物半导体材料制成的。各种氧化物在不同条件下烧成半导体陶瓷,可获得热敏特性。

以 Mn_3O_4、CuO、NiO、Co_3O_4、Fe_2O_3、TiO_2、MgO、V_2O_5、ZnO 等两种或两种以上的材料进行混合、成型、烧结,可制成具有负温度系数的热敏电阻,其电阻率(ρ)和材料常数(B)随制备材料的成分比例、烧结温度、烧结气氛和结构状态不同而变化。

2. 基本参数

(1)标称电阻值 R_{25}(Ω)

标称电阻值是热敏电阻在 25 ℃时的阻值。标称电阻值大小由热敏电阻材料和几何尺寸决定。如果环境温度 t 不是(25±0.2)℃而在 25～27 ℃,则可按下式换算成 25 ℃时的阻值:

$$R_{25}=\frac{R_t}{1+\alpha_{25}(t-25)} \tag{8-18}$$

式中 R_{25}——温度为 25 ℃时的阻值(Ω);

R_t——温度为 t ℃时的实际电阻值(Ω);

α_{25}——被测热电阻在 25 ℃时的电阻温度系数(1/℃)。

(2)材料常数 B(K)

材料常数 B 是描述热敏材料物理特性的一个常数,由 $B=\Delta E/2k$(k 为玻耳兹曼常数)可知,其大小取决于热敏电阻材料的激活能 ΔE。一般 B 值越大,则阻值越大,灵敏度越高。在工作温度范围内,B 值并不是一个严格的常数,它随着温度升高略有增加。

(3)电阻温度系数 α_t(%/℃)

电阻温度系数是指热敏电阻的温度变化 1 ℃时其阻值变化率与其值之比,即

$$\alpha_t=\frac{1}{R_T}\cdot\frac{\mathrm{d}R_T}{\mathrm{d}T} \tag{8-19}$$

式中：α_t 和 R_T 是与温度 T(K)相对应的电阻温度系数和阻值。α_t 决定热敏电阻在全部工作范围内的温度灵敏度。一般说来，电阻率越大，电阻温度系数也就越大。

(4)耗散系数 H(W/℃)

耗散系数是指热敏电阻温度变化 1 ℃所耗散的功率。其大小与热敏电阻的结构、形状以及所处介质的种类、状态等有关。

(5)时间常数 τ(s)

时间常数定义为热容量 C 与耗散系数 H 之比，即

$$\tau=\frac{C}{H} \tag{8-20}$$

其数值等于热敏电阻在零功率测量状态下，当环境温度突变时热敏电阻随温度变化量从起始到最终变量的 63.2％所需的时间。时间常数表征热敏电阻加热或冷却的速度。

(6)额定功率 P_E(W)

额定功率是热敏电阻在规定的技术条件下长期连续工作所允许的耗散功率，在此条件下热敏电阻自身温度不应超过 T_{max}。

(7)最高工作温度 T_{max}(K)

最高工作温度是指热敏电阻在规定的技术条件下长期连续工作所允许的温度，且有

$$T_{max}=T_0+P_E/H \tag{8-21}$$

式中 T_0——环境温度(K)；

P_E——环境温度为 T_0 时的额定功率(W)；

H——耗散系数。

(8)测量功率 P_C(W)

测量功率是指热敏电阻在规定的环境温度下，电阻体由测量电流加热而引起的电阻值变化不超过 0.1％时所消耗的功率，即

$$P_C\leqslant\frac{H}{1\,000\alpha_t} \tag{8-22}$$

3. 主要特性

(1)热敏电阻的电阻—温度(R_T-T)特性

电阻—温度特性与热敏电阻的电阻率 ρ 和温度 T 的关系是一致的，它表示热敏电阻的阻值 R_T 随温度的变化规律，一般用 R_T-T 特性曲线表示。

1)具有负电阻温度系数的热敏电阻的电阻—温度特性

具有负温度系数的热敏电阻，其电阻—温度曲线如图 8-18 中曲线 1 所示，其一般数学表达式为

$$R_T=R_{T_0}\exp\left[B_n\left(\frac{1}{T}-\frac{1}{T_0}\right)\right] \tag{8-23}$$

式中 R_T、R_{T_0}——温度为 T、T_0 时热敏电阻的阻值(Ω)；

B_n——负温度系数热敏电阻的材料常数。

此式是一个经验公式。测试结果表明，无论是由氧化材料还是由单晶体材料制成的负温度系数热敏电阻，在不太宽的测温范围(＜450 ℃)内，均可用该式表示。

为了使用方便，常取环境温度为 25 ℃作为参考温度(即 $T_0=298$ K)，则负温度系数热敏电阻的电阻—温度特性可写成

$$\frac{R_T}{R_{25}}=\exp B_{\mathrm{n}}\left(\frac{1}{T}-\frac{1}{298}\right)$$

如果以 R_T/R_{25} 和 T 分别作为纵、横坐标，则负温度系数热敏电阻的 R_T/R_{25}-T 曲线如图 8-19 所示。

如果对式(8-23)两边取对数，则

$$\ln R_T=B_{\mathrm{n}}\left(\frac{1}{T}-\frac{1}{T_0}\right)+\ln R_{T_0} \tag{8-24}$$

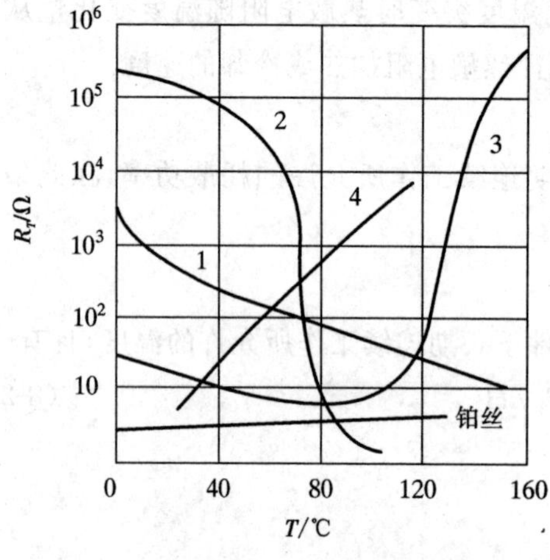

图 8-18　热敏电阻的电阻—温度特性曲线

1—负温度系数热敏电阻的 R_T-T 曲线；

2—临界负温度系数热敏电阻的 R_T-T 曲线；

3—开关型热敏电阻的 R_T-T 曲线；

4—缓变型正温度系数热敏电阻的 R_T-T 曲线

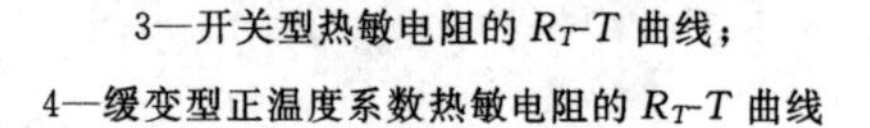

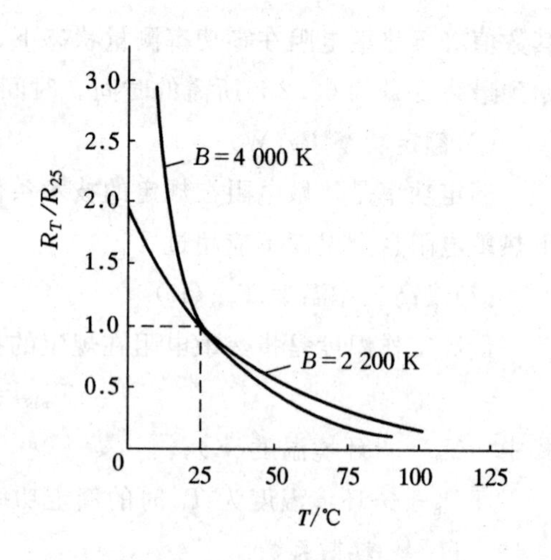

图 8-19　R_T/R_{25}-T 特性曲线

如果以 $\ln R_T$、$\frac{1}{T}$ 分别作为纵坐标和横坐标，可知式(8-24)代表斜率为 B_{n}、通过点 $\left(\frac{1}{T_0},\ln R_{T_0}\right)$ 的一条直线，如图 8-20 所示。用 $\ln R_T$-$\frac{1}{T}$ 表示负电阻温度系数的热敏电阻的电阻—温度特性，实际应用中比较方便。材料不同或配方比例不同，则 B_{n} 也不同。图 8-20 中画出了 B_{n} 不同的五条 $\ln R_T$-$\frac{1}{T}$ 曲线。

2)正温度系数热敏电阻的电阻—温度特性

正温度系数热敏电阻的电阻—温度特性是利用正温度系数热敏材料在居里点附近结构发生相变而引起电导率的突变而取得的，其典型的电阻—温度特性曲线如图 8-21 所示。

正温度系数热敏电阻的工作温度范围较窄，在工作区两端，电阻—温度曲线上有两个拐点 T_{p1} 和 T_{p2}。当温度低于 T_{p1} 时，温度灵敏度低；当温度升高到 T_{p2} 后，电阻值随温度升高并按指数规律迅速增大。正温度系数热敏电阻在工作温度范围 T_{p1} 至 T_{p2} 内存在温度 T_{c}，对应有较大的温度系数 α_t。经实验证实，在工作温度范围内，正温度系数热敏电阻的电阻—温度

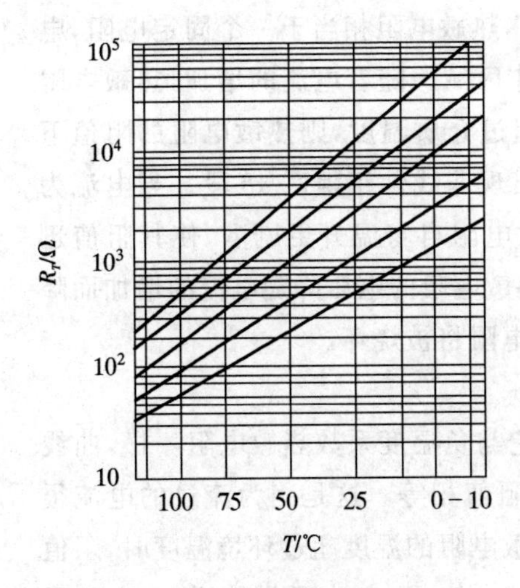

图 8-20　负温度系数热敏电阻的电阻—温度曲线

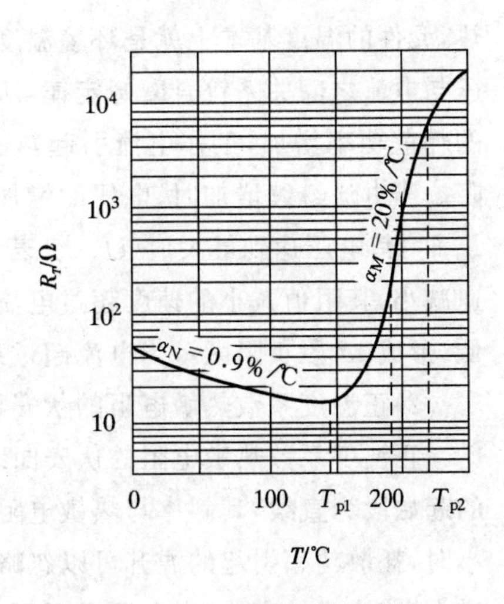

图 8-21　正温度系数热敏电阻的电阻—温度曲线

特性可近似地用下面经验公式表示：

$$R_T=R_{T_0}\exp[B_p(T-T_0)] \tag{8-25}$$

式中　R_T、R_{T_0}——温度分别为 T、T_0 时的电阻值(Ω)；

B_p——正温度系数热敏电阻的材料常数。

对式(8-25)两边取对数，则得

$$\ln R_T=B_p(T-T_0)+\ln R_{T_0} \tag{8-26}$$

以 $\ln R_T$、T 分别为纵坐标和横坐标得到图 8-22 中直线。由式(8-25)可求得正温度系数热敏电阻的电阻温度系数 α_{tp}，即

$$\alpha_{tp}=\frac{1}{R_T}\cdot\frac{dR_T}{dT}=B_p \tag{8-27}$$

可见，正温度系数热敏电阻的电阻温度系数 α_{tp} 恰好等于它的材料常数 B_p 值。

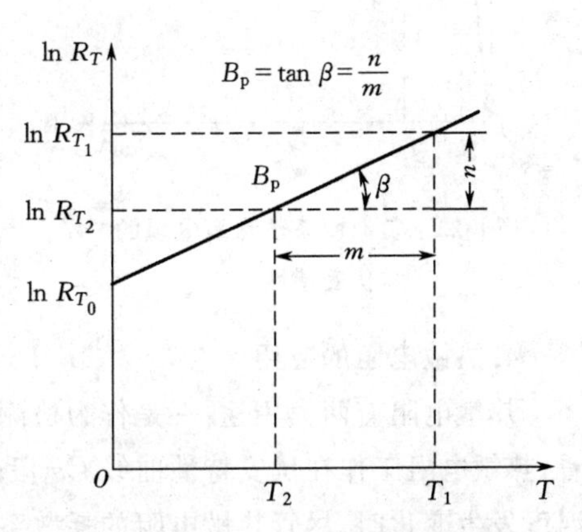

图 8-22　用 $\ln R_T$-T 表示的正温度系数热敏电阻的电阻—温度曲线

(2)热敏电阻的伏安特性

伏安特性也是热敏电阻的重要特性之一。它表示加在热敏电阻上的端电压和通过电阻的电流在热敏电阻与周围介质达到热平衡时的相互关系。

1)负温度系数热敏电阻的伏安特性

负温度系数热敏电阻的伏安特性曲线如图 8-23 所示。该曲线是在环境温度为 T_0 时的静态介质中测出的静态伏安曲线。

热敏电阻的端电压 U_T 和通过它的电流 I 之间有如下关系：

$$U_T=IR_T=IR_{T_0}\exp B_n\left[\left(\frac{1}{T}-\frac{1}{T_0}\right)\right] \tag{8-28}$$

式中　T_0——环境温度(K)。

图 8-23 表明：当电流很小(如小于 I_a)时，元件的功耗小，电流不足以引起热敏电阻发

热，元件的温度基本上就是环境温度 T_0。在这种情况下，热敏电阻相当于一个固定电阻，电压与电流之间关系符合欧姆定律，所以 Oa 段为线性工作区域。随着电流的增加，热敏电阻的耗散功率增加，工作电流引起热敏电阻的自然温升超过介质温度，则热敏电阻的阻值下降。当电流继续增加时，电压的增加却逐渐缓慢，因此出现非线性正阻区 ab 段。当电流为 I_m 时，其电压达到最大值(U_m)。若电流继续增加，热敏电阻自身温升更剧烈，使其阻值迅速减小，其阻值减小的速度超过电流增加的速度，因此热敏电阻的电压降随电流的增加而降低，形成 cd 段负阻区。当电流超过某一允许值时，热敏电阻将被烧坏。

2)正温度系数热敏电阻的伏安特性

正温度系数热敏电阻的伏安曲线如图 8-24 所示。它与负温度系数热敏电阻一样，曲线的起始段为直线，其斜率与热敏电阻在环境温度下的电阻值相等。这是因为流过的电流很小时，耗散功率引起的温升可以忽略不计的缘故。当热敏电阻的温度超过环境温度时，阻值增大，曲线开始弯曲，当电压增至 U_m 时，存在一个电流最大值 I_m，如电压继续增加，由于温升引起电阻值增加的速度超过电压增加的速度，电流反而减小，曲线斜率由正变负。

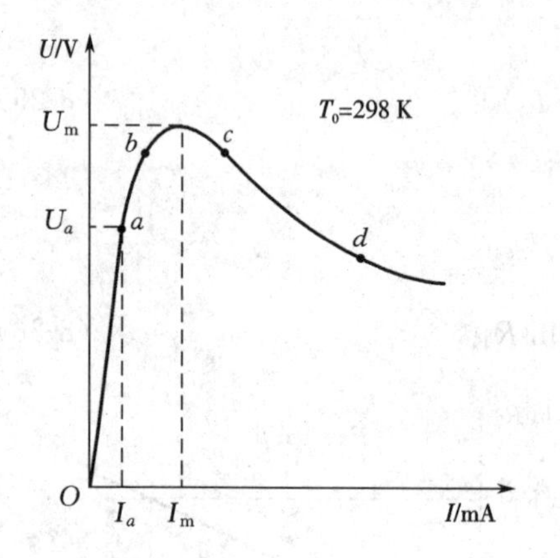

图 8-23　负温度系数热敏电阻的伏安特性

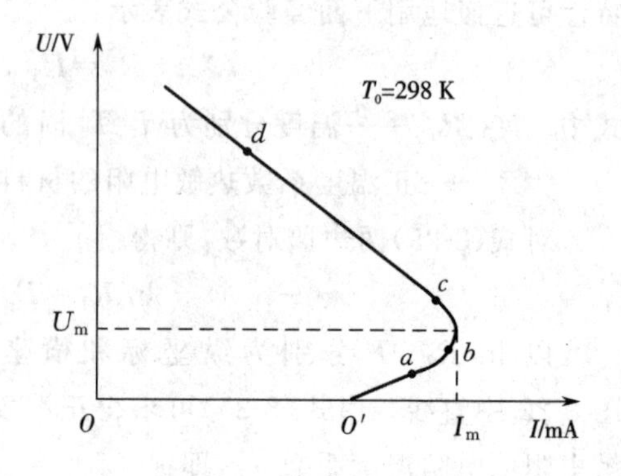

图 8-24　正温度系数热敏电阻的伏安特性

4. 热敏电阻的应用

热敏电阻有两大用途：一是作为检测元件，二是作为电路元件。从元件的电负荷观点来看，热敏电阻工作在伏安特性曲线 Oa 段(见图 8-23)时，流过热敏电阻的电流很小。当外界温度发生变化时，尽管热敏电阻的耗散系数也发生变化，但电阻体温度并不发生变化，而接近环境温度。属于这一类的应用有温度测量、各种电路元件的温度补偿、空气的湿度测量、热电偶冷端温度补偿等。热敏电阻工作在伏安特性曲线 bc 段(见图 8-23)时，热敏电阻伏安特性曲线峰值电压 U_m 随环境温度和耗散系数的变化而变化。利用这个特性，可用热敏电阻器做各种开关元件。热敏电阻工作在伏安特性曲线 cd 段(见图 8-23)时，热敏电阻由于所施加的耗散功率使电阻体温度大大超过环境温度，这一区域内热敏电阻用作低频振荡器、启动电阻、时间继电器以及流量测量仪。

8.4　集成温度传感器

(1)基本原理

这种传感器是利用PN结的伏安特性与温度之间的关系研制成的一种固态传感器。

PN结伏安特性可用下式表示：

$$I=I_S\left(\exp\frac{qU}{kT}-1\right) \tag{8-29}$$

式中　I——PN结正向电流；

U——PN结正向压降；

I_S——PN结反向饱和电流；

q——电子电荷量，$q=1.60\times10^{-19}$ C；

k——玻尔兹曼常数，$k=1.38\times10^{-23}$ J/K；

T——绝对温度。

当 $\exp\frac{qU}{kT}\gg1$ 时，上式可简化为

$$I=I_S\exp\frac{qU}{kT}$$

则

$$U=\frac{kT}{q}\ln\frac{I}{I_S} \tag{8-30}$$

由上式可见，只要通过PN结上的正向电流 I 恒定，则PN结的正向压降 U 与温度 T 的线性关系只受反向饱和电流 I_S 的影响。I_S 是温度的缓变函数，只要选择合适的掺杂浓度，就可认为在不太宽的温度范围内，I_S 近似为常数。因此，正向压降 U 与温度 T 呈线性关系。

$$\frac{dU}{dT}=\frac{k}{q}\ln\frac{I}{I_S}\approx\text{常数}$$

实际使用中二极管作为温度传感器虽然工艺简单，但线性差，因而选用把NPN晶体三极管的bc结短接，利用be结作为感温元件。通常这种三极管形式更接近理想PN结，其线性更接近理论推导值。

(2)集成温度传感器分类

集成温度传感器的典型工作温度范围是－50～150 ℃。目前，大量生产和应用的集成温度传感器按输出量不同可分为电压型、电流型和脉冲信号型（也称频率输出型）三类。电压输出型的优点是直接输出电压，且输出阻抗低，易于读数或控制电路接口；电流输出型的输出阻抗极高，因此可以简单地使用双绞线进行数百米远的精密温度遥感或遥测，而不必考虑长馈线上引起的信号损失和噪声问题，也可以用于多点温度测量系统中，而不必考虑选择开关或多路转换器引入的接触电阻造成的误差；频率输出型与电流输出型具有相似的优点，故不单列介绍。

1)电压输出型

LM135、LM235、LM335系列是一种精密的、易于标定的三端电压输出型集成温度传感

器。它作为两端器件工作时相当于一个齐纳二极管,其击穿电压正比于热力学温度。其灵敏度为 10 mV/K,工作温度范围分别是 −55～155 ℃、−40～125 ℃、−10～100 ℃。图 8-25 给出了 LM135 系列两种封装接线图。这种传感器的内部结构包括一个感温元件和一个运算放大器。外部一个端子接 U_+,一个端子接 U_-,第三个端子为调整端,供传感器作外部标定时使用。

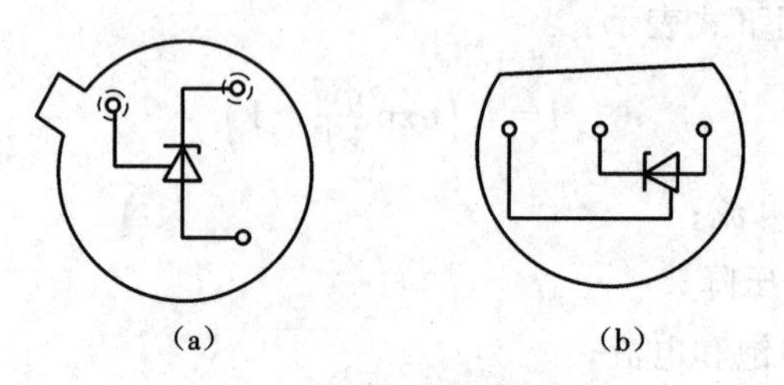

图 8-25　LM135 系列封装接线

(a)TO-46 金属壳　(b)TO-92 塑料壳

把传感器作为一个两端器件与一个电阻串联,加上适当的电压,如图 8-26 所示,就可以得到灵敏度为 10 mV/K、直接正比于热力学温度的电压输出。

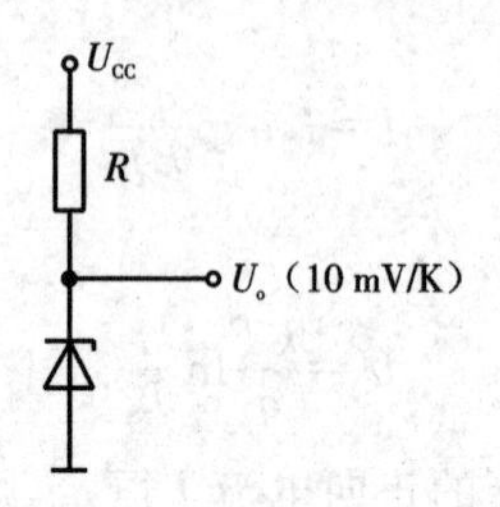

图 8-26　基本温度检测电路

2)电流输出型

电流输出型集成温度传感器的典型代表是 AD590 型温度传感器,这种传感器具有灵敏度高、体积小、反应快、测量精度高、稳定性好、校准方便、价格低廉、使用简单等优点。另外,电流输出可通过一个外加电阻很容易变为电压输出。

AD590 常分为 I、J、K、L、M 5 挡,其温度校正误差随分挡的不同而不同。

将 AD590 与一个 1 kΩ 电阻串联,即得到基本温度检测电路,如图 8-27 所示。在 1 kΩ 电阻上得到正比于热力学温度的电压输出,其灵敏度为 1 mV/K。可见,利用这样一个简单的电路,很容易把传感器的电流输出转换为电压输出。

近年来美国 DALLAS 半导体公司推出的数字式温度传感器 DS18B20,是 DS1820 的更新产品。通过它可直接读出被测温度,通过简单的编程实现 9～12 位的数字读数方式,并且从 DS18B20 读出的信息或写入 DS18B20 的信息仅需要一根接口线(单线接口)读写。温度变换功率来源于数据总线,总线本身也可以向所挂接的 DS18B20 供电,而不需要额外电源,因而使用 DS18B20 可使系统结构更趋简单、灵活,可靠性更高。

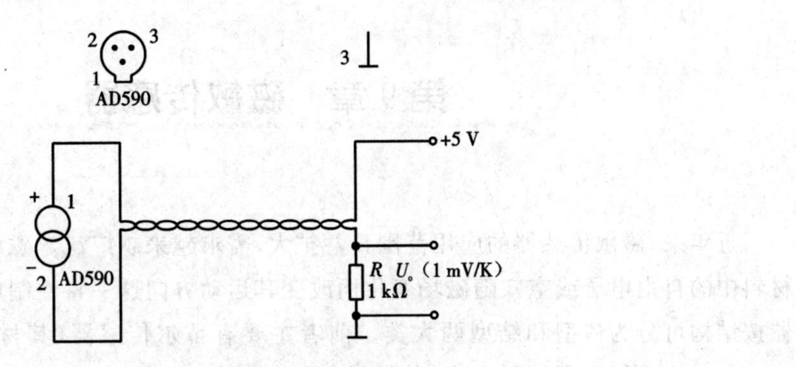

图 8-27　基本温度检测电路

第9章　磁敏传感器

近年来，磁敏传感器的应用范围日益扩大，需求越来越广泛。磁敏传感器是利用半导体材料中的自由电子或空穴随磁场变化而改变其运动方向这一特性制成的传感器。磁敏传感器按结构可分为体型和结型两大类。前者主要有霍尔传感器（其材料主要为InSb、InAs、Ge、Si、GaAs等）以及磁敏电阻（其材料主要为InSb、InAs）；后者主要有磁敏二极管（其材料主要为Ge、Si）。磁敏传感器按输出形式可分为模拟式和数字式两种。前者利用霍尔传感器测量磁场强度；而后者则利用磁敏电阻、磁敏二极管作为无接触式开关等。

9.1　霍尔元件

磁敏传感器是基于磁电转换原理的传感器。虽然早在1856年和1879年就发现了霍尔效应和磁阻效应，但是实用的磁敏传感器却产生于半导体材料发现之后。20世纪60年代初，西门子公司研制成功第一个实用的磁敏元件；1966年又出现了铁磁性薄膜磁阻元件；1968年和1971年日本索尼公司相继研制出性能优良、灵敏度高的锗、硅磁敏二极管；1974年美国韦冈德发明双稳态磁性元件。

9.1.1　霍尔元件原理、结构及特性

（1）霍尔效应

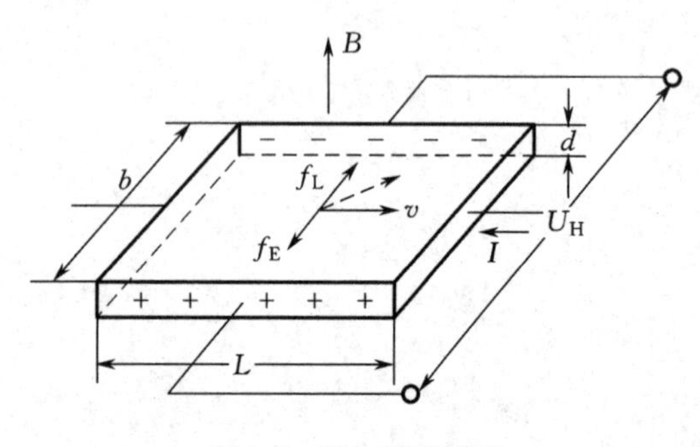

图9-1　霍尔效应原理

图9-1为霍尔效应原理图。在与磁场垂直的半导体薄片上通以电流I，假设载流子为电子（N型半导体材料），沿与电流I相反的方向运动。由于洛伦兹力f_L的作用，电子将向一侧偏转（如图中虚线箭头方向），并使该侧形成电子的积累，而另一侧形成正电荷积累，于是元件的横向便形成了电场。该电场阻止电子继续向侧面偏移，当电子所受到的电场力f_E与洛伦兹力f_L相等时，电子的积累达到动态平衡。这时在两端面之间建立的电场称为霍尔电场E_H，相应的电势称为霍尔电势U_H。

在磁感应强度B的磁场作用下，设电子以相同的速度v按图示方向运动，并设正电荷所受洛伦兹力方向为正，则电子受到的洛伦兹力可用下式表示：

$$f_L = -evB \tag{9-1}$$

式中　e——电子电量（C）。

与此同时，霍尔电场作用于电子的电扬力f_E可表示为

$$f_E=(-e)(-E_H)=e\frac{U_H}{b} \tag{9-2}$$

式中:b 为霍尔元件的宽度(m);$-E_H$(V/m)表示电场方向与所规定的正方向相反。

当达到动态平衡时,二力代数和为零,即 $f_L+f_E=0$,于是得

$$vB=\frac{U_H}{b} \tag{9-3}$$

又因为

$$j=-nev$$

式中 j——电流密度(A/m^2);

n——单位体积中的电子数;

负号——电子运动方向与电流方向相反。

于是电流强度 I 可表示为

$$I=-nevbd$$

$$v=-I/nebd \tag{9-4}$$

式中 d——霍尔元件的厚度(m)。

将式(9-4)代入式(9-3),得

$$U_H=-IB/ned \tag{9-5}$$

若霍尔元件采用P型半导体材料,则可推导出

$$U_H=IB/ped \tag{9-6}$$

式中 p——单位体积中空穴数。

由式(9-5)及式(9-6)可知,根据霍尔电势的正负可以判别材料的类型。

(2)霍尔系数和灵敏度

设 $R_H=1/ne$,则式(9-5)可写成

$$U_H=-R_H IB/d \tag{9-7}$$

式中 R_H——霍尔系数,其大小反映霍尔效应的强弱。

由电阻率公式 $\rho=1/ne\mu$,得

$$R_H=\rho\mu \tag{9-8}$$

式中 ρ——材料的电阻率(Ω·m);

μ——载流子的迁移率,即单位电场作用下载流子的运动速度[m^2/(s·V)]。

一般电子的迁移率大于空穴的迁移率,因此制作霍尔元件时多采用N型半导体材料。

若设

$$K_H=-R_H/d=-1/ned \tag{9-9}$$

将式(9-9)代入式(9-7),则有

$$U_H=K_H IB \tag{9-10}$$

其中,K_H 称为元件的灵敏度,它表示霍尔元件在单位磁感应强度和单位控制电流作用下霍尔电势的大小,其单位是[mV/(mA·T)]。

由式(9-9)说明:

①由于金属的电子浓度很高,所以它的霍尔系数或灵敏度都很小,因此不适合制作霍尔

元件；

②元件的厚度 d 越小，灵敏度越高，因而制作霍尔片时可采取减小 d 的方法来增加灵敏度，但是不能认为 d 越小越好，因为这会导致元件的输入和输出电阻增加。

还应指出的是，当磁感应强度 B 和霍尔片平面法线 n 成角度 θ 时，如图 9-2 所示，实际作用于霍尔片的有效磁场是其法线方向的分量，即 $B\cos\theta$，则其霍尔电势为

$$U_H = K_H IB\cos\theta \tag{9-11}$$

由上式可知，当控制电流转向时，输出电势方向也随之变化；磁场方向改变时亦如此。但是若电流和磁场同时换向，则霍尔电势方向不变。

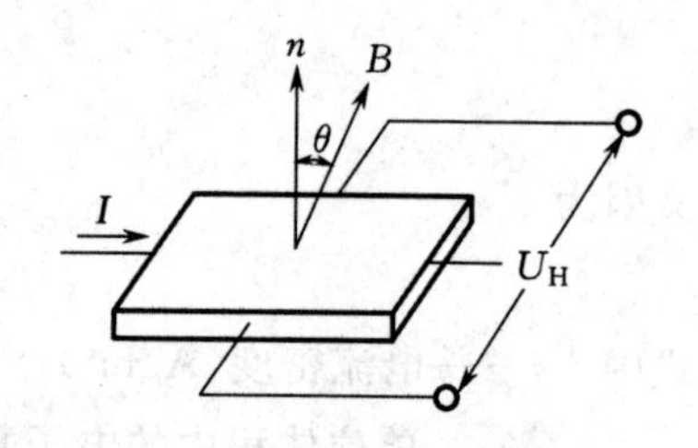

图 9-2 霍尔输出与磁场角度的关系

(3)材料及结构特点

霍尔片一般采用 N 型锗(Ge)、锑化铟(InSb)和砷化铟(InAs)等半导体材料制成。锑化铟元件的霍尔输出电势较大，但受温度的影响也大；锗元件的输出小；砷化铟与锑化铟元件比较，前者输出电势小，受温度影响小，线性度较好。因此，采用砷化铟材料制作霍尔元件受到普遍重视。

霍尔元件的结构比较简单，它由霍尔片、引线和壳体组成，如图 9-3 所示。霍尔片是一块矩形半导体薄片。

在短边的两个端面上焊出两根控制电流端引线(见图 9-3 中 1、1′)，在长边中点以点焊形式焊出两根霍尔电势输出端引线(见图 9-3 中 2、2′)，焊点要求接触电阻小(即为欧姆接触)。霍尔片一般用非磁性金属、陶瓷或环氧树脂封装。

在电路中，霍尔元件常用如图 9-4 所示的符号表示。

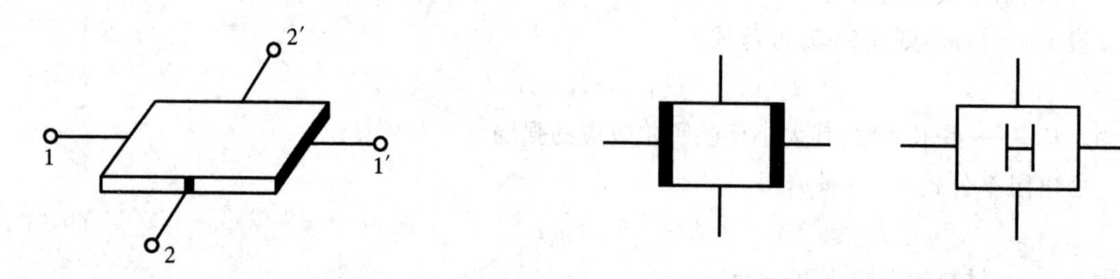

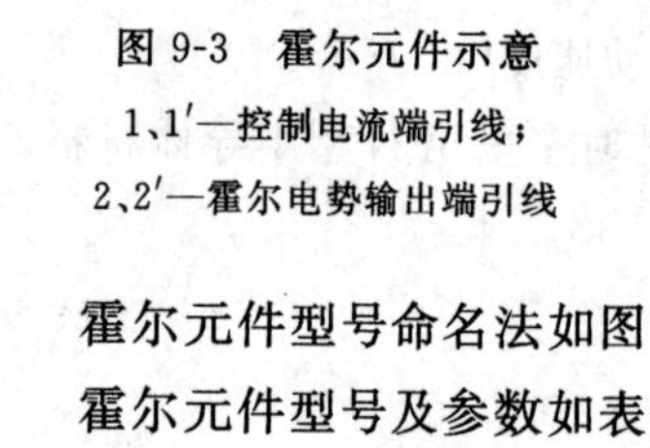

图 9-3 霍尔元件示意

1、1′—控制电流端引线；

2、2′—霍尔电势输出端引线

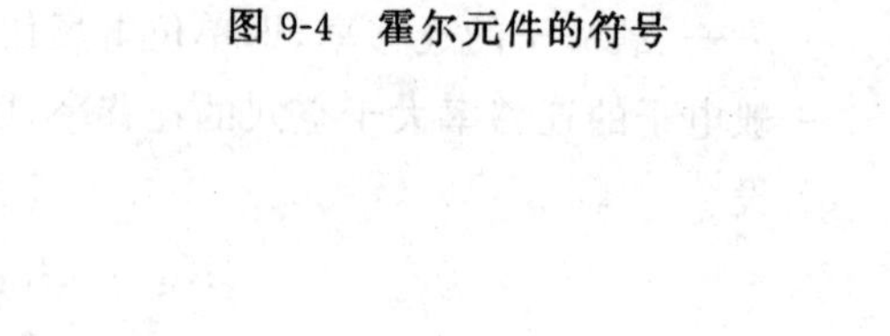

图 9-4 霍尔元件的符号

霍尔元件型号命名法如图 9-5 所示。

霍尔元件型号及参数如表 9-1 所示。

表 9-1 霍尔元件型号及参数

型号 \ 参数	额定控制电流 I/mA	磁灵敏度/[mV/(mA·T)]	使用温度/℃	霍尔电势温度系数/(1/℃)	尺寸/(mm×mm×mm)
HZ-1	18	≥1.2	−20～45	0.04%	8×4×0.2
HZ-2	15	≥1.2	−20～45	0.04%	8×4×0.2
HZ-3	22	≥1.2	−20～45	0.04%	8×4×0.2
HZ-4	50	≥0.4	−30～75	0.04%	8×4×0.2

(4)基本电路形式

霍尔元件的基本测量电路如图 9-6 所示。控制电流由电源 E 供给，R 为调整电阻，以保证元件得到所需要的控制电流。霍尔输出端接负载 R_L，R_L 可以是一般电阻，也可以是放大器输入电阻或表头内阻等。

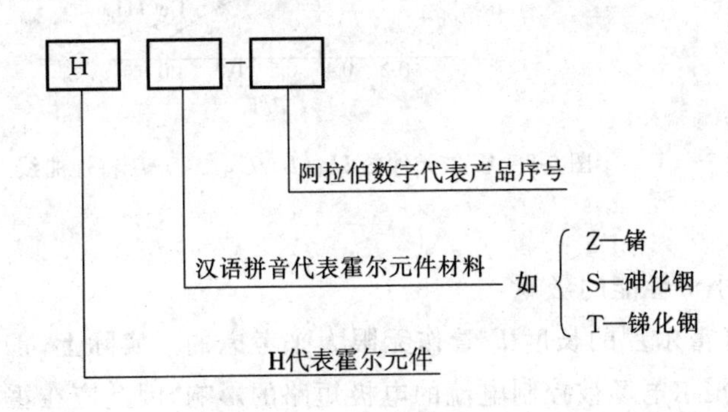

图 9-5 霍尔元件型号命名法

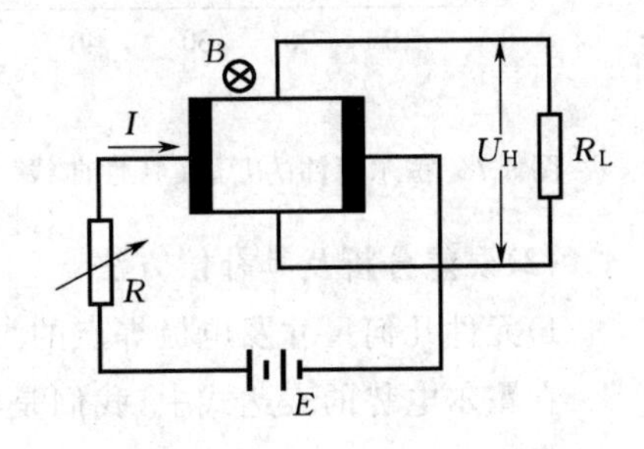

图 9-6 霍尔元件的基本测量电路

9.1.2 霍尔传感器的电磁特性及误差分析

(1)电磁特性

1)U_H-I 特性

当磁场恒定时，在一定温度下测定控制电流 I 与霍尔电势 U_H，可以得到良好的线性关系，如图 9-7 所示。其直线斜率称为控制电流灵敏度，以符号 K_I 表示，有

$$K_I=(U_H/I)_{B=\mathrm{const}} \tag{9-12}$$

由式(9-10)及式(9-12)还可得到

$$K_I=K_H B \tag{9-13}$$

由此可见，灵敏度 K_H 大的元件，其控制电流灵敏度一般也很大。但是灵敏度大的元件，其霍尔电势输出并不一定大，这是因为霍尔电势的值与控制电流成正比的缘故。

由于建立霍尔电势所需的时间很短(约 10^{-12} s)，因此控制电流采用交流时频率可以很高(例如几千兆赫兹)，而且元件的噪声系数较小，如锑化铟的噪声系数约为 7.66 dB。

2)U_H-B 特性

当控制电流保持不变时，元件的开路霍尔输出随磁场强度的增加不完全呈线性关系，而有非线性偏离。图 9-8 给出了这种偏离程度，从图中可以看出，锑化铟的霍尔输出对磁场强度的线性度不如锗。对锗而言，沿着(100)晶面切割的晶体的线性度优于沿着(111)晶面切割的晶体。如 HZ-4 由(100)晶面制作,HZ-1、2、3 采用(111)晶面制作。

通常霍尔元件工作在 0.5 T 以下时线性度较好。在使用中,若对线性度要求很高,可以采用 HZ-4,它的线性偏离一般不大于 0.2%。

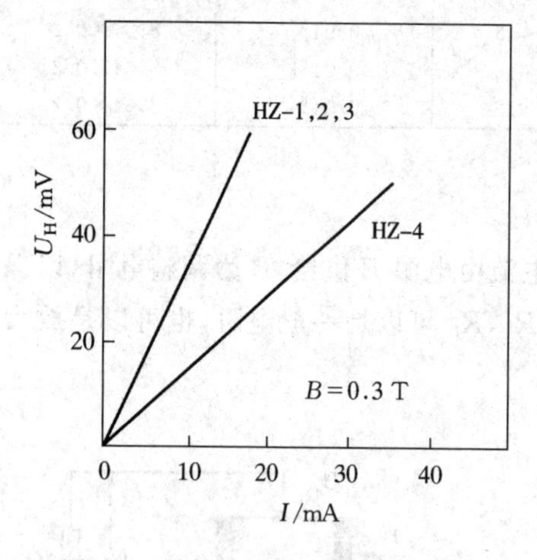

图 9-7 霍尔元件的 U_H-I 特性曲线

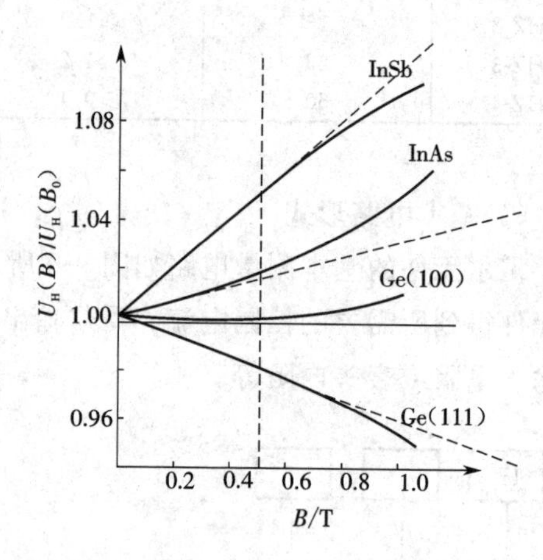

图 9-8 霍尔元件的 $U_H(B)/U_H(B_0)$-B 特性曲线

(2)误差分析及其补偿方法

1)元件几何尺寸及电极焊点的大小对性能的影响

在霍尔电势的表达式中,我们是将霍尔片的长度 L 看作无限大来考虑的。实际上,霍尔片具有一定的长宽比(L/b),存在着霍尔电场被控制电流的电极短路的影响,因此应在霍尔电势的表达式中增加一项与元件几何尺寸有关的系数。这样式(9-10)可写成如下形式:

$$U_H = K_H I B f_H(L/b) \tag{9-14}$$

式中 $f_H(L/b)$——元件的形状系数。

霍尔电极的大小对霍尔电势的输出也存在一定影响,如图 9-9 所示。按理想元件的要求,控制电流的电极与霍尔元件之间是良好的面接触,而霍尔电极与霍尔元件为点接触。实际上,霍尔电极有一定的宽度 l,它对元件的灵敏度和线性度有较大的影响。

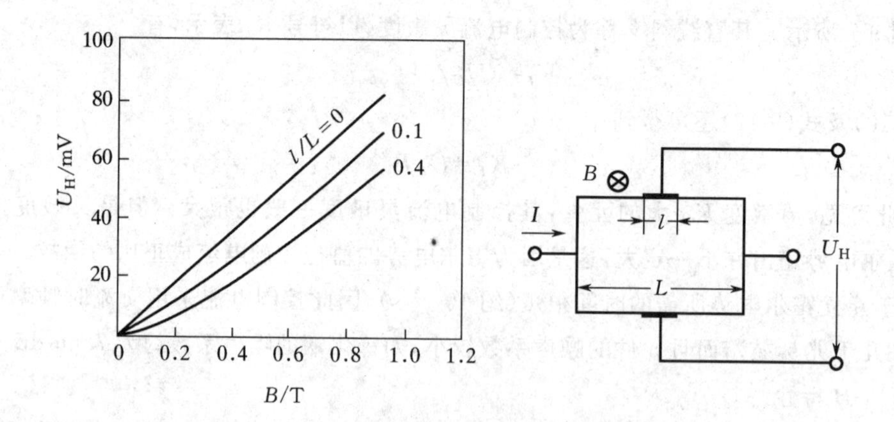

图 9-9 霍尔电极的大小对 U_H 的影响

2)不等位电势 U_0 及其补偿

不等位电势是产生零位误差的主要因素。由于制作霍尔元件时，不能保证将霍尔电极焊在同一等位面上，如图 9-10 所示。因此，当控制电流 I 流过元件时，即使磁感应强度等于零，在霍尔电势极上仍有电势存在，该电势称为不等位电势 U_0。在分析不等位电势时，可以把霍尔元件等效为一个电桥，如图 9-11 所示。电桥的四个桥臂电阻分别为 r_1、r_2、r_3 和 r_4。若两个霍尔电势极在同一等位面上，此时 $r_1=r_2=r_3=r_4$，则电桥平衡，输出电压 U_0 等于零。当霍尔电势极不在同一等位面上时(见图 9-10)，因 r_3 增大而 r_4 减小，则电桥的平衡被破坏，使输出电压 U_0 不等于零。

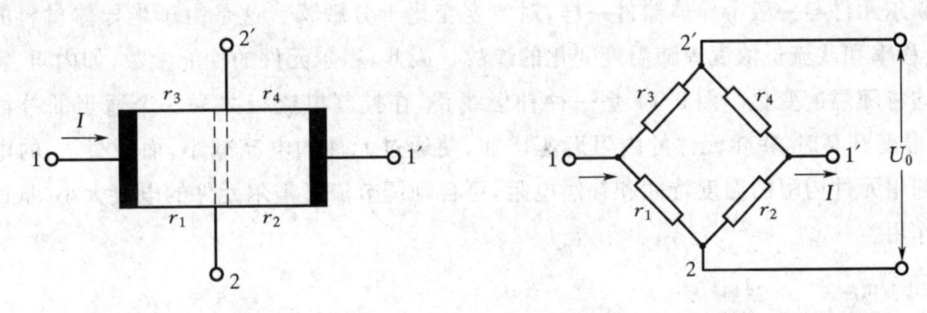

图 9-10 不等位电势示意　　图 9-11 霍尔元件的等效电路

一般情况下，采用补偿网络进行补偿，如图 9-12 所示。

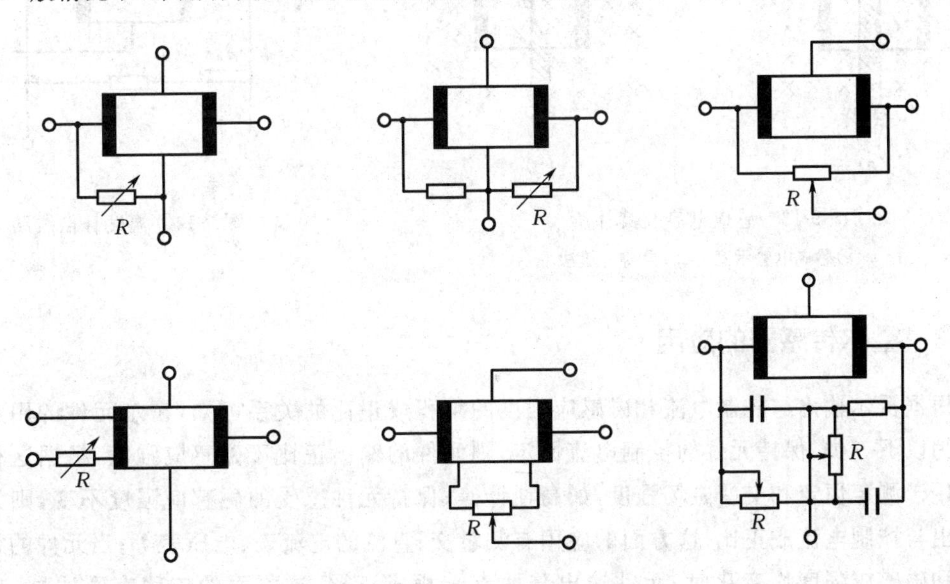

图 9-12 不等位电势的几种补偿线路

3)寄生直流电势

由于霍尔元件的电极不可能做到完全的欧姆接触，在控制电流极和霍尔电极上均可能出现整流效应。因此，当元件在不加磁场的情况下通入交流控制电流时，它的输出除了交流不等位电势外，还有一直流分量，这个直流分量被称为寄生直流电势，其大小与工作电流有关，随着工作电流的减小，直流电势将迅速减小。

此外，霍尔电势极的焊点大小不同，导致两焊点的热容量不同从而产生温差效应，也会形成直流附加电势。

4)感应电势

霍尔元件在交变磁场中工作时,即使不加控制电流,由于霍尔电势的引线布局不合理,在输出回路中也会产生附加感应电势,其大小不仅正比于磁场的变化频率和磁感应强度的幅值,并且与霍尔电势极引线所构成的感应面积成正比,如图 9-13(a)所示。

为了减小感应电势,除合理布线外,如图 9-13(b)所示,还可以在磁路气隙中安置另一个辅助霍尔元件。如果两个元件的特性相同,就可以起到显著的补偿效果。

5)温度误差及其补偿

霍尔元件与一般半导体器件一样,对温度变化十分敏感。这是由于半导体材料的电阻率、迁移率和载流子浓度等随温度变化的缘故。因此,霍尔元件的性能参数,如内阻、霍尔电势等均将随温度变化。图 9-14 是一种补偿线路,在控制电流极并联一个适当的补偿电阻 r_0,当温度升高时,霍尔元件的内阻迅速增加,使通过元件的电流减小,而通过 r_0 的电流增加。利用元件内阻的温度特性和补偿电阻,可自动调节流过霍尔元件的电流大小,从而起到补偿作用。

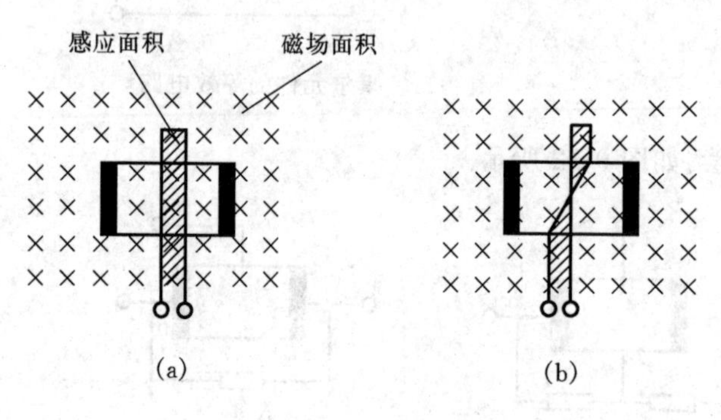

图 9-13 感应电势及其补偿

(a)感应电势示意 (b)自身补偿法

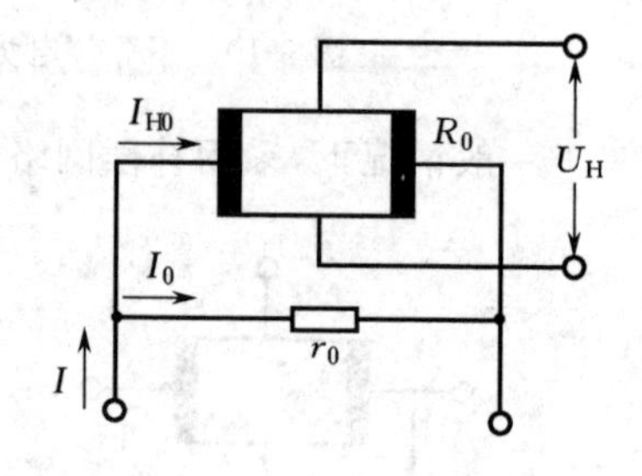

图 9-14 温度补偿线路

9.1.3 霍尔传感器的应用

根据霍尔输出与控制电流和磁感应强度的乘积成正比的关系可知,霍尔元件的用途大致分为以下三类:保持元件的控制电流恒定,则元件的输出正比于磁感应强度,根据这种关系可用于测定恒定和交变磁场强度,如高斯计等;保持元件感受的磁感应强度不变,则元件的输出与控制电流成正比,这方面的应用有测量交、直流的电流表、电压表等;当元件的控制电流和磁感应强度均变化时,元件输出与两者乘积成正比,这方面的应用有乘法器、功率计等。

(1)转速的测量

利用霍尔元件的开关特性可以实现对转速的测量,如图 9-15 所示,在被测非磁性材料的旋转体上粘贴一对或多对永磁体,其中图 9-15(a)中永磁体粘在旋转体盘面上,图9-15(b)中永磁体粘在旋转体盘侧。导磁体霍尔元件组成的测量头置于永磁体附近,当被测物以角转速 ω 旋转,每个永磁体通过测量头时,霍尔元件上即产生一个相应的脉冲,测量单位时间内的脉冲数目,便可推出被测物的旋转速度。

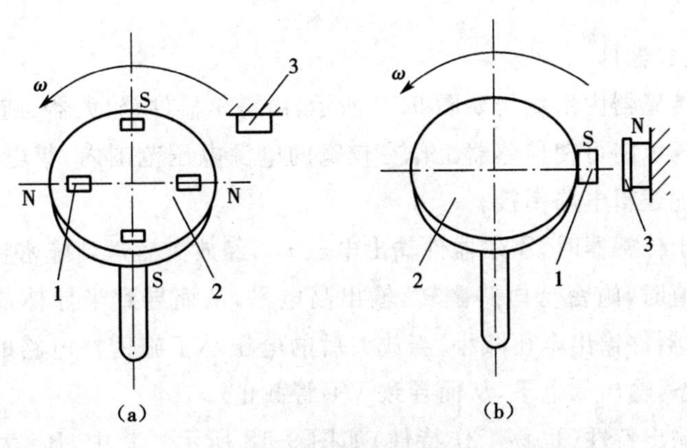

图 9-15　霍尔式传感器转速测量原理

(a)多永磁体　(b)单永磁体

1—永磁体；2—被测物体；3—霍尔元件

设旋转体上固定有 n 个永磁体，则每采样时间 t(s)内霍尔元件送入数字频率计的脉冲数为

$$N=\frac{\omega t}{2\pi}n \tag{9-15}$$

得转速为

$$\omega=\frac{2\pi N}{tn} \tag{9-16}$$

或

$$r=\frac{\omega}{2\pi}=\frac{N}{tn} \tag{9-17}$$

由上式可见，该方法测量转速时分辨力的大小由转盘上的小磁体的数目 n 决定。基于上述原理可制作计程表等。

(2)霍尔元件测压力和压差

图 9-16 为霍尔压力传感器的结构原理示意图。霍尔式压力、压差传感器一般由两部分组成：一部分是弹性元件，用来感受压力，并把压力转换为位移量；另一部分是霍尔元件和磁路系统，通常把霍尔元件固定在弹性元件上，当弹性元件产生位移时，将带动霍尔元件在具有均匀梯度的磁场中移动，从而产生霍尔电势的变化，完成将压力(或压差)变换成电量的转换过程。

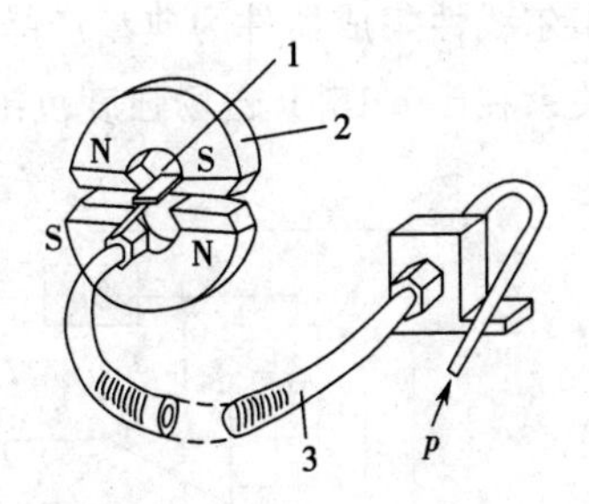

图 9-16　霍尔压力传感器结构原理

1—霍尔元件；2—磁钢；3—波登管

9.1.4　集成霍尔传感器

集成霍尔传感器是将霍尔元件、放大器及调理电路等集成在一个芯片上，集成霍尔传感器主要由霍尔元件、放大器、触发器、电压调整电路、失调调整及线性度调整电路等几部分组成。目前，市场上主要有线性型和开关型两类集成霍尔传感器。其封装形式有三端 T 型单端输出(外形结构与晶体三极管相似)、八脚双列直插型双

端输出等不同形式。

(1)霍尔开关集成器件

霍尔开关集成传感器内部结构如图 9-17 所示，由霍尔器件、放大器、施密特整形电路和输出电路组成。稳压电路可使传感器工作在较宽的电源电压范围内，集电极开路输出可使传感器方便地与其他逻辑电路衔接。

当有磁场作用于传感器时，霍尔器件输出电压 u_H，经放大后送到施密特整形电路，当放大后的电压大于阈值时，施密特电路翻转，输出高电平，从而导致半导体晶体管 VT 导通。当磁场减弱时，霍尔器件输出电压减小，当放大后的电压小于施密特电路的阈值时，施密特电路又一次翻回原态，输出低电平，从而导致 VT 管截止。

霍尔传感器的输出特性(也称工作特性)如图 9-18 所示。其中，B_{OP} 为工作点开启(即 VT 管导通)的磁感应强度，B_{RP} 为工作点关闭(VT 管截止)的磁感应强度，B_H 为磁滞宽度，可防噪声干扰和开关误动作。当外加磁感应强度高于 B_{OP} 时，输出电平由高变低，传感器处于打开状态；当外加磁感应强度低于 B_{RP} 时，输出电平由低变高，传感器处于关闭状态。

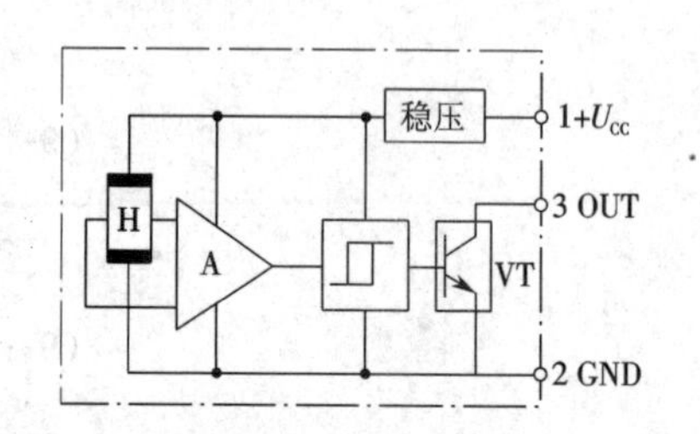

图 9-17　霍尔开关集成电路内部结构框图

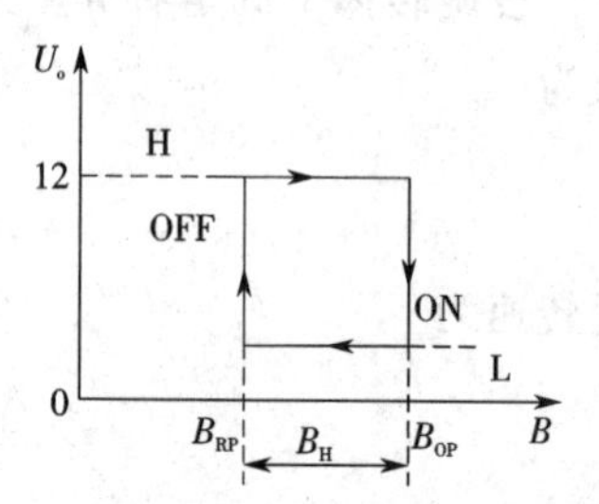

图 9-18　霍尔传感器的输出特性曲线

(2)霍尔线性集成器件

霍尔线性集成传感器的输出电压与外加磁场强度在一定范围内呈线性关系。它有单端输出和双端输出(也称差动输出)两种电路，内部结构框图如图 9-19 所示。图 9-19(b)中的 D 为差动输出电路，引脚 5、6、7 外接补偿电位器。美国 SPRAGUN 公司生产的 UGN 系列霍尔线性集成器件为典型产品。UGN3501 系列线性霍尔传感器的磁场强度与输出电压的关系在±0.15 T 磁场强度范围内，具有较好的线性度，超出该范围，输出电压饱和。

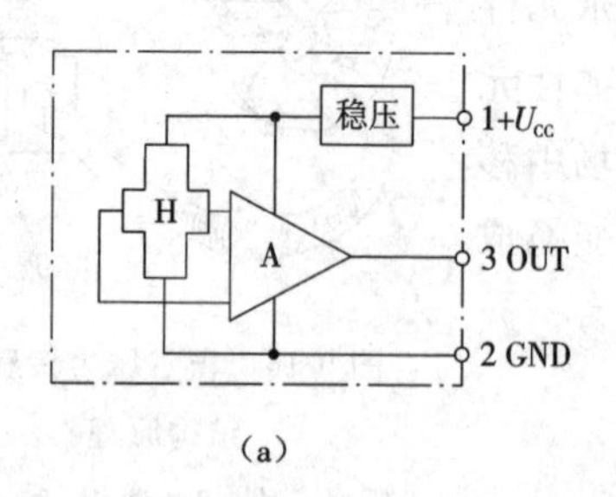

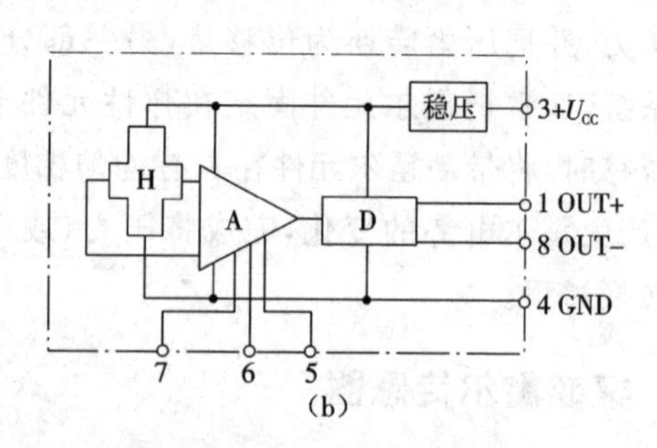

图 9-19　线性霍尔集成器件

(a)单端输出　(b)双端输出

9.2　磁敏电阻

将一载流导体置于外磁场中，除了产生霍尔效应外，其电阻还会随磁场而变化，这是因为运动的载流子受到洛伦兹力的作用而发生偏转，载流子散射概率增大，迁移率下降，于是电阻增加。这种现象称为磁阻效应。磁阻效应是伴随霍尔效应同时发生的一种物理效应。磁敏电阻就是利用磁阻效应制成的一种磁敏元件。

当温度恒定时，在弱磁场范围内，磁阻与磁感应强度(B)的平方成正比。对于只有电子参与导电的最简单的情况，磁阻效应的表达式为

$$\rho_B=\rho_0(1+0.273\mu^2B^2) \tag{9-18}$$

式中　B——磁感应强度；

μ——电子迁移率；

ρ_0——零磁场下的电阻率；

ρ_B——磁感应强度为 B 时的电阻率。

设电阻率的变化为 $\Delta\rho=\rho_B-\rho_0$，则电阻率的相对变化为

$$\frac{\Delta\rho}{\rho_0}=0.273\mu^2B^2=k(\mu B)^2 \tag{9-19}$$

由式(9-19)可知，磁场一定时，电子迁移率高的材料磁阻效应明显。InSb 和 InAs 等半导体的载流子迁移率都很高，适合制作磁敏电阻。

常用的磁敏电阻由锑化铟薄片组成，如图 9-20 所示。在图 9-20(a)中，未加磁场时，输入电流从 a 端流向 b 端，内部的电子从 b 电极流向 a 电极，这时电阻值较小；在图 9-20(b)中，当磁场垂直施加到锑化铟薄片上时，载流子(电子)受到洛伦兹力 F_L 的影响，而向侧面偏移，电子所经过的路程比未受磁场影响时的路程长，从外电路来看，表现为电阻值增大。

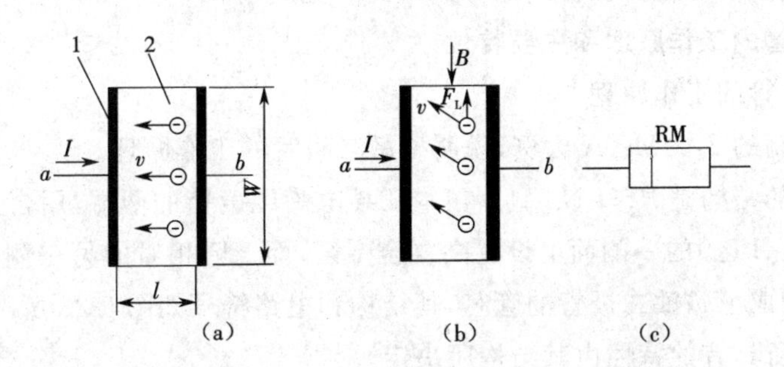

图 9-20　磁阻效应及磁敏电阻的电路符号

(a)未受磁场影响时的电流分布　(b)受洛伦兹力时的电流分布　(c)电路符号

1—电极；2—InSb 薄片

为了提高灵敏度，必须提高图 9-20(a)中 W 与 l 的比例，使电流偏移引起的电阻变化量增大。为此，可采用图 9-21 所示的结构形式。在锑化铟半导体薄片上通过光刻的方法形成栅状的铟短路条，短路条之间等效为一个 W/l 值很大的电阻，在输入、输出电极之间形成多个磁敏电阻的串联，既增加了磁阻元件的零磁场电阻率，又提高了灵敏度。

除栅格磁阻元件外，还有圆盘形的磁阻元件，其中心和边缘各有一个电极，如图 9-22(a)

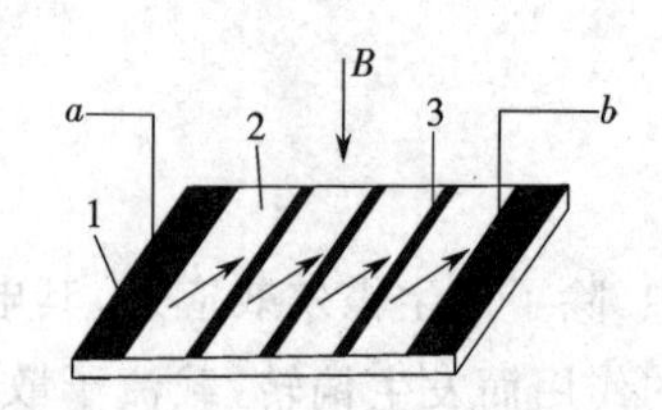

图 9-21　栅状磁敏电阻——铟短路条栅状磁敏电阻

1—电极；2—InSb 薄膜；3—In 短路条

所示，这种圆盘形磁阻元件称为科比诺(Corbino)圆盘。图 9-22(b)中画出的是在磁场中电流的流动路径。因为圆盘形的磁阻最大，故大多数磁阻元件做成圆盘结构。

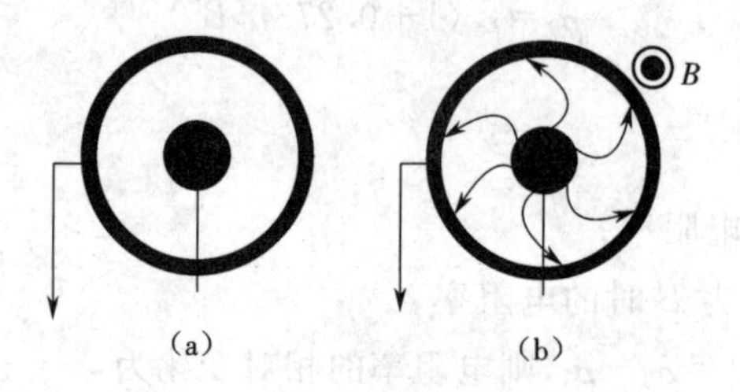

图 9-22　圆盘形磁阻元件

(a)磁阻元件　(b)磁场中电流流动路径

9.3　磁敏二极管和磁敏三极管

磁敏二极管和三极管是在霍尔元件和磁敏电阻之后发展起来的新型磁电转换元件，它们具有磁灵敏度高(磁灵敏度比霍尔元件高数百甚至数千倍)、能识别磁场的极性、体积小、电路简单等特点，因而在检测和控制等方面得到广泛应用。

1. 磁敏二极管的工作原理和主要特性

(1)磁敏二极管的工作原理

现以我国研制的 2ACM-1A 为例，说明磁敏二极管的工作原理。

这种二极管的结构是 P^+-I-N^+ 型。在本征导电高纯度锗的两端，用合金法制成 P 区和 N 区，并在本征区(I 区)的一侧面上设置高复合 r 区，而 r 区相对的另一侧面保持为光滑的无复合表面，便构成了磁敏二极管的管芯，其结构和电路符号如图 9-23 所示。

磁敏二极管所具有的特性由其结构所决定。

如图 9-24(a)所示，当没有外界磁场作用时，由于外加正偏压，大部分空穴通过 I 区进入 N 区，大部分电子通过 I 区进入 P 区，从而产生电流，只有很少的电子空穴在 I 区被复合掉。

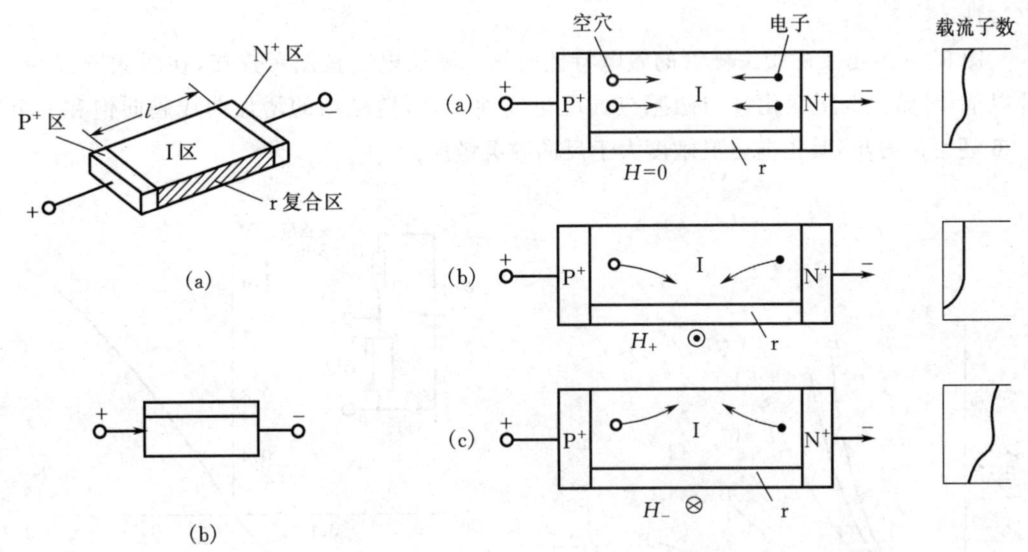

图 9-23　磁敏二极管的结构和电路符号
(a)结构　(b)电路符号

图 9-24　磁敏二极管的工作原理
(a)未加磁场　(b)受外界磁场 H_+ 作用　(c)受外界磁场 H_- 作用

如图 9-24(b)所示，当受外界磁场 H_+ 作用时，电子和空穴受洛伦兹力作用向 r 区偏移。由于在 r 区电子和空穴复合速度很快，因此进入 r 区的电子和空穴很快被复合掉。在有外界磁场 H_+ 的情况下，载流子的复合率显然比没有磁场作用时要大得多，因而 I 区的载流子密度减小，电流减小，即电阻增加。于是加在 PI 结、NI 结上的电压则相应减少，结电压的减小又进而使载流子注入量减少，以致 I 区电阻进一步增加，直到某一稳定状态。

如图 9-24(c)所示，当受到反向磁场 H_- 作用时，电子和空穴向 r 区的对面偏移，即载流子在 I 区停留时间变长，复合减少，同时载流子继续注入 I 区，因此 I 区载流子密度增加，电流增大，即电阻减小。结果正向偏压分配在 I 区的压降减少，而加在 PI 结和 NI 结上的电压相应增加，进而促使更多的载流子注入 I 区，使 I 区电阻减小，即磁敏二极管电阻减小，直到进入某一稳定状态为止。

如果继续增加磁场，则不能忽略载流子在 r 区对面的复合及其对电流的影响。由于载流子运动行程的偏移程度与洛伦兹力的大小有关，并且洛伦兹力又与电场及磁场的乘积成正比，因此外加电压越高，这些现象越明显。由上述可知，随着磁场大小和方向的变化，可以产生输出正负电压的变化。特别是在较弱的磁场作用下，可获得较大输出电压的变化。r 区和其他部分复合能力之差越大，那么磁敏二极管的灵敏度就越高。

磁敏二极管反向偏置时，仅流过很微小的电流，几乎与磁场无关。磁敏二极管两端电压不会因受到磁场作用而有任何变化。

(2)磁敏二极管的主要特性

1)伏安特性

在给定磁场情况下，锗磁敏二极管两端正向偏压和通过它的电流关系曲线如图 9-25 所示。

2)磁电特性

在给定条件下，磁敏二极管的输出电压变化量与外加磁场的关系称为磁敏二极管的磁电特性。

图 9-26 给出了磁敏二极管的磁电特性曲线。测试电路按图示连接，在弱磁场(B=0.1 T 以下)时输出电压变化量与磁感应强度呈线性关系，随磁场的增加曲线趋向饱和。由图 9-26 还可以看出，其正向磁灵敏度大于反向磁灵敏度。

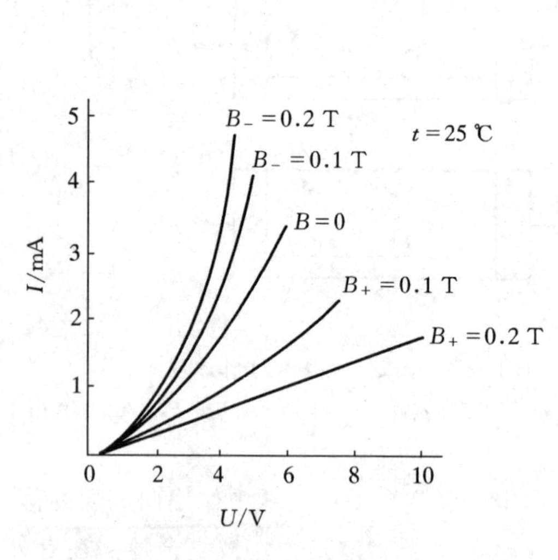

图 9-25　磁敏二极管的伏安特性曲线

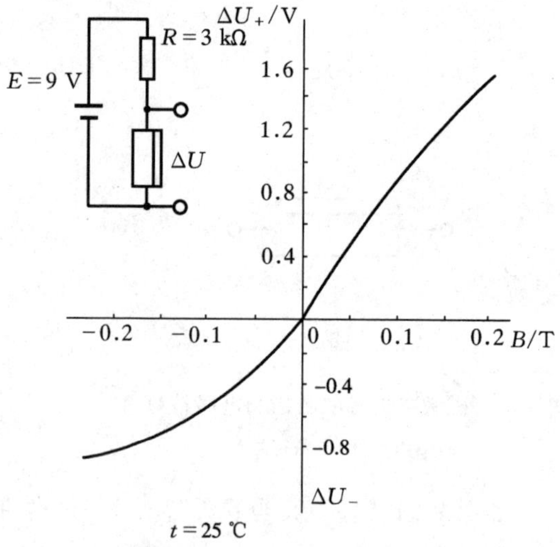

图 9-26　磁敏二极管的磁电特性曲线

2. 磁敏三极管的工作原理和主要特性

(1)磁敏三极管的工作原理

NPN 型磁敏三极管是在弱 P 型近本征半导体上用合金法或扩散法形成三个结，即发射结、基极结、集电结。在长基区的侧面制成一个复合速度很高的复合区 r。长基区分为输运基区和复合基区。其结构及电路符号如图 9-27 所示。

磁敏三极管的工作原理如图 9-28 所示。如图 9-28(a)所示，当不受磁场作用时，由于磁敏三极管基区宽度大于载流子有效扩散长度，因而注入的载流子除少部分输入集电极 c 外，大部分通过 e—i—b 形成基极电流。显而易见，基极电流大于集电极电流，所以电流放大系数 $\beta = I_c / I_b < 1$。如图 9-28(b)所示，当受到磁场 H_+ 作用时，由于洛伦兹力作用，载流子向发射结一侧偏转，从而使集电极电流明显下降。如图 9-28(c)所示，当受到磁场 H_- 作用时，载流子在洛伦兹力作用下，向集电结一侧偏转，使集电极电流增大。

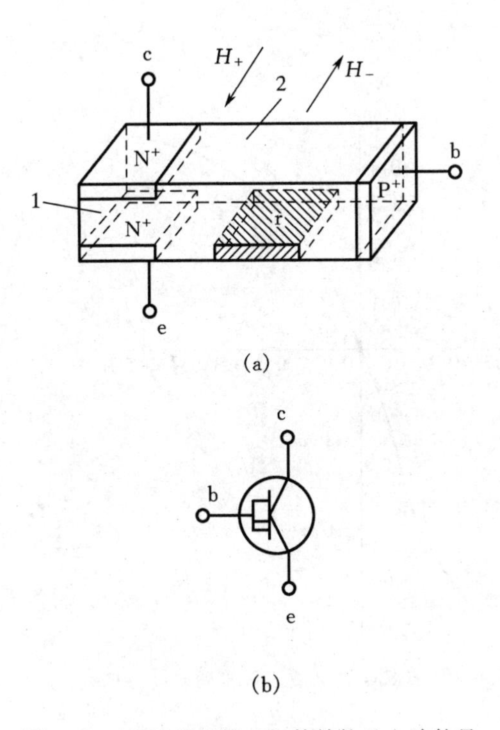

图 9-27　NPN 型磁敏三极管结构及电路符号

(a)结构　(b)电路符号

1—输运基区;2—复合基区

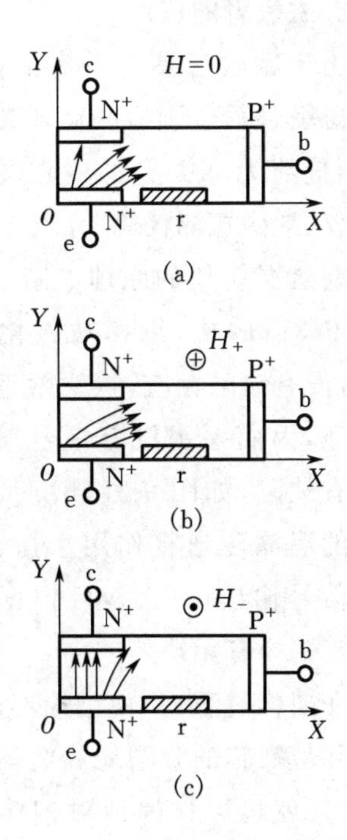

图 9-28　磁敏三极管工作原理示意

(a)不受磁场作用　(b)受到 H_+ 磁场作用

(c)受到 H_- 磁场作用

(2)磁敏三极管的主要特性

1)伏安特性

由图 9-29 可见,磁敏三极管的基极电流(I_b)和电流放大系数(I_c/I_b)均具有磁灵敏度,并且磁敏三极管电流放大系数小于 1。

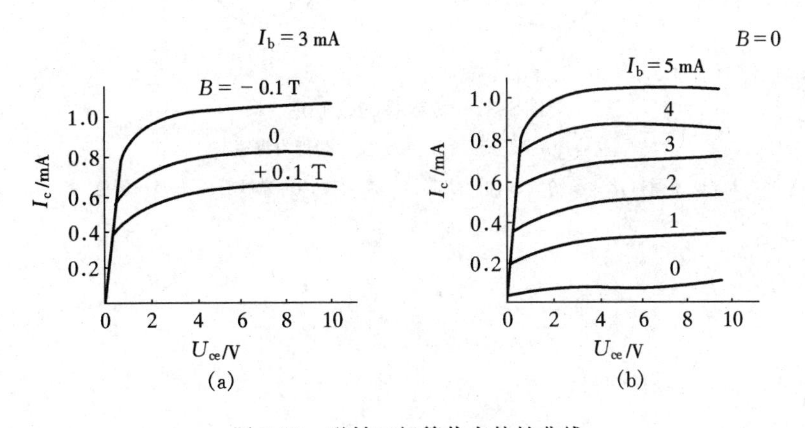

图 9-29　磁敏三极管伏安特性曲线

(a)受磁场作用　(b)不受磁场作用

2)磁电特性

磁电特性是磁敏三极管最重要的工作特性。3BCM(NPN 型)锗磁敏三极管的磁电特性曲线如图 9-30 所示。由图可见,在弱磁场作用时,曲线接近为直线。

3. 磁敏管的应用

由于磁敏管具有较高的磁灵敏度，所以磁敏管很适于检测微弱磁场的变化(可测量约为 0.1 T 的弱磁场)，如漏磁探伤仪、地磁探测仪等。

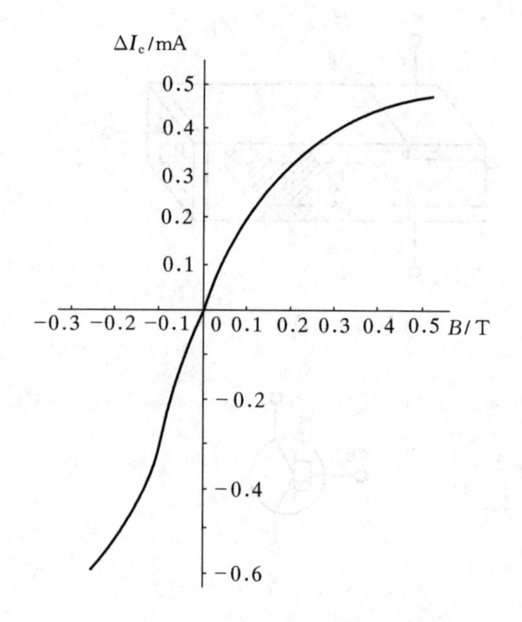

图 9-30　3BCM 锗磁敏三极管磁电特性曲线

漏磁探伤仪的原理如图 9-31 所示。在图 9-31(a)中，钢棒被磁化局部表面时，若没有缺陷存在，探头附近则没有泄漏磁通，因而探头没有信号输出。如果棒材有缺陷，如图 9-31(b)所示，那么缺陷处的泄漏磁通将作用于探头上，使其产生信号输出。因而，可根据信号的有无判定钢棒有无缺陷。

在探伤过程中，使钢棒不断转动，而探头和带铁芯的激励线圈沿钢棒轴向运动，这样就可以快速地对钢棒全部表面进行缺陷探测。

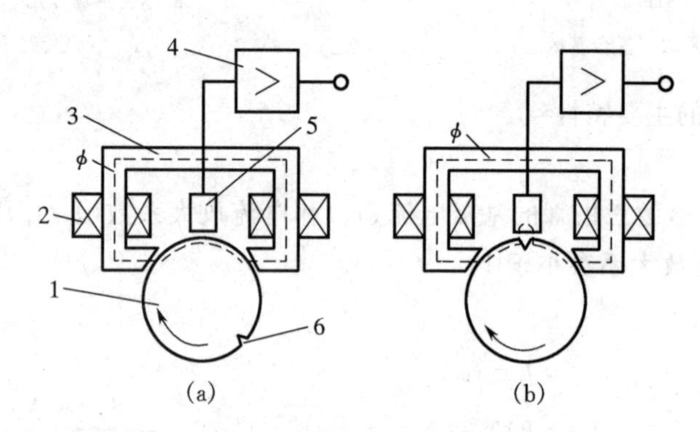

图 9-31　漏磁探伤仪原理

(a)探头附近无漏磁　(b)探头附近有漏磁

1—被探棒材；2—激励线圈；3—铁芯；4—放大器；5—磁敏管探头；6—裂缝

第10章　光电传感器

10.1　光电效应

光电器件的物理基础是光电效应。光电效应通常分为外光电效应和内光电效应两大类。

(1)外光电效应

在光线作用下,物体内的电子逸出物体表面,向外发射的现象称为外光电效应。基于外光电效应的光电器件有光电管、光电倍增管等。

我们知道,光子是具有能量的粒子,每个光子具有的能量由下式确定:

$$E=h\nu \tag{10-1}$$

式中　h——普朗克常量,$h=6.626\times10^{-34}$ J·s;

ν——光的频率(s^{-1})。

若物体中电子吸收的入射光子能量足以克服逸出功 A_0,电子就逸出物体表面,产生光电子发射。故要使一个电子逸出,则光子能量 $h\nu$ 必须超过逸出功 A_0,超过部分的能量表现为逸出电子的动能,即

$$h\nu=\frac{1}{2}mv_0^2+A_0 \tag{10-2}$$

式中　m——电子质量(kg);

v_0——电子逸出速度(m/s)。

式(10-2)即称为爱因斯坦光电效应方程。由该式可得到以下结论。

①光电子能否产生,取决于光子的能量是否大于该物体的表面逸出功。这意味着每一种物体都有一个对应的光频阈值,称为红限频率。光线的频率小于红限频率,光子的能量不足以使物体内的电子逸出,因而小于红限频率的入射光,光强再大也不会产生光电子发射;反之,入射光频率高于红限频率,即使光线微弱,也会有光电子发射出来。

②若入射光的频谱成分不变,则产生的光电子数目与光强成正比。光越强,意味着入射光子数目越多,逸出的电子数也越多。

③光电子逸出物体表面时具有初始动能,因此光电管即便未加阳极电压,也会有光电流产生。为使光电流为零,必须加负的截止电压,而截止电压与入射光的频率成正比。

(2)内光电效应

受光照的物体电导率发生变化,或产生光生电动势的效应称为内光电效应。内光电效应又可分为以下两类。

①光电导效应。在光线作用下,电子吸收光子能量从键合状态过渡到自由状态,而引起材料电阻率的变化,这种现象称为光电导效应。基于这种效应的光电器件有光敏电阻。

要产生光电导效应，光子能量 $h\nu$ 必须大于半导体材料的禁带宽度 E_g(eV)，由此入射光能导出光电导效应的临界波长 λ_0(nm)为

$$\lambda_0 \approx \frac{1\ 239}{E_g} \tag{10-3}$$

②光生伏特效应。在光线作用下能够使物体产生一定方向电动势的现象称为光生伏特效应。基于该效应的光电器件有光电池和光敏晶体管。

本节重点介绍基于半导体内光电效应的光电转换器件。

10.2 光敏电阻

光敏电阻又称光导管，是一种均质半导体光电器件。它具有灵敏度高、光谱响应范围宽、体积小、质量轻、力学强度高、耐冲击、耐振动、抗过载能力强和寿命长等特点。

(1)光敏电阻的原理和结构

当光照射到光电导体上时，若光电导体为本征半导体材料，而且光辐射能量又足够强，光导材料价带上的电子将被激发到导带上去，从而使导带的电子和价带的空穴增加，致使光导体的电导率变大。为实现能级的跃迁，入射光的能量必须大于光导材料的禁带宽度 E_g(eV)，即

$$h\nu = \frac{hc}{\lambda} = \frac{1.24}{\lambda} \geqslant E_g \tag{10-4}$$

式中 ν——入射光的频率(s^{-1})；

λ——入射光的波长(μm)。

也就是说，一种光电导体存在一个照射光的波长限 λ_C，只有波长小于 λ_C 的光照射在光电导体上，才能产生电子在能级间的跃迁，从而使光电导体电导率增加。

光敏电阻的结构很简单，图 10-1(a)为金属封装的硫化镉光敏电阻的结构图。管芯是一块安装在绝缘衬底上的带有两个欧姆接触电极的光电导体。光电导体吸收光子而产生的光电效应，只限于光照的表面薄层。虽然产生的载流子也有少数扩散到内部去，但扩散深度有限，因此光电导体一般做成薄层。为了获得高的灵敏度，光敏电阻的电极一般采用梳状图案，如图 10-1(b)所示。它是在一定的掩模下向光电导体薄膜上蒸镀金或铟等金属形成的。这种梳状电极，由于在间距很近的电极之间有可能采用大的灵敏面积，所以提高了光敏电阻的灵敏度。图 10-1(c)是光敏电阻的代表符号。

光敏电阻的灵敏度易受湿度的影响，因此要将光电导体严密封装在玻璃壳体中。

光敏电阻具有很高的灵敏度，光谱响应可从紫外区到红外区范围，而且体积小、质量轻、性能稳定、价格便宜，因此应用比较广泛。

(2)光敏电阻的主要参数和基本特性

1)暗电阻、亮电阻、光电阻

光敏电阻在室温条件下，全暗后经过一定时间测量的电阻值，称为暗电阻。此时流过的电流，称为暗电流。

光敏电阻在某一光照下的阻值，称为该光照下的亮电阻。此时流过的电流，称为亮电流。

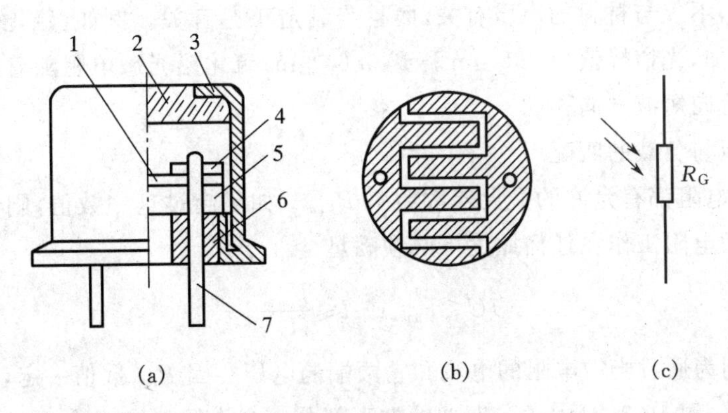

图 10-1　硫化镉光敏电阻的结构和符号

(a)结构　(b)电极　(c)符号

1—光导层；2—玻璃窗口；3—金属外壳；4—电极；

5—陶瓷基座；6—黑色绝缘玻璃；7—电极引线

亮电流与暗电流之差，称为光电流。

光敏电阻的暗电阻越大而亮电阻越小，则性能越好。也就是说，暗电流要小，光电流要大，这样的光敏电阻灵敏度就高。实际上，大多数光敏电阻的暗电阻往往超过 1 MΩ，甚至高达 100 MΩ，而亮电阻即使在正常白昼条件下也可降到 1 kΩ 以下，可见光敏电阻的灵敏度是相当高的。

2)光照特性

图 10-2(a)所示为硫化镉光敏电阻的光照特性。不同类型光敏电阻光照特性不同，但是光照特性曲线均呈非线性，因此不宜作为测量元件，在自动控制系统中常用作开关式光电信号传感元件。

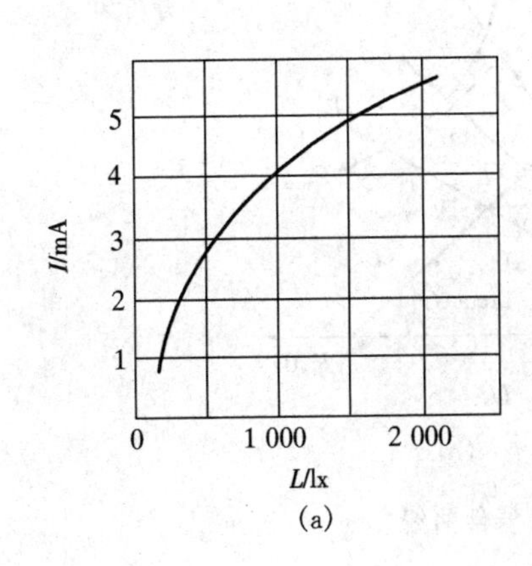

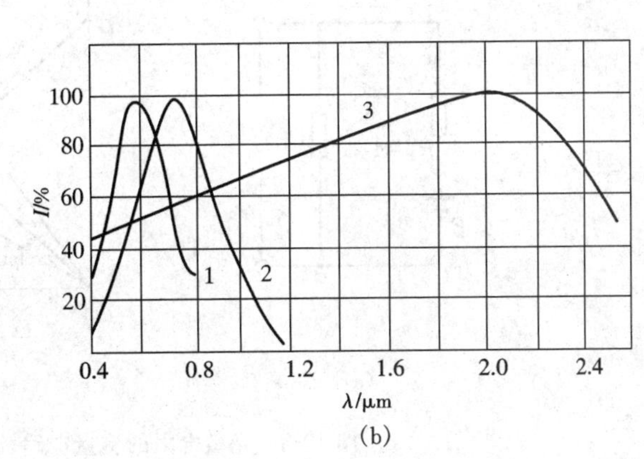

图 10-2　光敏电阻的基本特性曲线

(a)硫化镉光敏电阻的光照特性　(b)不同光敏电阻的光谱特性

1—硫化镉；2—硒化镉；3—硫化铅

3)光谱特性

光谱特性与光敏电阻的材料有关。图 10-2(b)为硫化镉、硒化镉、硫化铅三种光敏电阻的光谱特性。从图中可知，硫化铅光敏电阻在较宽的光谱范围内均有较高的灵敏度。光敏电阻的光谱分布，不仅与材料的性质有关，而且与制造工艺有关。例如，硫化镉光敏电阻随着掺铜浓度的增加，光谱峰值由 0.5 μm 移到 0.64 μm；硫化铅光敏电阻随着薄层的厚度减小，光谱峰值位置向短波方向移动。

(3)光敏电阻与负载的匹配

每一种光敏电阻都有允许的最大耗散功率 P_{max}。如果超过这一数值，则光敏电阻容易损坏。因此，光敏电阻工作在任何照度下必须满足

$$IU \leqslant P_{max} \text{ 或 } I \leqslant \frac{P_{max}}{U} \tag{10-5}$$

式中：I 和 U 分别为通过光敏电阻的电流和它两端的电压。因 P_{max} 数值一定，满足式(10-5)的图形为双曲线。图 10-3(b)中 P_{max} 双曲线左下部分为允许的工作区域。

由光敏电阻测量电路[图 10-3(a)]得电流为

$$I=\frac{E}{R_L+R_G} \tag{10-6}$$

式中 R_L——负载电阻(Ω)；

R_G——光敏电阻(Ω)；

E——电源电压(V)。

图 10-3(b)中绘出光敏电阻的负载线 $NBQA$ 及伏安特性 OB、OQ、OA，它们分别对应的照度为 L'、L_Q、L''。设光敏电阻工作在 L_Q 照度下，当照度变化时，工作点 Q 将变至 A 或 B，它的电流和电压都改变。设照度变化时，光敏电阻的变化值为 ΔR_G，则此时电流为

$$I+\Delta I=\frac{E}{R_L+R_G+\Delta R_G} \tag{10-7}$$

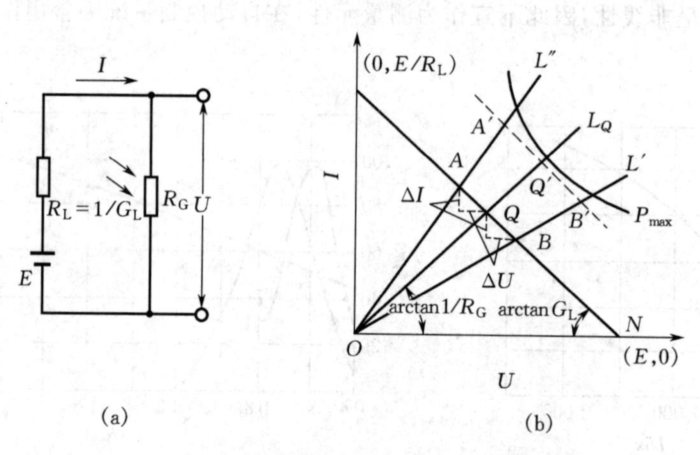

图 10-3 光敏电阻的测量电路及伏安特性曲线

(a)测量电路 (b)伏安特性曲线

由式(10-6)和式(10-7)可解得信号电流为

$$\Delta I=\frac{E}{R_L+R_G+\Delta R_G}-\frac{E}{R_L+R_G}\approx\frac{-E\Delta R_G}{(R_L+R_G)^2} \tag{10-8}$$

式(10-8)中负号所表示的物理意义是，当照度增加时，光敏电阻的阻值减小，即 $\Delta R_G<0$，而信号电流却增加，即 $\Delta I>0$。

当电流为 I 时，由图 10-3(a)可求得输出电压为

$$U=E-IR_L$$

电流为 $I+\Delta I$ 时，则其输出电压为

$$U+\Delta U=E-(I+\Delta I)R_L$$

由以上两式解得信号电压为

$$\Delta U=-\Delta IR_L=\frac{E\Delta R_G}{(R_L+R_G)^2}R_L \tag{10-9}$$

光敏电阻的 R_G 和 ΔR_G 可由实验或伏安特性曲线求得。由式(10-8)和式(10-9)可以看出，在照度的变化相同时，ΔR_G 越大，其输出信号电流 ΔI 及信号电压 ΔU 也越大。

已知光敏电阻的 R_G 和 ΔR_G 及电源电压 E，则选择最佳的负载电阻 R_L 有可能获得最大的信号电压 ΔU，这不难由式(10-9)求得。

令

$$\frac{\partial(\Delta U)}{\partial R_L}=\frac{\partial}{\partial R_L}\left[\frac{E\Delta R_G R_L}{(R_L+R_G)^2}\right]=0$$

解得

$$R_L=R_G$$

即负载电阻 R_L 与光敏电阻 R_G 相等时，可获得最大的信号电压。

当在较高频率下工作时，除选用高频响应好的光敏电阻外，负载 R_L 应取较小值，否则时间常数较大，对高频影响不利。

10.3　光电池

光电池是利用光生伏特效应把光直接转变成电能的器件。由于它广泛用于把太阳能直接转变为电能，因此又被称为太阳电池。通常，在光电池(或太阳电池)名称之前冠上半导体材料的名称以示区别，例如硒光电池、砷化镓光电池、硅光电池等。目前，应用最广、最有发展前途的是硅光电池。硅光电池价格便宜，光电转换效率高，寿命长，比较适于接收红外光。硒光电池虽然光电转换效率低(只有 0.02%)、寿命短，但出现得最早，制造工艺较成熟，适于接收可见光(响应峰值波长 0.56 μm)，所以仍是制造照度计量适宜的元件。

(1)光电池的结构原理

常用的硅光电池的结构如图 10-4 所示。其制造方法是，在电阻率为 0.1～1 Ω·cm 的 N 型硅片上，扩散硼形成 P 型层，然后分别用电极引线把 P 型和 N 型层引出，形成正、负电极。如果两电极间接上负载电阻 R_L，则受光照后就会有电流流过。为了提高效率，防止表面反射光，器件的受光面上要进行氧化，以形成 SiO_2 保护膜。此外，向 P 型硅单晶片扩散 N 型杂质，也可以制成硅光电池。

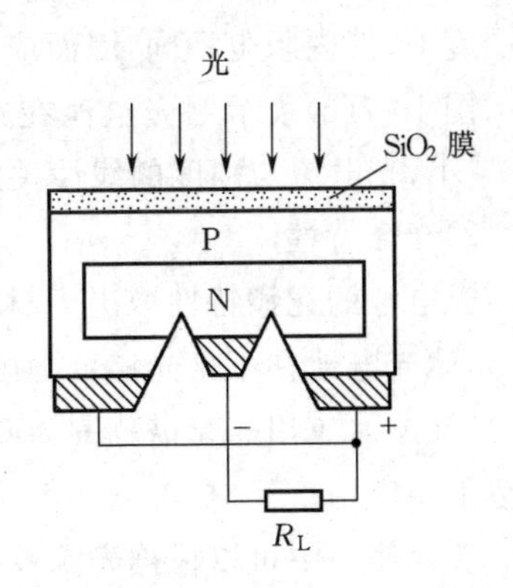

图 10-4　硅光电池结构示意

光电池工作原理如图 10-5 所示，当 N 型半导体和 P 型半导体结合在一起构成一块晶体时，由于热运动，N 区中的电子就向 P 区扩散，而 P 区中的空穴则向 N 区扩散，结果在 N 区靠近交界处聚集起较多的空穴，而在 P 区靠

近交界处聚集起较多的电子，于是在过渡区形成了一个电场，电场的方向由 N 区指向 P 区。这个电场阻止电子进一步由 N 区向 P 区扩散，同时阻止空穴进一步由 P 区向 N 区扩散。但它却能推动 N 区中的空穴（少数载流子）和 P 区中的电子（也是少数载流子）分别向对方区域运动。

当光照到 PN 结区时，如果光子能量足够大，将在结区附近激发出电子－空穴对。在 PN 结电场的作用下，N 区的光生空穴被拉向 P 区，P 区的光生电子被拉向 N 区，结果在 N 区就聚积了负电荷，P 区聚积了正电荷，这样 N 区和 P 区之间就出现了电位差。若将 PN 结两端用导线连起来，电路中就有电流流过，电流的方向由 P 区流经外电路至 N 区。若将外电路断开，即可测出光生电动势。

光电池的表示符号、基本电路及等效电路如图 10-6 所示。

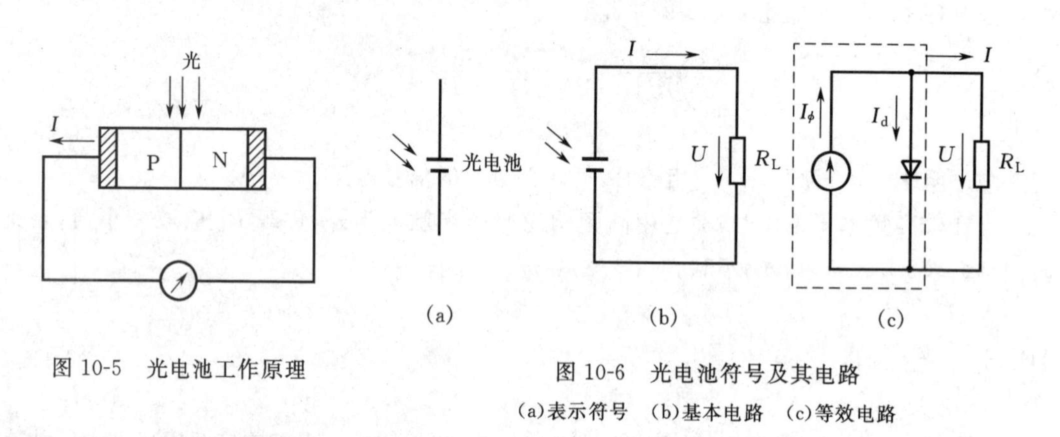

图 10-5　光电池工作原理

图 10-6　光电池符号及其电路

(a)表示符号　(b)基本电路　(c)等效电路

(2)光电池的基本特性

1)光照特性

图 10-7(a)、(b)分别表示硅光电池和硒光电池的光照特性，即光生电动势和光电流与照度的关系。由图可以看出，光电池的电动势，即开路电压 U_{oc} 与照度 L 为非线性关系，当照度为 2 000 lx 时便趋向饱和；光电池的短路电流 I_{sc} 与照度呈线性关系，而且受光面积越大，短路电流也越大。所以，当光电池作为测量元件时应取短路电流的形式。

所谓光电池的短路电流，是指外接负载相对于光电池内阻而言是很小的。光电池在不同照度下，其内阻也不同，因而应选取适当的外接负载近似地满足“短路”条件。

图 10-7(c)表示硒光电池在不同负载电阻时的光照特性。从图中可以看出，负载电阻 R_L 越小，光电流与强度的线性关系越好，且线性范围越宽。

2)光谱特性

光电池的光谱特性取决于材料，图 10-7(d)为硒和硅光电池的光谱特性。从图中可以看出，硒光电池在可见光谱范围内有较高的灵敏度，峰值波长在 0.54 μm 附近，适于测可见光；硅光电池应用的光谱范围为 0.4～1.1 μm，峰值波长在 0.85 μm 附近，因此可以在很宽的范围内应用。

实际使用中可以根据光源性质选择光电池，反之，也可根据现有的光电池选择光源。

3)频率响应

光电池作为测量、计算、接收元件时常用来调制光输入。光电池的频率响应是指输出电流随调制光频率变化的关系。图 10-7(e)为光电池的频率响应曲线。由图可知，硅光电池具有较高的频率响应，而硒光电池则较差。因此，在高速计算器中一般采用硅光电池。

4)温度特性

光电池的温度特性是指开路电压和短路电流随温度变化的关系。由于关系到应用光电池仪器设备的温度漂移，影响到测量精度和控制精度等重要指标，因此温度特性是光电池的重要特性之一。

图 10-7(f)为硅光电池在 1 000 lx 照度下的温度特性曲线。从图中可以看出，开路电压随温度上升而下降很快，当温度上升 1 ℃时，开路电压约降低 3 mV；但短路电流随温度的

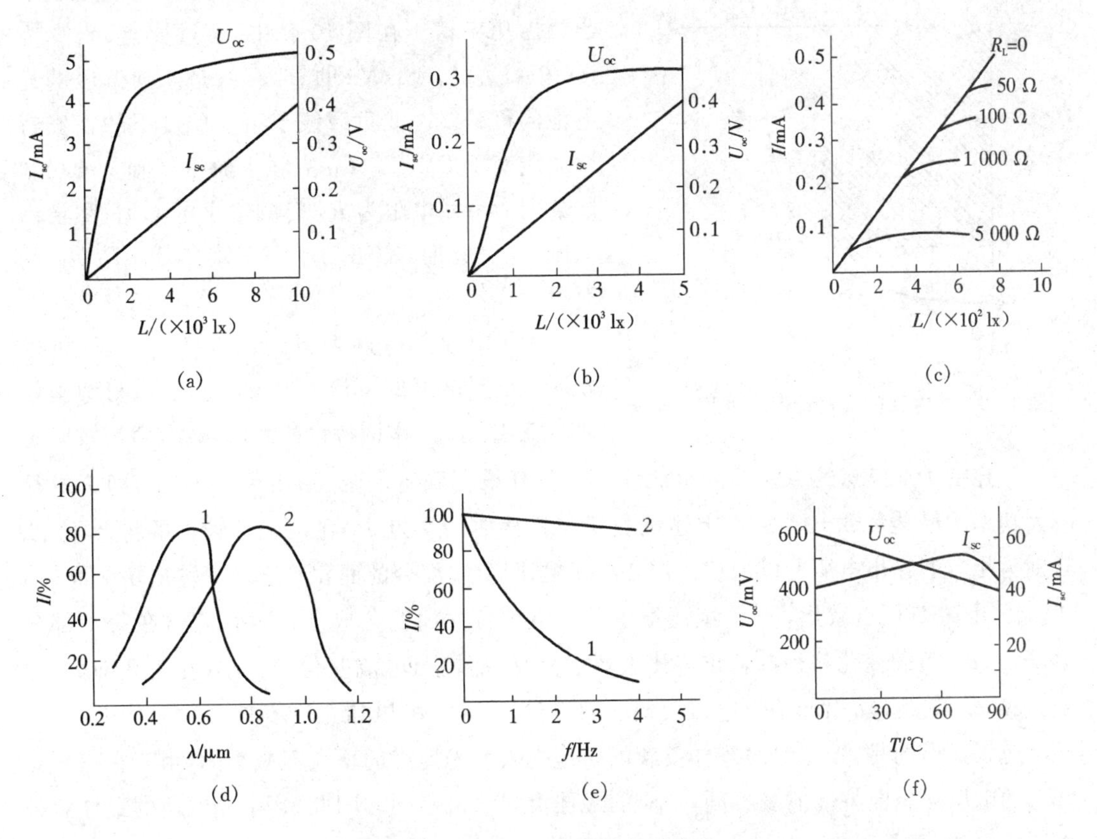

图 10-7　光电池的基本特性曲线

(a)硅光电池的光照特性曲线　(b)硒光电池的光照特性曲线　(c)硒光电池有不同负载电阻时的光照特性曲线

(d)硒和硅光电池的光谱特性曲线　(e)光电池的频率响应曲线　(f)硅光电池在 1 000 lx 照度下的温度特性曲线

1—硒光电池；2—硅光电池

变化却是缓慢的，当温度上升 1 ℃时，短路电流只增加 2×10^{-6} A。

由于温度对光电池的工作有很大影响，因此当光电池作为测量元件使用时，最好能保证温度恒定，或采取温度补偿措施。

(3)光电池的转换效率及最佳负载匹配

光电池的最大输出电功率和输入光功率的比值，称为光电池的转换效率。

在有一定负载电阻的情况下，光电池的输出电压 U 与输出电流 I 的乘积，即为光电池

输出功率，记为 P，其表达式为

$$P=IU$$

在一定的辐射照度下，当负载电阻 R_L 由无穷大变到零时，输出电压的值将从开路电压值变到零，而输出电流将从零增大到短路电流值。显然，只有在某一负载电阻 R_j 存在的情况下，才能得到最大的输出功率 $P_j(P_j=I_jU_j)$。R_j 称为光电池在一定辐射照度下的最佳负载电阻。同一光电池的 R_j 值随辐射照度的增强而稍微减小。

P_j 与入射光功率的比值，即为光电池的转换效率 η。硅光电池转换效率的理论值，最大可达 24%，而实际上只有 10%～15%。

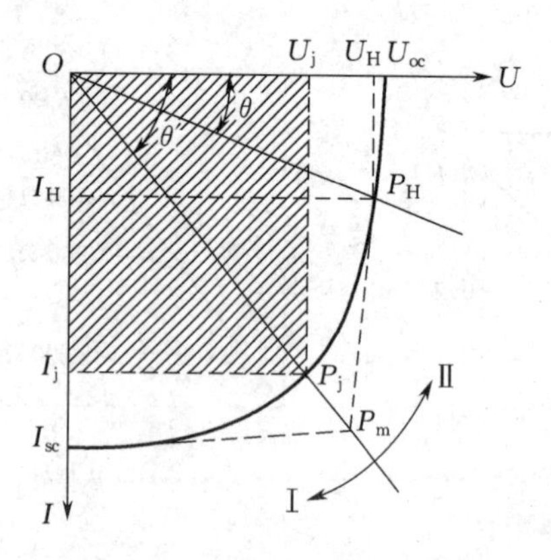

图 10-8　光电池的伏安特性曲线及负载线

可以利用光电池的输出特性曲线直观地表示出输出功率值。在图 10-8 中，通过原点、斜率为 $\tan\theta=I_H/U_H=1/R_L$ 的直线，就是未加偏压的光电池的负载线。此负载线与某一照度下的伏安特性曲线交于 P_H 点。P_H 点在 I 轴和 U 轴上的投影即分别为负载电阻为 R_L 时的输出电流 I_H 和输出电压 U_H。此时，输出功率等于矩形 $OI_HP_HU_H$ 的面积。

为了求取某一照度下的最佳负载电阻，可以分别从该照度下的电压—电流特性曲线与两坐标轴交点(U_{oc},I_{sc})作该特性曲线的切线，两切线交于 P_m 点，连接 P_m、O 点的直线即为负载线。此负载线所确定的阻值$(R_j=1/\tan\theta')$即为取得最大功率的最佳负载电阻 R_j。上述负载线与特性曲线交点 P_j 在两坐标轴上的投影 U_j、I_j 分别为相应的输出电压和电流值。图 10-8 中画阴影线部分的面积等于最大输出功率值。

由图 10-8 可以看出，R_j 负载线把电压—电流特性曲线分成Ⅰ、Ⅱ两部分，在第Ⅰ部分中，$R_L<R_j$，负载变化将引起输出电压大幅度变化，而输出电流变化却很小；在第Ⅱ部分中，$R_L>R_j$，负载变化将引起输出电流大幅度的变化，而输出电压却几乎不变。

应该指出的是，光电池的最佳负载电阻是随入射光照度的增大而减小的，由于在不同照度下的电压—电流特性曲线不同，对应的最佳负载线也不同。因此，每个光电池的最佳负载线不是一条，而是一簇。

10.4　光敏二极管和光敏三极管

(1)光敏管的结构和工作原理

光敏二极管是一种 PN 结单向导电性的结型光电器件，与一般半导体二极管类似，其 PN 结装在管的顶部，以便接受光照，上面有一个透镜制成的窗口，可使光线集中在敏感面上。光敏二极管在电路中通常工作在反向偏压状态。其工作原理和电路如图 10-9 所示。

如图 10-9(a)所示，在无光照时，处于反偏的光敏二极管，工作在截止状态，这时只有少数载流子在反向偏压的作用下，渡越阻挡层，形成微小的反向电流即暗电流。

当光敏二极管受到光照时，PN 结附近受光子轰击，吸收其能量而产生电子—空穴对，

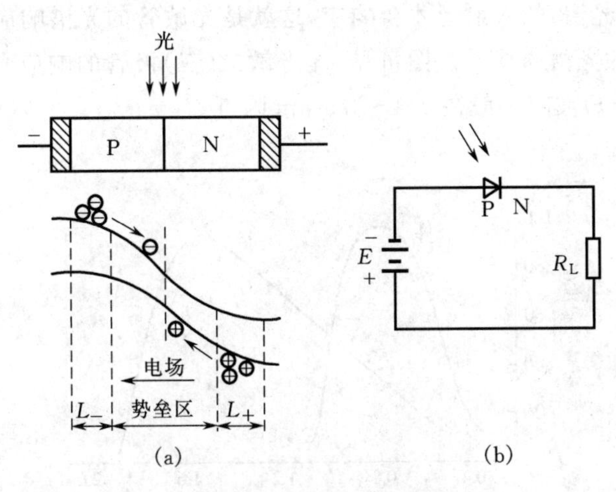

图 10-9　光敏二极管工作原理和电路

(a)工作原理　(b)电路

从而使P区和N区的少数载流子浓度大大增加。因此，在外加反偏电压和内电场的作用下，P区少数载流子渡越阻挡层进入N区，N区的少数载流子渡越阻挡层进入P区，从而使通过PN结的反向电流大为增加，这就形成了光电流。

光敏三极管与光敏二极管的结构相似，内部有两个PN结。与一般三极管不同的是其发射极一边做得很小，以扩大光照面积。当基极开路时，基极—集电极处于反偏状态。当光照射到PN结附近时，PN结附近产生电子—空穴对，它们在内电场作用下定向运动，形成增大了的反向电流，即光电流。由于光照射集电极产生的光电流相当于一般三极管的基极电流，因此集电极电流被放大了$\beta+1$倍，从而使光敏三极管具有比光敏二极管更高的灵敏度。

锗光敏三极管由于暗电流较大，为使光电流与暗电流之比增大，常在发射极、基极之间接一电阻(约5 kΩ)。而硅平面光敏三极管由于暗电流很小(小于10^{-9} A)，一般不备有基极外接引线，仅有发射极、集电极两根引线。光敏三极管工作原理和电路如图10-10所示。

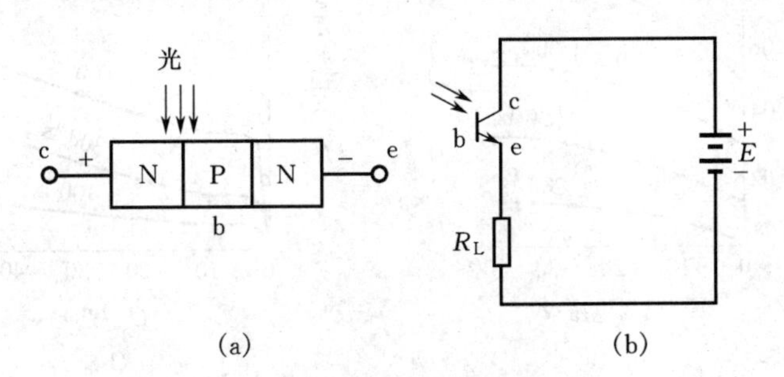

图 10-10　光敏三极管工作原理及电路

(a)工作原理　(b)电路

(2)光敏管的基本特性

1)光谱特性

在照度一定时，输出的光电流(或相对光谱灵敏度)随光波波长的变化而变化，这就是光敏管的光谱特性。

如果照射在光敏二(三)极管上的是波长一定的单色光，若具有相同的入射功率(或光子流密度)，则输出的光电流会随波长而变化。对于用一定材料和工艺做成的光敏管，必须对应一定波长范围(即光谱)的入射光才会响应,这就是光敏管的光谱响应。图 10-11 为硅和锗光敏二(三)极管的光谱曲线。由图可见,硅光敏二(三)极管的响应光谱的长波限为 1.1 μm,锗为 1.8 μm,而短波限一般在 0.4～0.5 μm 附近。

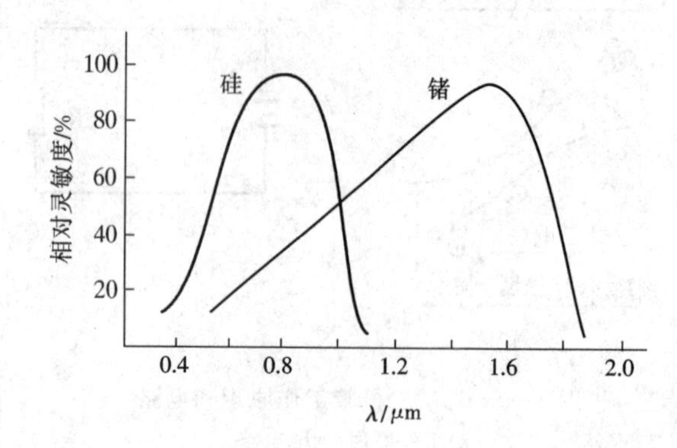

图 10-11　硅和锗光敏二(三)极管的光谱曲线

两类材料的光敏二(三)极管的光谱响应峰值所对应的波长各不相同。以硅为材料的为 0.8～0.9 μm,以锗为材料的为 1.4～1.5 μm,都是近红外光。

2)伏安特性

图 10-12 为硅光敏二(三)极管在不同照度下的伏安特性曲线。由图可见,光敏三极管的光电流比相同管型二极管的光电流大上百倍。此外,从曲线还可以看出,在零偏压时,二极管仍有光电流输出,而三极管则没有,这是由于光电二极管存在光生伏特效应的缘故。

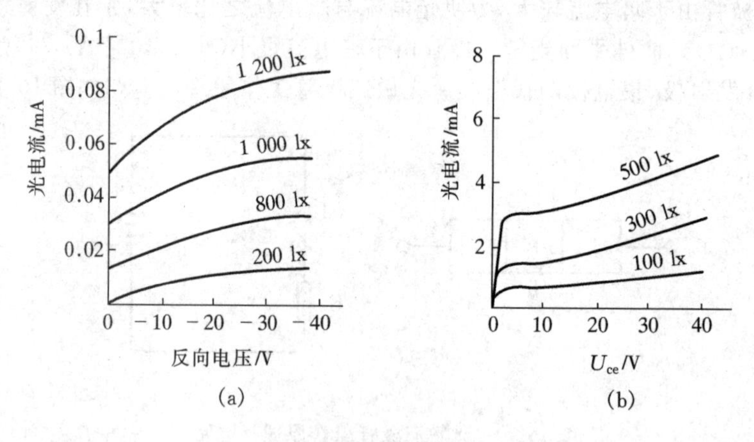

图 10-12　硅光敏管的伏安特性曲线

(a)硅光敏二极管　(b)硅光敏三极管

3)光照特性

图 10-13 为硅光敏二(三)极管的光照特性曲线。由图可以看出,光敏二极管的光照特性曲线的线性较好,而三极管在照度较小(弱光)时,光电流随照度增大而缓慢增大,并且在大电流(光照度为几千勒克斯)时有饱和现象(图中未画出),这是由于三极管的电流放大倍数在小电流和大电流时都要下降的缘故。

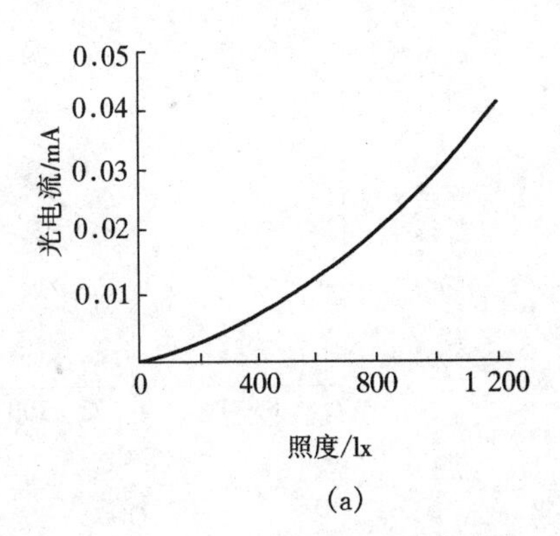

(a)

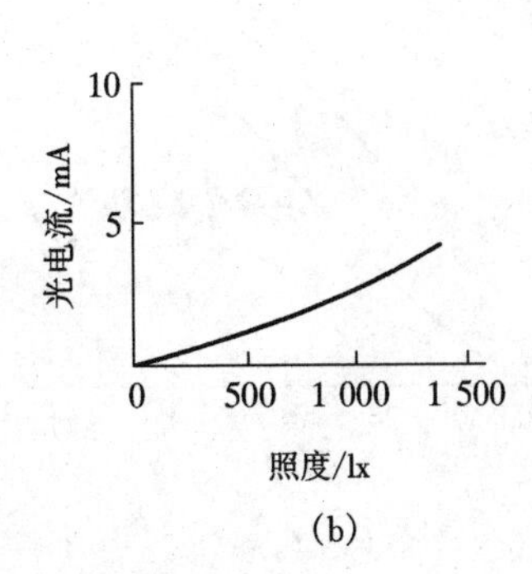

(b)

图 10-13 硅光敏管的光照特性曲线

(a)硅光敏二极管 (b)硅光敏三极管

4)频率响应

光敏管的频率响应是指具有一定频率的调制光照射时，光敏管输出的光电流(或负载上的电压)随频率的变化关系。光敏管的频率响应与本身的物理结构、工作状态、负载以及入射光波长等因素有关。图 10-14 为硅光敏三极管的频率响应曲线。由该曲线可知，减小负载电阻 R_L 可以提高响应频率，但同时却使输出降低。因此，在实际使用中，应根据频率来选择最佳的负载电阻。

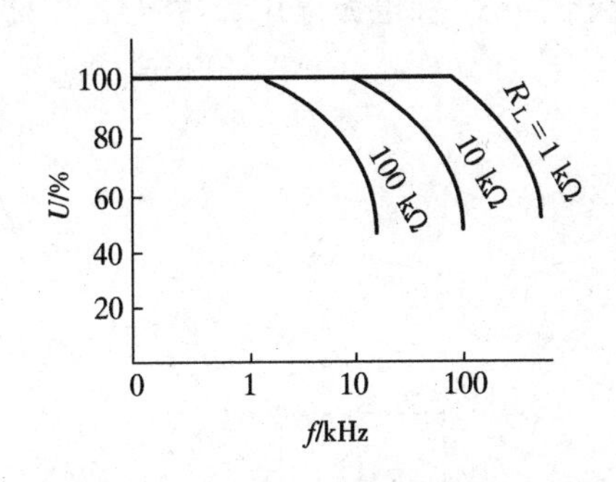

图 10-14 硅光敏三极管的频率响应曲线

光敏三极管的频率响应，通常比同类二极管差得较多，这是由于载流子的形成距基极—集电极结的距离各不相同，因而各载流子到达集电极的时间也各不相同的原因。锗光敏三极管的截止频率约为 3 kHz，而对应的锗光敏二极管的截止频率为 50 kHz。硅光敏三极管的响应频率要比锗光敏三极管高得多，其截止频率达 50 kHz 左右。

5)暗电流—温度特性

图 10-15(a)为锗和硅光敏管的暗电流—温度特性曲线。由图可见，硅光敏管的暗电流比锗光敏管小得多(为锗光敏管的 1/100 到 1/1 000)。

6)光电流—温度特性

图 10-15(b)为光敏三极管的光电流—温度特性曲线。在一定温度范围内，温度变化对光电流的影响较小，其光电流主要是由光照强度决定的。

(3)光敏晶体管电路的分析方法

光敏晶体管的原理和伏安特性与一般晶体管类似，其差别仅在于前者由光照度或光通量控制光电流，后者则由基极电流 I_b 控制集电极电流。因此，其分析计算方法可仿照共射极晶体管放大器进行。

例 1 光敏二极管 GG 的连接电路和伏安特性曲线如图 10-16 所示。若光敏二极管上的照度发生变化，$L/\text{lx}=100+100\sin \omega t$，为使光敏二极管上有 10 V 的电压变化，求所需的

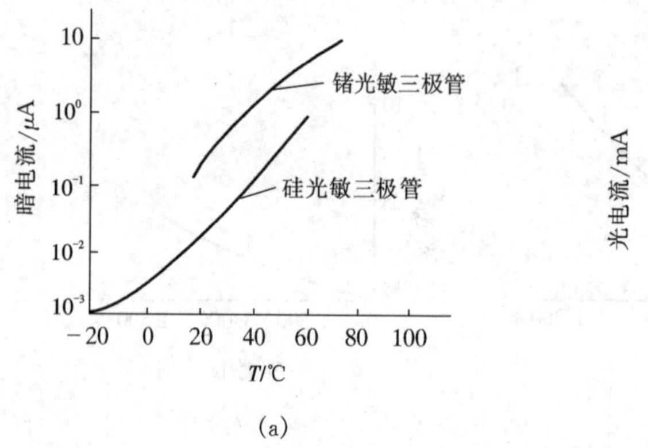

(a)

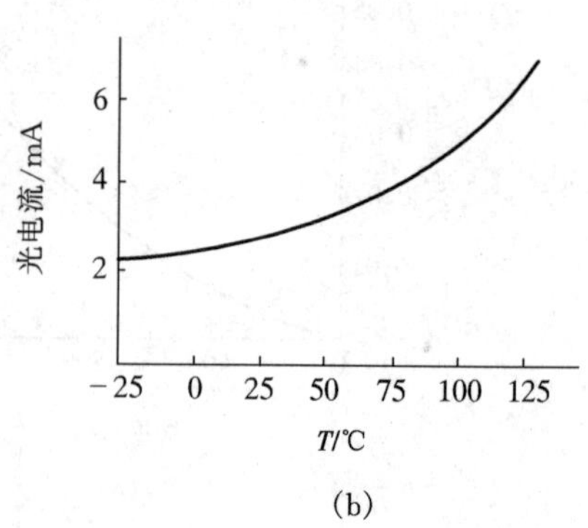

(b)

图 10-15 光敏三极管的温度特性曲线

(a)暗电流—温度特性曲线 (b)光电流—温度特性曲线

负载电阻 R_L 和电源电压 E,并绘出电流和电压的变化曲线。

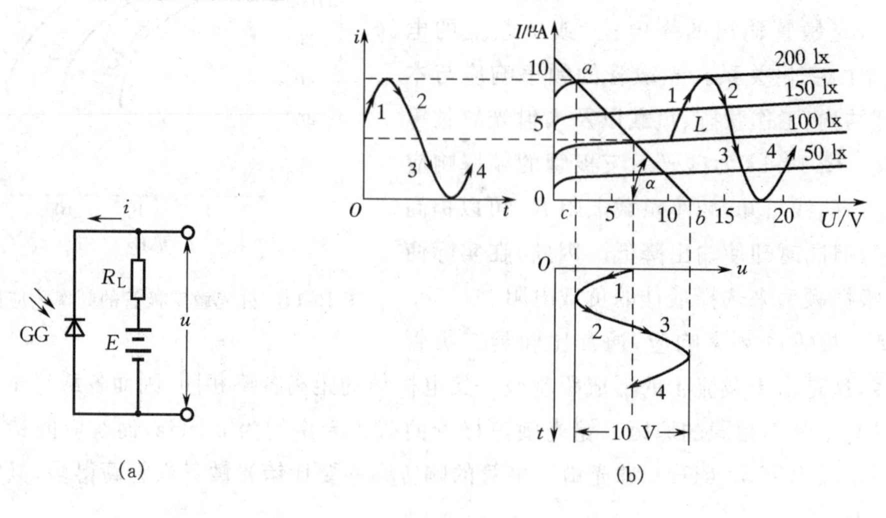

(a) (b)

图 10-16 光敏二极管的连接电路和图解分析

(a)连接电路 (b)图解分析

解:与晶体管的图解法类似,找出照度为 200 lx 的伏安特性曲线上的弯曲处 a 点,它在电压 U 轴(X 轴)上的投影 c 点设为 2 V。因为照度变至零时要改变电压 10 V,所以电源电压

$$E=2+10=12\ \text{V}$$

在电压 U 轴上找到 12 V 的 b 点,连接 a、b 两点的直线即为所求负载线。从图上可得 a 点的电流为 10 μA,所需负载电阻

$$R_L=\frac{1}{\tan\alpha}=\frac{\overline{bc}}{\overline{ac}}=\frac{12-2}{10\times10^{-6}}=10^6\ \Omega$$

与晶体管放大器图解法类似,当照度变化时,其电流和电压的波形如图 10-16(b)所示。如果光敏二极管的线性度较好,则电流和电压的交变分量亦作正弦变化。

从上述图解法可知,加大负载电阻 R_L 和电源电压 E 可使输出的电压变化加大。但 R_L

增大使时间常数增大，响应速度降低，所以当照度的变化频率较高时，R_L 的选取要同时照顾输出电压和响应速度两个方面。

例2　用于继电器工作状态的光敏三极管GG，如图10-17(a)所示，欲使晶体管BG工作于导通和截止两个状态，对它的基极电流亦即光敏三极管的输出电流有一定的要求。若忽略晶体管BG基极与发射极的极间压降，则得光敏三极管的电路如图10-17(b)所示。求负载方程以及 R_L、R_a。

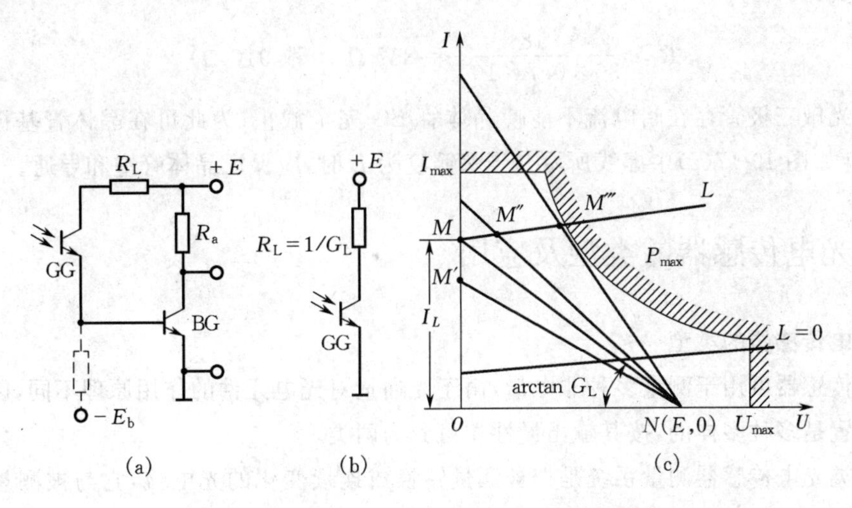

图10-17　光敏三极管的连接电路和图解分析

(a)、(b)连接电路　(c)图解分析

解：设光敏三极管照亮时的照度为 L，它的两条简化伏安特性曲线($L=0$ 和 $L=L$)示于图10-17(c)(为了简单起见，特性曲线的上升部分与电流轴重合)。图中还绘出了所允许的最大耗散功率 P_{max} 曲线、最大电流 I_{max}、最大电压 U_{max}。为了简化，设备公用电源 E 一般为已知。

负载线的方程为

$$U=E-IR_L=E-\frac{1}{G_L}I \tag{10-10}$$

图中绘出了不同 G_L 的四条负载线 NM'、NM、NM''、NM'''，与它们对应的电导 $G'_L<G_L<G''_L<G'''_L$。从图上可以看出，光照为 L 时，为使光敏三极管的光电流增大，负载线应在 NM 直线的右边，由于不允许超过它的最大耗散功率，又必须在 NM''' 的左边。对应于负载线 NM 的电阻和电导可按如下方法求出：将 M 点的 $U=0$，$I=I_L$(照度 L 时的 M 点光电流)，代入式(10-10)可得

$$R_L=\frac{E}{I_L}\text{或}G_L=\frac{I_L}{E} \tag{10-11}$$

负载电导必须略大于 $G_L=\frac{I_L}{E}$。

知道光照时的电流 I_L 即 I_b 后，使晶体管BG饱和的电阻 R_a 即可求出，即

$$R_a\geqslant\frac{E}{\beta I_L} \tag{10-12}$$

式中　β——晶体管BG的电流放大系数。

设图10-17(a)中的$E=18$ V，光敏三极管采用3DU13，它在照度1 000 lx时的电流$I_L=0.7$ mA；晶体管BG采用3DG6B，$\beta=30$。

根据式(10-11)

$$R_L=\frac{18}{0.7\times10^{-3}}=25.7\ \text{k}\Omega\quad（取24\ \text{k}\Omega）$$

根据式(10-12)

$$R_a\geqslant\frac{18}{30\times0.7\times10^{-3}}=857\ \Omega\quad（取910\ \Omega）$$

由于光敏三极管存在暗电流不能使晶体管BG完全截止，为此可在晶体管基极加反向偏压$-E_b$[如图10-17(a)中虚线所示]，当然照度为L时，应保证晶体管饱和导通。

10.5　光电传感器的类型及应用

1.光电传感器的类型

光电传感器可用于测量多种非电量，由于光通量对光电元件的作用原理不同，因而制成的光学装置是多种多样的，按其输出量性质可分为两类。

第一类光电传感器测量系统是把被测量转换成连续变化的光电流，它与被测量间呈单值对应关系。一般有下列几种情形。

①光辐射源本身是被测物[见图10-18(a)]，被测物发出的光通量射向光电元件。这种形式的光电传感器可用于光电比色高温计，它的光通量和光谱的强度分布是被测温度的函数。

②恒光源是白炽灯(或其他任何光源)[见图10-18(b)]，光通量穿过被测物，部分被吸收后到达光电元件。吸收量取决于被测物介质中被测的参数。例如，测量液体和气体的透明度、混浊度的光电比色计。

③恒光源发出的光通量到被测物[见图10-18(c)]，再从被测物表面反射后投射到光电元件上。被测物表面反射条件取决于表面性质或状态，因此光电元件的输出信号是被测非电量的函数。例如，测量表面光洁度、粗糙度等仪器中的传感器等。

④从恒光源发射到光电元件的光通量遇到被测物，被遮蔽了一部分[见图10-18(d)]，由此改变了照射到光电元件上的光通量。在某些测量尺寸或振动等仪器中，常采用这种传感器。

第二类光电传感器测量系统是把被测量转换成断续变化的光电流，系统输出为开关量的电信号。属于这一类的传感器大多用在光电继电器式的检测装置中，如电子计算机的光电输入机及转速表的光电传感器等。

2.光电耦合器

半导体光电耦合(或称光电隔离)器件是由半导体光敏器件和发光二极管或其他发光器件组成的一种新的器件，主要用来实现电信号的传递。在线路应用中，则是用光来实现级间耦合。工作时，把电信号加到输入端，使发光器件发光，光电耦合器中的光敏器件在这种光

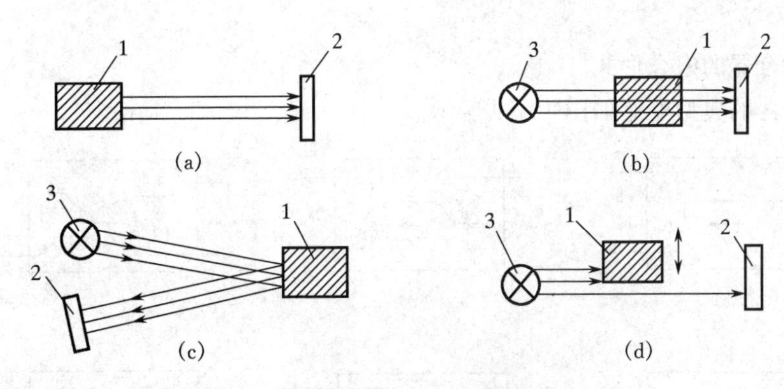

图 10-18 光电元件的应用形式

(a)被测物是光源 (b)被测物能吸收光通量

(c)被测物是有反射能力的表面 (d)被测物遮蔽光通量

1—被测物;2—光电元件;3—恒光源

辐射的作用下输出光电流,从而实现电→光→电的转换,通过光进行输入端和输出端之间的耦合。

1)光电耦合器的结构

光电耦合器的结构有金属密封型和塑料密封型两种。

金属密封型见图 10-19(a),采用金属外壳和玻璃绝缘的结构。在其中部对接,采用环焊以保证发光二极管和光敏二极管对准,以此来提高其灵敏度。

塑料密封型见图 10-19(b),采用双立直插式塑料封装的结构。其管芯先装于管脚上,中间再用透明树脂固定,具有集光作用,故此种结构灵敏度较高。

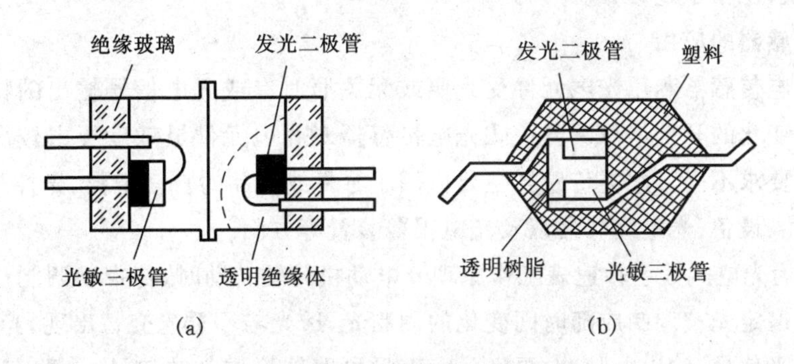

图 10-19 光电耦合器结构

(a)金属密封型 (b)塑料密封型

2)砷化镓发光二极管

光电耦合器中的发光元件采用了砷化镓发光二极管。它是一种半导体发光器件,与普通二极管一样,管芯由一个 PN 结组成,也具有单向导电的特性。当给 PN 结加以正向电压后,空间电荷区势垒下降,引起载流子的注入,P 区的空穴注入 N 区,注入的电子和空穴相遇而产生复合,释放出能量。对于发光二极管来说,复合时放出的能量大部分以光的形式出现。此光为单色光,对于砷化镓发光二极管来说波长为 0.94 μm 左右。随正向电压的升高,正向电流增加,发光二极管产生的光通量亦增加,其最大值受发光二极管最大允许电流的限制。

3)光电耦合器的组合形式

光电耦合器的典型电路如图 10-20 所示。

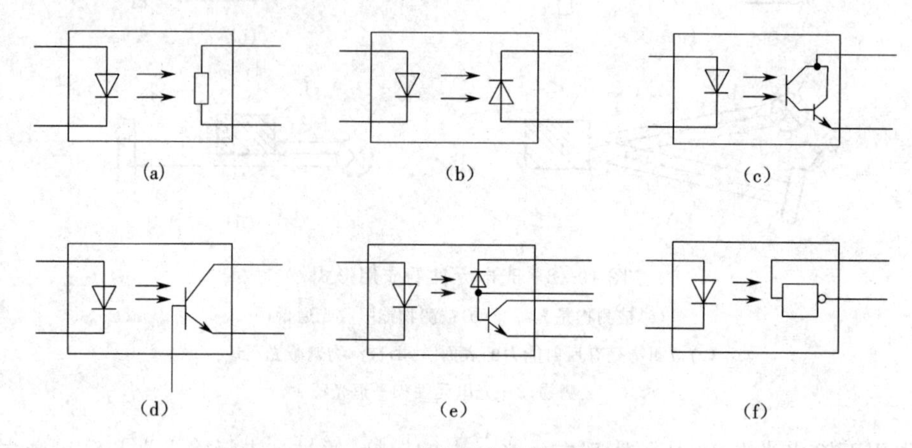

图 10-20　光电耦合器原理电路

(a)光敏电阻型光电耦合器　(b)光敏二极管型光电耦合器

(c)达林顿型光电耦合器　(d)光敏三极管型光电耦合器

(e)光敏二极管和半导体管(NPN 型)光电耦合器　(f)集成电路光电耦合器

与其他类型的发光器件相比,砷化镓发光二极管具有发光效率高、寿命长、可靠性高、频率响应快等特点。另外,它的发光波长和硅光敏管的峰值接收波长接近,提高了光电耦合器的传输效率。

光电耦合器的主要特点是:输入输出间绝缘,信号单向传递而无反馈影响,抗干扰能力强,响应速度快,工作稳定可靠。

3. 光电传感器的应用

开关式光电传感器利用光电元件受光照或无关照时有或无电信号输出的特性,将被测量转换成断续变化的开关信号。开关式光电传感器对光电元件灵敏度要求较高,而对光照特性的线性度要求不高。此类传感器主要应用于零件或产品的自动记数、光控开关、电子计算机的光电输入设备、光电编码器以及光电报警装置等方面。

图 10-21 为光电式数字转速表工作原理。电动机转轴转动时,将带动调制盘转动,发光二极管发出的恒定光被调制成随时间变化的调制光,透光与不透光交替出现,光敏管将间断地接收到透射光信号,输出电脉冲,再经放大整形电路转换成方波信号,由数字频率计测得电动机的转速,送频率计进行计数,若频率计的计数频率为 f,则电动机转速为

$$n=60f/z \tag{10-13}$$

式中　z——调制盘齿数。

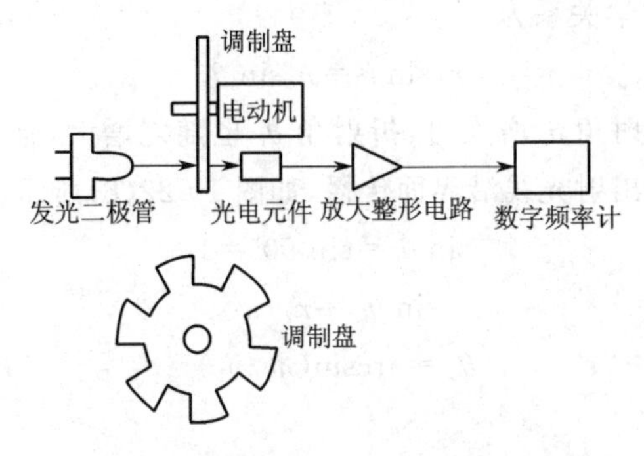

图 10-21　光电式数字转速表工作原理

10.6　光纤传感器

光纤传感器是20世纪70年代中期发展起来的一种新型传感器。它是光纤和光通信技术迅速发展的产物，与以电为基础的传感器相比有本质的区别：首先，它用光而不用电来作为敏感信息的载体；其次，它用光纤而不用导线来作为传递敏感信息的媒质。因此，它同时具有光纤及光学测量的一些极其宝贵的特点。

①电绝缘。由于光纤本身是电介质，而且敏感元件也可用电介质材料制作，因此光纤传感器具有良好的电绝缘性，特别适用于高压供电系统及大容量电机的测试。

②抗电磁干扰。这是光纤测量及光纤传感器极其独特的性能特征，因此光纤传感器特别适用于高压大电流、强磁场噪声、强辐射等恶劣环境，可解决许多传统传感器无法解决的问题。

③非侵入性。由于其传感头可做成电绝缘的，而且其直径可以做得极小(最小可做到只稍大于光纤的芯径)，因此它不仅对电磁场是非侵入式的，而且对速度场也是非侵入式的，故对被测场不产生干扰。这对于弱电磁场及小管道内流速、流量等的监测特别具有实用价值。

④高灵敏度。高灵敏度是光学测量的优点之一。利用光作为信息载体的光纤传感器的灵敏度很高，它是某些精密测量与控制必不可少的工具。

⑤容易实现对被测信号的远距离监控。由于光纤的传输损耗很小(目前石英玻璃系光纤的最小光损耗可低至0.16 dB/km)，因此光纤传感器技术与遥测技术相结合，很容易实现对被测场的远距离监控。这对于工业生产过程的自动控制以及对核辐射、易燃易爆气体和大气污染等进行监测尤为重要。

1.光纤导光的基本原理

光是一种电磁波，一般采用波动理论来分析导光的基本原理。一般地，在尺寸远大于波长而折射率变化缓慢的空间，可以用“光线”即几何光学的方法来分析光波的传播现象，这对于光纤中的多模光纤是完全适用的。为此，我们采用几何光学的方法来进行分析。

(1)斯涅耳定理(Snell's Law)

斯涅耳定理指出：当光由光密物质(折射率大)射出至光疏物质(折射率小)时，发生折射，如图10-22(a)所示，其折射角大于入射角，即 $n_1>n_2$ 时，$\theta_r>\theta_i$。

n_1、n_2、θ_r、θ_i 之间的数学关系为

$$n_1 \sin \theta_i = n_2 \sin \theta_r \tag{10-14}$$

由式(10-14)可以看出：入射角 θ_i 增大时，折射角 θ_r 也随之增大，且 θ_r 始终大于 θ_i。当 $\theta_r=90°$时，θ_i 仍小于 90°，此时出射光线沿界面传播，如图 10-22(b)所示，称为临界状态。这时有

$$\sin \theta_r = \sin 90° = 1$$

$$\sin \theta_{i_0} = n_2/n_1 \tag{10-15}$$

$$\theta_{i_0} = \arcsin(n_2/n_1) \tag{10-16}$$

式中　θ_{i_0}——临界角。

当 $\theta_i > \theta_{i_0}$ 时，$\theta_r > 90°$，这时便发生全反射现象，如图 10-22(c)所示，其出射光不再折射而全部反射回来。

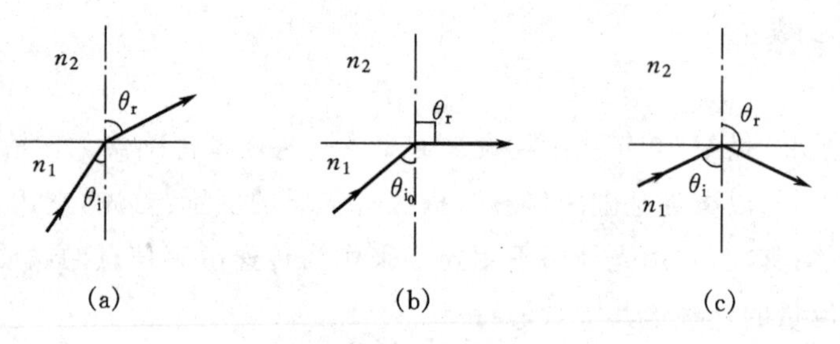

图 10-22　光在不同物质分界面的传播

(a)光的折射　(b)临界状态　(c)全反射

(2)光纤结构

要分析光纤导光原理，除了应用斯涅耳定理外，还需结合光纤结构来说明。光纤呈圆柱形，通常由玻璃纤维芯(纤芯)和玻璃包皮(包层)两个同心圆柱的双层结构组成，如图 10-23 所示。

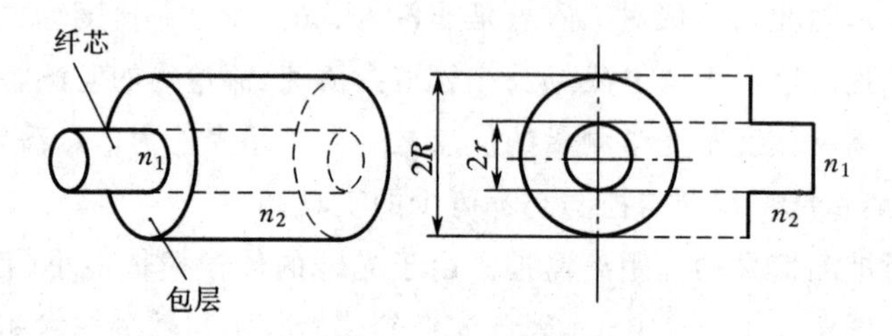

图 10-23　光纤结构及其折射率分布剖面图

纤芯位于光纤的中心部位，光主要在这里传输。纤芯折射率 n_1 比包层折射率 n_2 稍大些，两层之间形成良好的光学界面。光线在这个界面上反射传播。

(3)光纤导光原理及数值孔径 NA

由图 10-24 可以看出：入射光线 AB 与光纤轴线 OO 相交角为 θ_i，入射后折射(折射角为 θ_j)至纤芯与包层界面 C 点，与 C 点界面法线 DE 成 θ_k 角，并由界面折射至包层，CK 与 DE 夹角为 θ_r。由图 10-24 可得出

$$n_0 \sin \theta_i = n_1 \sin \theta_j \tag{10-17}$$

$$n_1 \sin \theta_k = n_2 \sin \theta_r \tag{10-18}$$

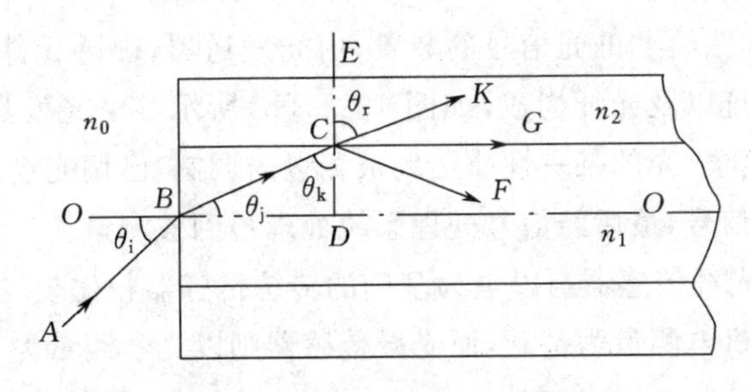

图 10-24 光纤导光示意

由式(10-17)可以推出

$$\sin\theta_i = \frac{n_1}{n_0}\sin\theta_j$$

因
$$\theta_j = 90° - \theta_k$$

所以

$$\sin\theta_i = \frac{n_1}{n_0}\sin(90° - \theta_k) = \frac{n_1}{n_0}\cos\theta_k = \frac{n_1}{n_0}\sqrt{1-\sin^2\theta_k} \tag{10-19}$$

由式(10-18)可推出 $\sin\theta_k = (n_2/n_1)\sin\theta_r$ 并代入式(10-19)得

$$\begin{aligned}\sin\theta_i &= \frac{n_1}{n_0}\sqrt{1-\left(\frac{n_2}{n_1}\sin\theta_r\right)^2} \\ &= \frac{1}{n_0}\sqrt{n_1^2 - n_2^2\sin^2\theta_r}\end{aligned} \tag{10-20}$$

式(10-20)中 n_0 为入射光线 AB 所在空间的折射率，一般为空气，故 $n_0 \approx 1$；n_1 为纤芯折射率，n_2 为包层折射率。当 $n_0 = 1$ 时，由式(10-20)得

$$\sin\theta_i = \sqrt{n_1^2 - n_2^2\sin^2\theta_r} \tag{10-21}$$

当处于 $\theta_r = 90°$ 的临界状态时，$\theta_i = \theta_{i_0}$，即

$$\sin\theta_{i_0} = \sqrt{n_1^2 - n_2^2} \tag{10-22}$$

光纤光学中把式(10-22)中 $\sin\theta_{i_0}$ 定义为“数值孔径”NA(Numerical Aperture)。由于 n_1 与 n_2 相差较小，即 $n_1 + n_2 \approx 2n_1$，故式(10-22)又可因式分解为

$$\sin\theta_{i_0} \approx n_1\sqrt{2\Delta} \tag{10-23}$$

式中 Δ——相对折射率差，$\Delta = (n_1 - n_2)/n_1$。

由式(10-21)及图 10-24 可以看出：

①当 $\theta_r = 90°$ 时，$\sin\theta_{i_0} = NA$ 或 $\theta_{i_0} = \arcsin NA$；

②当 $\theta_r > 90°$ 时，光线发生全反射，由图 10-24 夹角关系可以看出 $\theta_i < \theta_{i_0} = \arcsin NA$；

③当 $\theta_r < 90°$ 时，式(10-21)成立，可以看出 $\sin\theta_i > NA$，$\theta_i > \arcsin NA$，光线消失。

这说明 $\arcsin NA$ 是一个临界角，凡入射角 $\theta_i > \arcsin NA$ 的那些光线进入光纤后都不能传播而在包层消失；相反，只有入射角 $\theta_i < \arcsin NA$ 的那些光线才可以进入光纤被全反射而传播。

2. 光纤传感器的结构原理及分类

(1)光纤传感器的结构原理

以电为基础的传统传感器是一种把被测量的状态转变为可测的电信号的装置，由电源、敏感元件、信号接收和处理系统以及金属导线组成，如图 10-25(a)所示。光纤传感器则是一种把被测量的状态转变为可测的光信号的装置，由光发送器、敏感元件（光纤或非光纤的）、光接收器、信号处理系统以及光纤构成，如图 10-25(b)所示。由光发送器发出的光经光纤引导至敏感元件。在这里，光的某一性质受到被测量的调制，已调光经接收光纤耦合到光接收器，使光信号变为电信号，最后经信号处理系统处理得到被测量。

由图 10-25 可见，光纤传感器与以电为基础的传统传感器相比较，在测量原理上有本质的差别：传统传感器以机电测量为基础，而光纤传感器则以光学测量为基础。

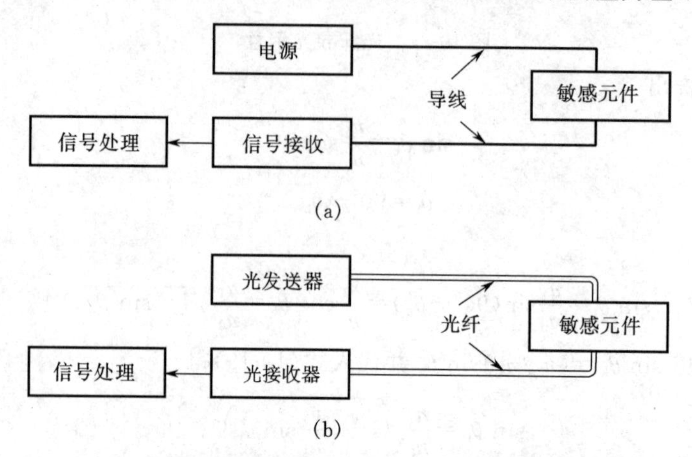

图 10-25 传统传感器与光纤传感器示意

(a)传统传感器 (b)光纤传感器

从本质上分析，光就是一种电磁波，其波长范围从极远红外线的 1 mm 到极远紫外线的 10 nm。电磁波的物理作用和生物化学作用主要由其中的电场而引起。因此，在讨论光的敏感测量时必须考虑光的电矢量 $\boldsymbol{E}$ 的振动。通常用下式表示：

$$\boldsymbol{E}=\boldsymbol{A}\sin(\omega t+\varphi) \tag{10-24}$$

式中 $\boldsymbol{A}$——电场 $\boldsymbol{E}$ 的振幅矢量；

ω——光波的振动频率；

φ——光相位；

t——光的传播时间。

由式(10-24)可见，如果光的强度、偏振态（矢量 $\boldsymbol{A}$ 的方向）、频率和相位等参量之一随被测量状态的变化而变化，或者说受被测量调制，则可通过对光的强度调制、偏振调制、频率调制或相位调制等进行解调，获得我们所需要的被测量的信息。

(2)光纤传感器的分类

光纤传感器的应用领域极广，从最简单的产品统计到对被测对象的物理、化学或生物等参量进行连续监测、控制等，均可采用光纤传感器。可根据光纤在传感器中的作用、光受被测量调制的形式对光纤传感器进行分类。

1)根据光纤在传感器中的作用分类

根据光纤在传感器中的作用，光纤传感器可分为功能型、非功能型和拾光型三大类，如图 10-26 所示。

①功能型（全光纤型）光纤传感器。光纤在其中不仅是导光媒质，而且是敏感元件，光在

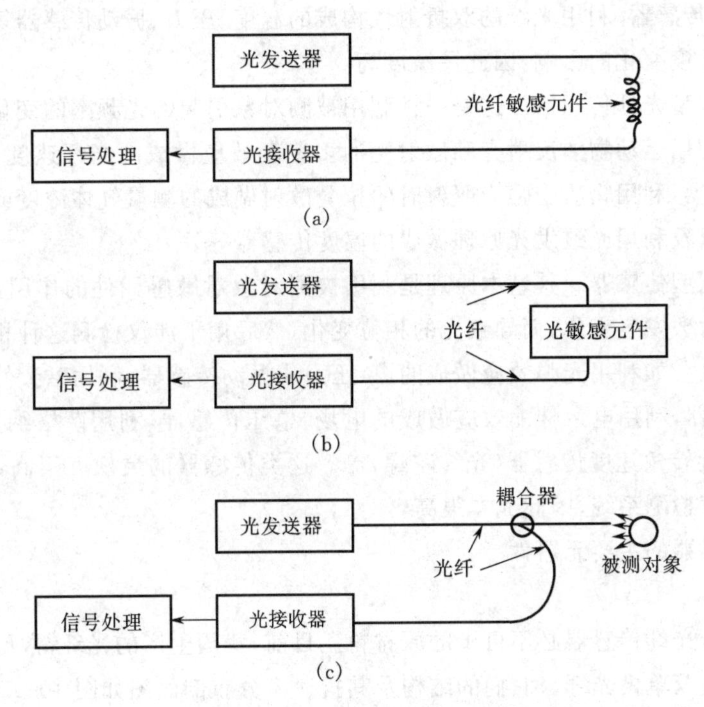

图 10-26 根据光纤在传感器中的作用进行分类

(a)功能型光纤传感器 (b)非功能型光纤传感器 (c)拾光型光纤传感器

光纤内受被测量调制。此类传感器的优点是结构紧凑、灵敏度高。但是,它需用特殊光纤和先进的检测技术,因此成本高,其典型例子如光纤陀螺、光纤水听器等。

②非功能型(传光型)光纤传感器。光纤在其中仅起导光作用,光照在非光纤型敏感元件上受被测量调制。此类光纤传感器不需要特殊光纤及其他特殊技术,比较容易制作,成本低。但灵敏度较低,用于对灵敏度要求不太高的场合。目前,已实用化或尚在研制中的光纤传感器,大都是非功能型的。

③拾光型光纤传感器。用光纤作为探头,接收由被测对象辐射的光或被其反射、散射的光。其典型例子如光纤激光多普勒速度计、辐射式光纤温度传感器等。

2)根据光受被测量调制的形式分类

根据光受被测量调制的形成,光纤传感器可分为以下四种不同的调制形式。

①强度调制型光纤传感器。这是一种利用被测量的变化引起敏感元件的折射、吸收或反射等参数的变化,而导致光强度变化来实现敏感测量的传感器。常见的有利用光纤的微弯损耗,各物质的吸收特性,振动膜或液晶的反射光强度的变化,物质因各种粒子射线或化学、机械的激励而发光的现象,物质的荧光辐射或光路的遮断等构成压力、振动、温度、位移、气体等各种强度调制型光纤传感器。这类光纤传感器的优点是结构简单、容易实现、成本低。其缺点是受光源强度的波动和连接器损耗变化等的影响较大。

②偏振调制型光纤传感器。这是一种利用光的偏振态的变化传递被测对象信息的传感器。常见的有利用光在磁场中媒质内传播的法拉第效应做成的电流、磁场传感器,利用光在电场中的压电晶体内传播的玻尔效应做成的电场、电压传感器,利用物质的光弹效应构成的

压力、振动或声传感器，利用光纤的双折射性构成的温度、压力、振动传感器等。这类传感器可以避免光源强度变化的影响，因此灵敏度高。

③频率调制型光纤传感器。这是一种利用被测对象引起的光频率的变化进行监测的传感器。通常有利用运动物体反射光和散射光的多普勒效应做成的光纤速度、流速、振动、压力、加速度传感器，利用物质受强光照射时的拉曼散射做成的测量气体浓度或监测大气污染的气体传感器以及利用光致发光原理做成的温度传感器等。

④相位调制型传感器。其基本原理是利用被测对象对敏感元件的作用，使敏感元件的折射率或传播常数发生变化，而导致光的相位变化，然后用干涉仪检测这种相位变化而得到被测对象的信息。如利用光弹效应做成的声、压力或振动传感器，利用磁致伸缩效应做成的电流、磁场传感器，利用电致伸缩效应做成的电场、电压传感器，利用萨格纳克效应(Sagnac Effect)做成的旋转角速度传感器(光纤陀螺)等。这类传感器的灵敏度很高，但由于需用特殊光纤及高精度检测系统，因此成本很高。

3.光纤传感器的主要元器件

(1)光纤

光纤是制造光纤传感器必不可少的原材料。目前，我国生产的光纤，常见的有阶跃型和梯度型多模光纤及单模光纤。它们的结构及其折射率分布剖面图如图 10-27 所示。选用光纤时需考虑以下参量。

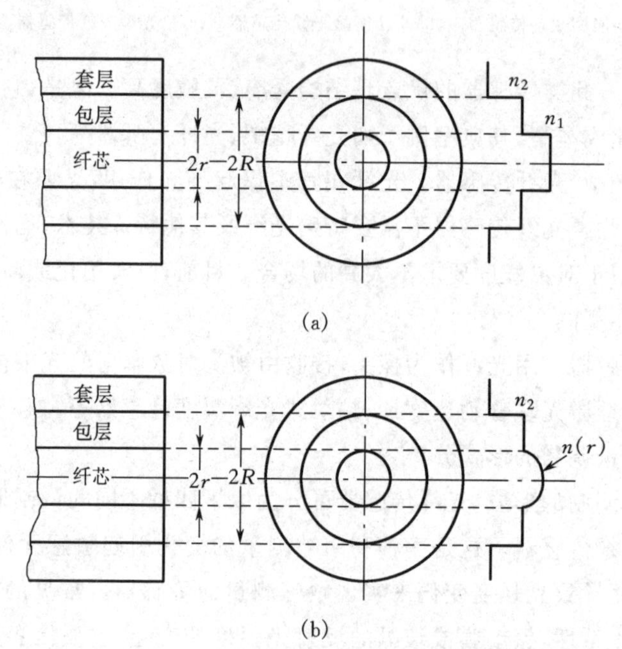

图 10-27　常用光纤的结构及其折射率分布的剖面图

(a)阶跃型多模(单模)光纤　(b)梯度型多模光纤

1)光纤的数值孔径 NA

NA 是衡量光纤聚光能力的参量。从提高光源与光纤之间耦合效率的角度来看，要求用大 NA 光纤。但 NA 越大，光纤的模色散越严重，传输信息的容量就越小。然而对大多数光纤传感器应用来说，不存在信息容量的问题。因此，传感器所用光纤以具有最大孔径为

宜。一般要求是

$$0.2 \leqslant NA < 0.4$$

2)光纤传输损耗

对光纤通信来说,传输损耗是光纤的最重要的光学特征,它在很大程度上决定了远距离光纤通信中继站的跨距。但是,在光纤传感系统中,除了远距离监测用传感器系统外,其他绝大部分传感器所用的光纤,特别是作为敏感元件用的光纤,长者不足 4 m,短者只有数毫米。为此,对于作为敏感元件用的特殊光纤,可放宽对其传输损耗的要求。一般传输损耗小于 10 dB/km 的光纤均可采用,这样的光纤价格较低。

3)色散

色散是影响光纤信息容量的重要参量。但正如前面指出的,对大多数传感器来说,不存在信息容量的问题,因而可以放宽对光纤色散的要求。

4)光纤的强度

对通信或传感器来说,都毫无例外地要求光纤有较高的强度。

(2)光源

为了保证光纤传感器的性能,对光源的结构与特性有一定要求。一般要求光源的体积尽量小,以利于它与光纤耦合;光源发出的光波长应适当,以便减少光在光纤中传输的损失;光源要有足够的亮度,以便提高传感器的输出信号。另外,还要求光源稳定性好、噪声小、安装方便和寿命长等。

光纤传感器使用的光源种类较多,按照光的相干性可分为相干光源和非相干光源。非相干光源有白炽光、发光二极管;相干光源包括各种激光器,如氦氖激光器、半导体激光二极管等。

光源与光纤耦合时,总是希望在光纤的另一端得到尽可能大的光功率,这与光源的光强、波长及光源发光面积等有关,也与光纤的粗细、数值孔径有关。它们之间耦合得好坏,取决于它们之间的匹配程度,在光纤传感器设计与实际使用中,要对诸因素综合考虑。

(3)光探测器

在光纤传感器中,光探测器性能好坏既影响到被测物理量的变换准确度,又关系到光探测接收系统的质量。它的线性度、灵敏度、带宽等参数直接关系到传感器的总体性能。

常用的光探测器有光敏二极管、光敏三极管、光电倍增管等。

(4)光纤器件的连接

1)光纤接头

接头在光纤传感器中是一种必须使用的器件。如光源与光纤、探测器与光纤以及光纤与光纤之间的连接必然有接头。接头有活接头与死接头两种。选用接头最重要的原则是插入损耗越小越好。

活接头主要用于光源与光纤耦合。图 10-28 是固体激光器与光纤连接的活接头。这种接头的光耦合效率为 10%～20%。另一种是利用聚焦透镜耦合的光耦合器,是一组五维调节支架,透镜与光纤固定在支架两端,它的耦合效率可达 70%。

死接头多用于光纤对接或者带“尾”的发光二极管光源与光纤连接。这种连接有专用的工具——光纤融接器。

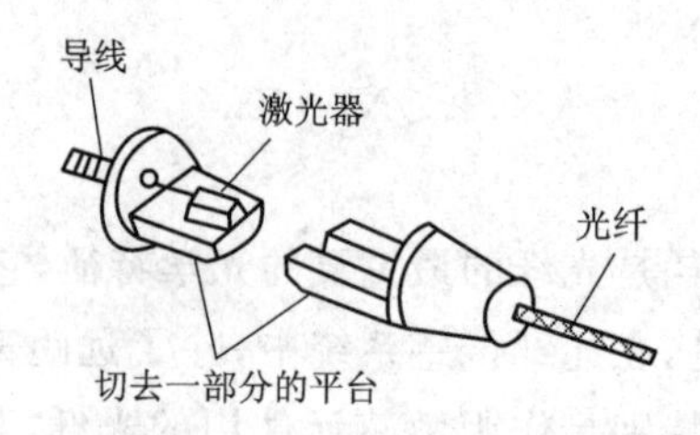

图 10-28　激光器与光纤平台接头

2)光纤耦合器

光纤耦合器将光源射出的光束分别耦合进两条以上的光纤，或者将两束光纤的出射光同时耦合给探测器。光纤耦合器有两种：分立式耦合器和固定式耦合器。

分立式耦合器，主要由一块传输损耗 $A=3$ dB 的半透半反射棱形分束器以及聚焦透镜和调节支架等组成。

固定式耦合器是由两块基板嵌入光纤加工后用匹配胶粘合而成的，图 10-29 是其工艺过程示意图。这种耦合器可将一束光按要求分成二束，具有插入损耗。

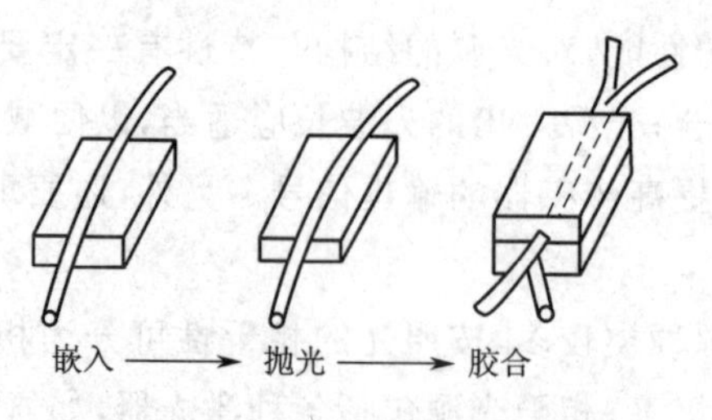

图 10-29　光纤耦合器工艺过程

4. **光纤传感器的应用**

(1)温度的检测

光纤温度传感技术是近十几年发展起来的新技术。由于光纤具有抗电磁干扰、使用安全、耐腐蚀等优点，因此可以解决一些用常规的电传感器难以解决的问题，故光纤温度传感器的研究和发展非常迅速。

光纤温度传感器的种类较多，有功能型的，也有传光型的。

1)遮光式光纤温度计

图 10-30 为一种简单的利用水银柱升降控制温度的光纤温度开关。当温度升高时，水

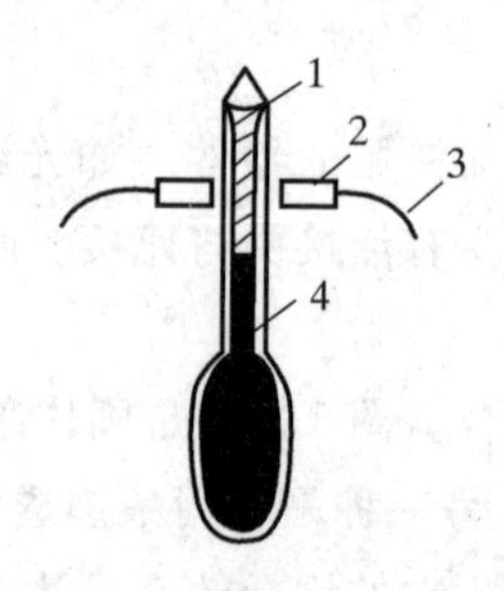

图 10-30　水银柱式光纤温度开关

1—浸液；2—自聚焦透镜；3—光纤；4—水银

银柱上升，到某一设定温度时，水银柱将两根光纤间的光路遮断，从而使输出光强产生一个跳变。这种光纤温度计可用于对设定温度的控制，温度设定值灵活可变。

图 10-31 为利用双金属热变形特性做成的遮光式光纤温度计。当温度升高时，双金属的变形量增大，带动遮光板在垂直方向产生位移，从而使输出光强发生变化。这种光纤温度计可测量 10～50 ℃的温度，检测精度约为 0.5 ℃。其缺点是输出光强受壳体振动的影响，且响应时间较长，一般需几分钟。

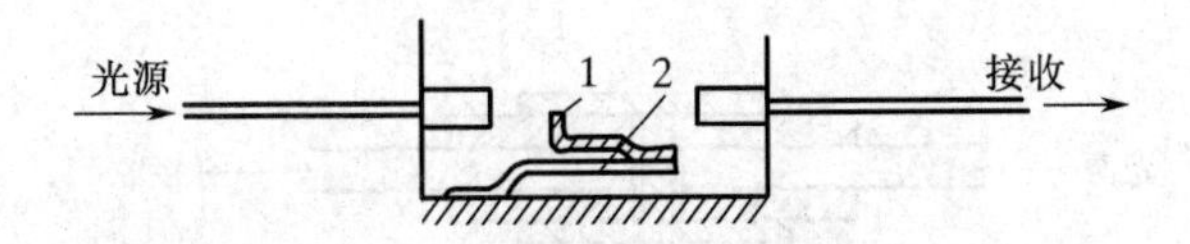

图 10-31 热双金属式光纤温度开关

1—遮光板；2—双金属片

2)透射型半导体光纤温度传感器

当一束白光经过半导体晶体片时，低于某个特定波长 λ_g 的光将被半导体吸收，而高于该波长的光将透过半导体。图 10-32 为室温(20 ℃)时 120 μm 厚的 GaAs 材料的透射率曲线。从图中可以看出，GaAs 在室温时的本征吸收波长约为 880 nm。

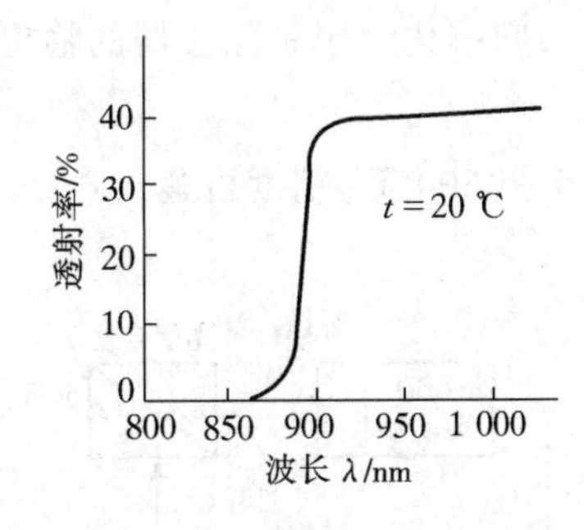

图 10-32 GaAs 的光谱透射率曲线

一般地，半导体材料的 E_g 随温度上升而减小，亦即其本征吸收波长 λ_g 随温度上升而增大。反映在半导体的透光特性上，表现为当温度升高时，其透射率曲线将向长波方向移动。若采用发射光谱与半导体的 $\lambda_g(t)$ 相匹配的发光二极管作为光源，如图 10-33 所示，则透射光强度将随着温度的升高而减小。

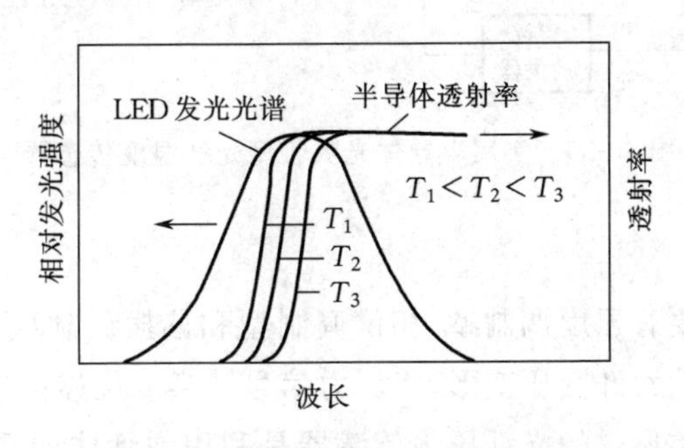

图 10-33 半导体透射测温原理

可用作测温敏感材料的半导体有许多，如 GaAs、GaP、CdTe 等，它们在室温时的 λ_g 值

及 λ_g 的温度灵敏度各不相同。GaAs 和 CdTe 在室温时的 λ_g 值约为 880 nm，其温度灵敏度 $d\lambda_g/dt$ 分别为 0.35 nm/℃和 0.31 nm/℃左右；而 CaP 在室温时的 λ_g 值约为 540 nm。选用不同发射光谱的光源及不同的半导体材料，即可获得不同的灵敏度及测量范围。显然，光源的发射光谱宽度越窄，温度灵敏度越高，但测温范围就越小。

利用半导体吸收的光纤温度传感器的基本结构如图 10-34 所示。这种探头的结构简单、制作容易，但因光纤从传感器的两端导出，使用安装很不方便。

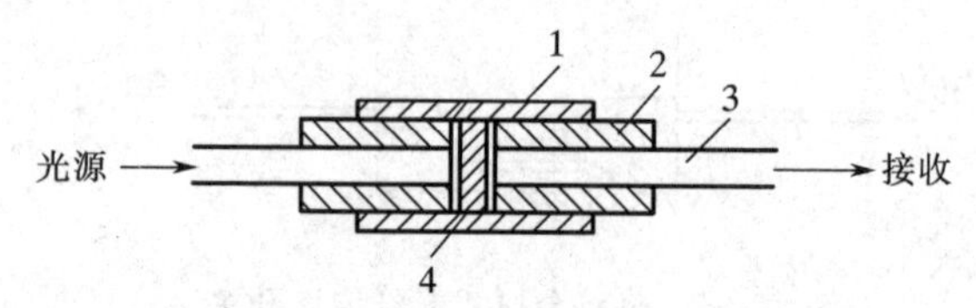

图 10-34　半导体光纤温度计的基本结构

1—固定外套；2—加强管；3—光纤；4—半导体薄片

一个实用的测量系统如图 10-35 所示。它采用了两个光源，一个是铝镓砷发光二极管，波长 $\lambda_1 \approx 0.88\ \mu m$；另一个是铟镓磷砷发光二极管，波长 $\lambda_2 \approx 1.27\ \mu m$。敏感头对 λ_1 光的吸收随温度而变化，对 λ_2 光不吸收，故取 λ_2 光作为参考信号。用雪崩光电二极管作为光探测器。经采样放大器后，得到两个正比于脉冲宽度的直流信号，再由除法器以参考光信号(λ_2)为标准将与温度相关的光信号(λ_1)归一化。于是除法器的输出只与温度有关。采用单片机进行信息处理即可显示温度。

这种传感器的测量范围是 −10～300 ℃，精度可达 ±1 ℃。

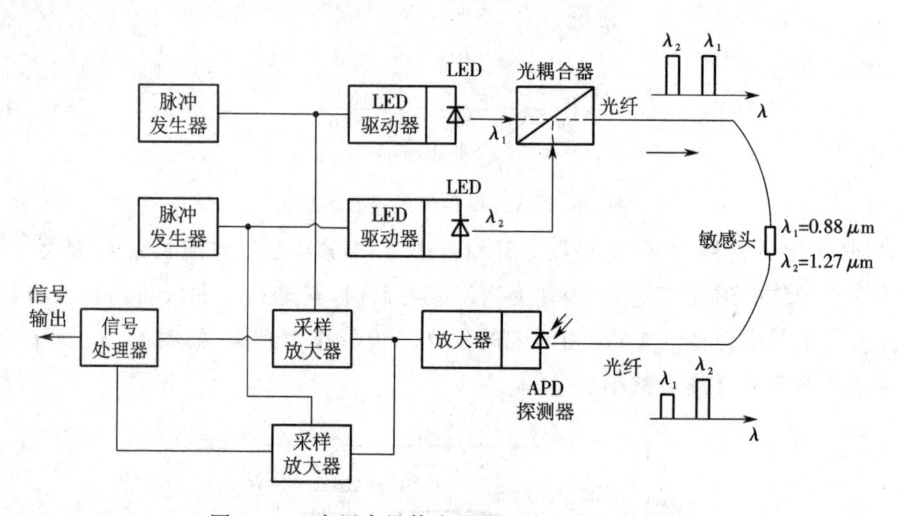

图 10-35　实用半导体光吸收型光纤温度传感器

(2)压力的检测

光纤压力传感器主要有强度调制型、相位调制型和偏振调制型三类。强度调制型光纤压力传感器大多基于弹性元件受压变形，将压力信号转换成位移信号进行检测，故常用于位移的光纤检测技术。这类形式的光纤压力传感器是利用弹性体的受压变形，将压力信号转换成位移信号，从而对光强进行调制的。因此，只要设计好合理的弹性元件及结构，就可以实现压力的检测。如图10-36所示膜片反射式光纤压力传感器，在Y形光纤束前端放置一感压膜片，当膜片受压变形时，使光纤束与膜片间的距离发生变化，从而使输出光强受到调制。

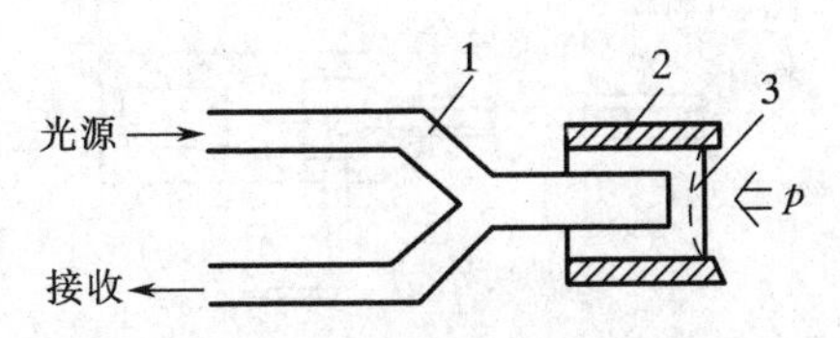

图10-36 膜片反射式光纤压力传感器示意

1—Y形光纤束；2—壳体；3—膜片

弹性膜片材料可以是恒弹性金属，如殷钢、铍青铜等。但由于金属材料的弹性模量有一定的温度系数，因此要考虑温度补偿。若选用石英膜片，则可以减小温度变化带来的影响。

膜片的安装采用周边固定方式，焊接到外壳上。对于不同的测量范围，可选择不同的膜片尺寸。一般膜片的厚度在0.05～0.2 *mm*范围内为宜。对于周边固定的膜片，在小挠度（$y<0.5t$，t为膜片厚度）的条件下，膜片的中心挠度y可按下式计算：

$$y=\frac{3(1-\mu^2)R^4}{16Et^3}p \tag{10-25}$$

式中 R——膜片有效半径（m）；

t——膜片厚度（m）；

E——膜片材料的弹性模量（N/m^2）；

μ——膜片的泊松比；

p——外加压力（N/m^2）。

可见，在一定范围内，膜片中心挠度与所加的压力呈线性关系。若利用Y形光纤束位移特性的线性区，则传感器的输出光功率亦与待测压力呈线性关系。

传感器的固有频率可表示为

$$f_r=\frac{2.56t}{\pi R^2}\sqrt{\frac{gE}{3\rho(1-\mu^2)}} \tag{10-26}$$

式中 ρ——膜片材料的密度（kg/m^3）；

g——重力加速度（m/s^2）。

（3）医用光纤传感器

在医用领域，用来测量人体和生物体内部医学参量的光纤传感器已越来越引起有关方面的关注和兴趣。医用光纤传感器体积小、电绝缘和抗电磁性能好，特别适于身体的内部检测。光纤传感器可以用来测量体温、体压、血流量、pH值等医学参量。如前述及，光纤多普勒血流传感器已用于薄壁血管、小直径血管、蛙的蛛网状组织、老鼠的视网膜皮层的血流测量。

由于光纤柔软、自由度大、传输图像失真小，将光纤引入医用内窥镜后，可方便地检查人体的许多部位。图10-37所示为腹腔镜的剖视图，它由末端的物镜、光纤图像导管、顶端的目镜和控制手柄组成。照明光通过图像导管外层光纤照射到被观察的物体上，反射光通过传像束输出。最外层是金属壳，用以保护光学元件。图像导管直径约为 3.4 mm，这样的直径使得医生可以有较大的选择范围确定穿刺位置，同时病人也可以选择比较舒适的体位。

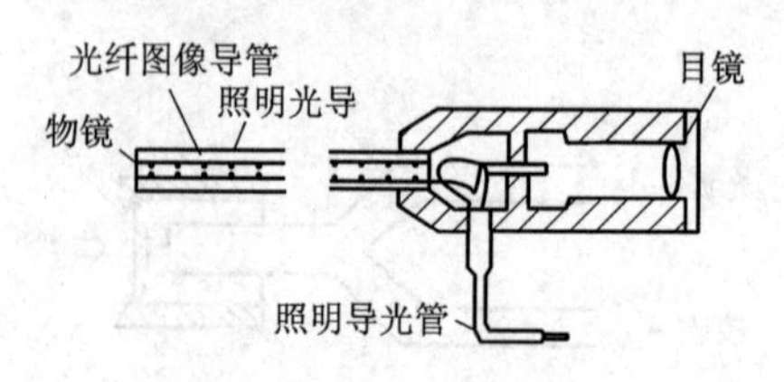

图 10-37　腹腔镜剖视图

第11章　智能传感技术

固态传感器自19世纪60年代问世以来，不断向广度和深度迅速发展，19世纪70年代出现了智能传感器(Intelligent Sensor 或 Smart Sensor)。随着科学技术的发展，人们要求传感器能获取更全面和更真实的信息，并能更方便地纳入系统控制，因此智能传感器已成为当今传感器技术发展的主要方向之一。

一般把具有一种或多种敏感功能，能够完成信号探测和处理、逻辑判断、双向通信、自检、自校、自补偿、自诊断和计算等全部或部分功能的器件称为智能传感器。智能传感器可以是集成的，也可以是分立件组装的。

智能传感器具有以下特点。

①具有逻辑判断、统计处理功能：可对检测数据进行分析、统计和修正，还可进行线性、非线性、温度、噪声、响应时间、交叉感应以及缓慢漂移等的误差补偿，提高了测量准确度。

②具有自诊断、自校准功能：可在接通电源时进行开机自检，可在工作中进行运行自检，并可实时自行诊断测试，以确定哪一组件有故障，提高了工作可靠性。

③具有自适应、自调整功能：可根据待测物理量的数值大小及变化情况自动选择检测量程和测量方式，提高了检测适用性。

④具有组态功能：可实现多传感器、多参数的复合测量，扩大了检测与使用范围。

⑤具有记忆、存储功能：可进行检测数据的随时存取，加快了信息的处理速度。

⑥具有数据通信功能：智能化传感器具有数据通信接口，能与计算机直接联机，相互交换信息，提高了信息处理的质量。

在结构上，智能传感器系统将传感器、信号调理电路、微控制器及数字信号接口组合为一整体，其结构如图11-1所示。传感元件将被测非电量信号转换成电信号，信号调理电路对传感器输出的电信号进行调理并转换为数字信号后送入微控制器，由微控制器处理后的测量结果经数字信号接口输出。在智能传感器系统中不仅有硬件作为实现测量的基础，还有强大的软件支持保证测量结果的正确性和高精度。以数字信号形式作为输出易于和计算机测控系统接口，并具有很好的传输特性和很强的抗干扰能力。

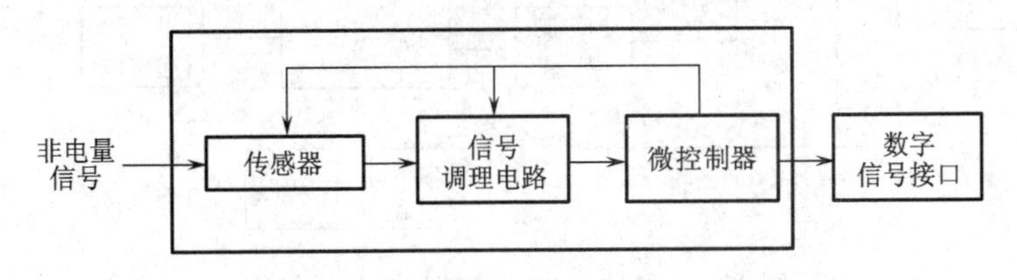

图11-1　智能传感器系统结构

11.1 智能传感器

智能传感器的体系结构分为非集成化结构与集成化结构两类。

(1)非集成化结构

具有非集成化结构的智能传感器是将传统的经典传感器(采用非集成化工艺制作的传感器,仅具有获取信号的功能)、信号调理电路及带数字总线接口的微处理器组合为一整体而构成的一种智能传感器,其结构框图如图 11-2 所示。

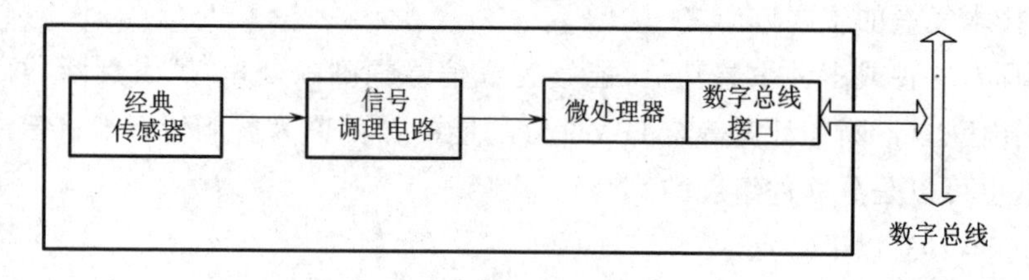

图 11-2 非集成化智能传感器结构框图

图 11-2 中信号调理电路用来调理传感器的输出信号,即将传感器输出信号进行放大并转换为数字信号后送入微处理器,再由微处理器通过数字总线接口挂接在现场数字总线上。

图 11-3 是智能式应力传感器的硬件结构图。该传感器共有 6 路应力传感器和 1 路温度传感器,每一路应力传感器由 4 个应变片构成的全桥电路和前置放大器组成,用于测量应力大小;温度传感器用于测量环境温度,从而对应力传感器进行误差修正。

采用 8031 单片机作为数据处理和控制单元。多路开关根据单片机发出的命令轮流选通各个传感器通道,0 通道作为温度传感器通道,1~6 通道分别为 6 个应力传感器通道。程控放大器则在单片机的命令下分别选择不同的放大倍数对各种信号进行放大。该智能式应力传感器具有较强的自适应能力,它可以判断工作环境因素的变化,并进行必要的修正,以保证测量的准确性。

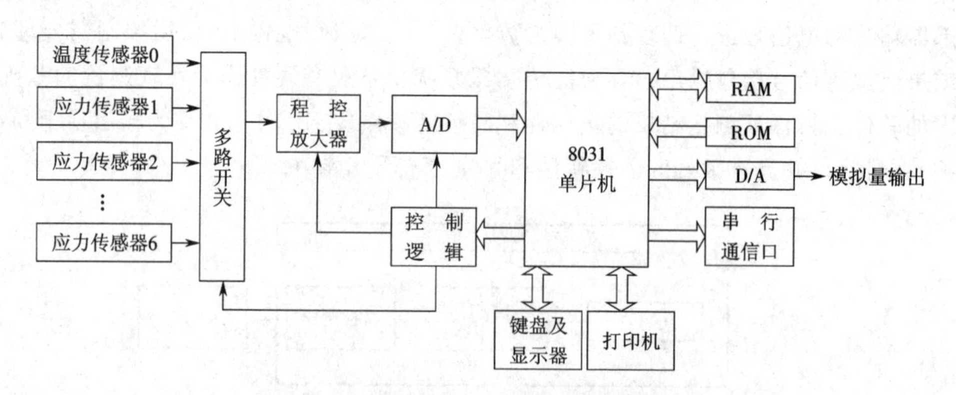

图 11-3 智能式应力传感器的硬件结构

智能式应力传感器具有测量、程控放大、转换、处理、模拟量输出、打印、键盘监控及通过串口与计算机通信的功能。其软件采用模块化和结构化的设计方法,软件结构如图 11-4 所示。主程序模块完成自检、初始化、通道选择以及各个功能模块调用的功能。其中，信号处理和信号采集模块主要完成数据滤波、非线性补偿、信号处理、误差修正以及检索查表等功能；故障诊断模块的任务是对各个应力传感器的信号进行分析，判断设备的工作状态及是否存在损伤或故障；键盘输入及显示模块用于查询是否有键按下，若有键按下则反馈给主程序模块，主程序模块根据键意执行或调用相应的功能模块，还要显示各路传感器的数据和工作状态；输出打印模块主要控制模拟量输出以及控制打印机完成打印任务；通信模块主要控制RS232串行通信口和上位微机通信。

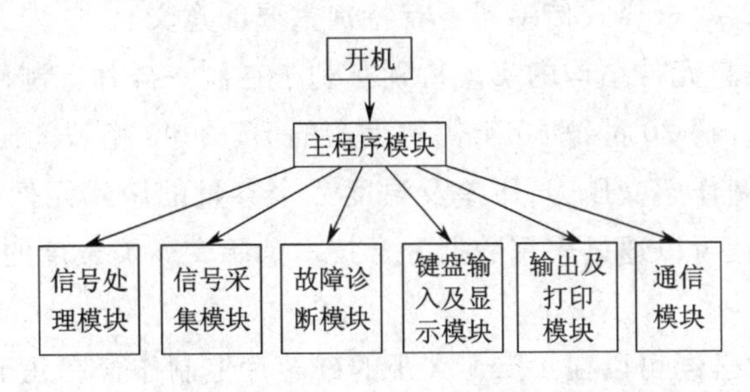

图 11-4　智能式应力传感器的软件结构

(2)集成化结构

具有集成化结构的智能传感器系统是采用微机加工技术和大规模集成电路工艺技术，利用硅作为基本材料制作敏感元件、信号调理电路、微处理器单元，并把它们集成在一块芯片上而构成的，故又可称为集成智能传感器(Integrated Smart/Intelligent Sensor)，其外形如图 11-5 所示。

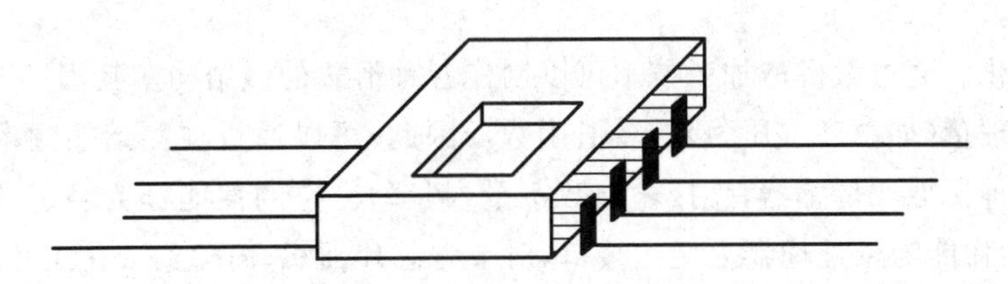

图 11-5　集成智能传感器外形示意

随着微电子技术的飞速发展，微米、纳米技术的问世和大规模集成电路工艺技术的日臻完善，集成电路器件的密集度越来越高，已成功地使各种数字电路芯片、模拟电路芯片、微处理器芯片、存储器电路芯片的性价比大幅提升。反过来，它又促进了微机械加工技术的发展，形成了与传统的经典传感器制作工艺完全不同的现代传感器技术。

现代传感器技术是指以硅材料为基础，采用微米级的微机械加工技术和大规模集成电路工艺实现各种仪表传感器系统的微米级尺寸化。国外也称它为专用集成微型传感技术(ASIM)。由此制作的智能传感器具有以下特点。

①微型化。微型压力传感器已经可以小到放在注射针头内送进血管，测量血液流动情况，或安装在飞机发动机叶片表面，测量气体的流速和压力。美国最近研制成功的微型加速度计可以使火箭或飞船的制导系统质量从几千克下降至几克。

②结构一体化。压阻式压力(差)传感器最早实现一体化结构。传统的做法是先分别宏

机械加工金属圆膜片与圆柱状环,然后把两者粘贴形成周边固支结构的"金属杯",再在圆膜片上粘贴应变片而构成压力(差)传感器。因此,不可避免地存在蠕变、迟滞、非线性特性。采用微机械加工和集成化工艺,不仅"硅杯"一次整体成型,而且应变片与硅杯完全一体化,进而可在硅杯非受力区制作调理电路、微处理器单元,甚至微执行器,从而实现不同程度的乃至整个系统的一体化。

③精度高。比起分体结构,结构一体化后传感器迟滞、重复性指标将大大改善,时间漂移大大减小,精度提高。后续的信号调理电路与敏感元件一体化后可以大大减小由引线长度带来的寄生变量影响,这对电容式传感器更有特别重要的意义。

④多功能。微米级敏感元件结构的实现特别有利于在同一硅片上制作不同功能的多个传感器,如美国霍尼韦尔公司 20 世纪 80 年代初生产的 ST-3000 型智能压力(差)和温度变送器,就是在一块硅片上制作感受压力、压差及温度三个参量的敏感元件结构的传感器,不仅增加了传感器功能,而且可以通过采用数据融合技术消除交叉灵敏度的影响,提高传感器的稳定性和精度。

⑤阵列式。微米技术已经可以在 1 cm^2 大小的硅芯片上制作含有几千个压力传感器的阵列。例如,丰田中央研究所半导体研究室用微机械加工技术制作的集成化应变计式面阵触觉传感器,在 8 mm×8 mm 的硅片上制作了 1 024(32×32)个敏感触点(桥),基片四周还制作了信号处理电路,其元件总数约 16 000 个。

敏感元件构成阵列后,配合相应图像处理软件,可以实现图形成像,构成多维图像传感器。敏感元件组成阵列后,通过计算机或微处理器解耦运算、模式识别、神经网络技术的应用,有利于消除传感器的时变误差和交叉灵敏度的不利影响,提高传感器的可靠性、稳定性与分辨力。

⑥全数字化。通过微机械加工技术可以制作各种形式的微结构。其固有谐振频率可以设计成某种物理量(如温度或压力)的单值函数。因此,可以通过检测谐振频率检测被测物理量。这是一种谐振式传感器,直接输出数字量(频率)。它的性能极为稳定,精度高,不需要 A/D 转换器便能与微处理器方便地接口,对节省芯片面积、简化集成化工艺十分有利。

⑦操作简单,使用方便。智能传感器没有外部连接元件,外接连线数量也极少,因此接线极其简便。它还可以自动进行整体自校准,无须用户长时间地反复多环节调节与校验。"智能"含量越高的智能传感器,它的操作使用越简便,用户只须编制简单的应用程序即可。

以硅为基础的超大规模集成电路技术正在加速发展并日臻成熟,三维集成电路已成为现实。在不久的将来,具有上述智能的传感器系统将全部集成在同一芯片上,构成一个由微传感器、微处理器和微执行器集成一体化的闭环工作微系统。日本已开发出三维多功能的单片智能传感器。它已将平面集成发展为三维集成,实现了多层结构,如图 11-6 所示。它将传感器功能、逻辑功能和记忆功能等集成在一块半导体芯片上,反映了智能传感器的发展方向。

另外,未来的智能传感器将向生物体传感器系统方向发展,例如利用仿生学、遗传工程和分子电子学制作分子电子器件,并通过化学合成等方法,将分子生物传感器与分子计算机集成为微型智能生物传感器。它能将外界空间分布信息转换为机体可感知的信号,成为人工视觉、听觉和触觉等。若以具有光电转换功能的生物硅片替代盲人的视网膜,则可使之重见光明。

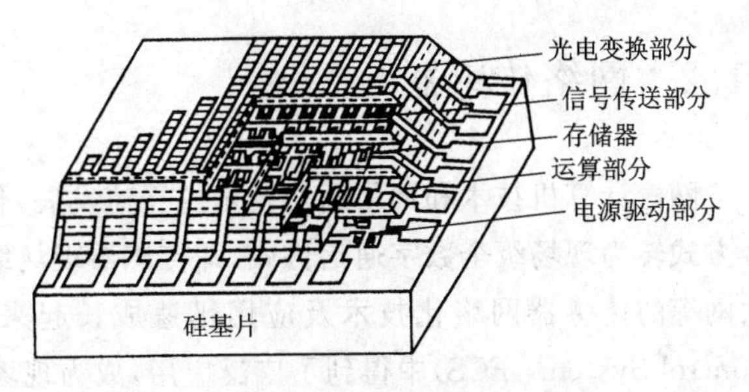

图 11-6　三维多功能单片智能传感器

⑧微机电系统。微系统是指集成了微电子和微机械的系统以及将微光学、化学、生物等其他微元件集成在一起的系统(集成微光机电生化系统)。它以微米尺度理论为基础,用批量化的微电子技术和三维加工技术制造,以完成信息获取、处理及执行的功能(信息系统),也称为微机电系统(Micro-Electro Mechanical Systems, MEMS),如图 11-7 所示。它包括传感器阵列、执行元件阵列、数据处理器与外部的接口。

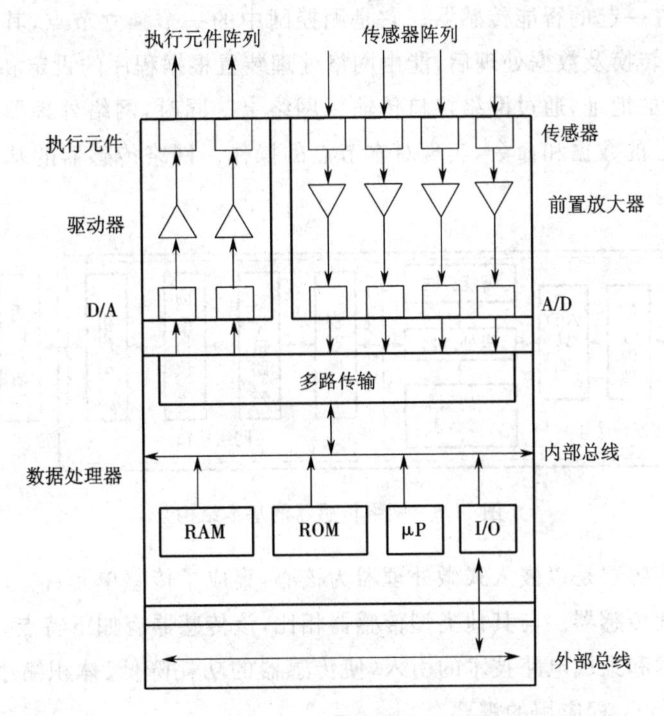

图 11-7　微系统示意

微系统的集成是一种结构的集成,即需集成电子电路、微传感器、微机械、微电动机、微阀、单片微系统等。不同的结构需要不同的工艺方法,由此决定了微系统的集成特点是半成品的再集成和三维集成。

一个完整的微系统由传感器模块、执行器模块、信号处理模块、定位机构、支撑结构、工具等机械结构和外部环境接口模块等部分构成。

11.2 网络传感器

随着计算机技术和网络通信技术的飞速发展，传感器的通信方式从传统的现场模拟信号方式转为现场级全数字通信方式，即传感器现场级的数字化网络方式。基于现场总线、以太网等的传感器网络化技术及应用迅速成长起来，因而在现场总线控制系统（Field Bus Control System，FCS）中得到了广泛应用，成为现场级数字化传感器。

(1)网络传感器及其特点

网络传感器是指在现场级就实现了 TCP/IP 协议（这里的 TCP/IP 协议是一个相对广泛的概念，还包括 UDP、HTTP、SMTP、POP3 等协议）的传感器，这种传感器使得现场测控数据能就近登录网络，在网络所能及的范围内实时发布和共享。

具体地说，网络传感器就是采用标准的网络协议，同时采用模块化结构将传感器和网络技术有机地结合在一起的智能传感器。它是测控网中的一个独立节点，其敏感元件输出的模拟信号经 A/D 转换及数据处理后，能由网络处理装置根据程序的设定和网络协议封装成数据帧，并加上目的地址，通过网络接口传输到网络上。同时，网络处理器也能接收网络上其他节点传给自己的数据和命令，实现对本节点的操作。网络传感器的基本结构如图 11-8 所示。

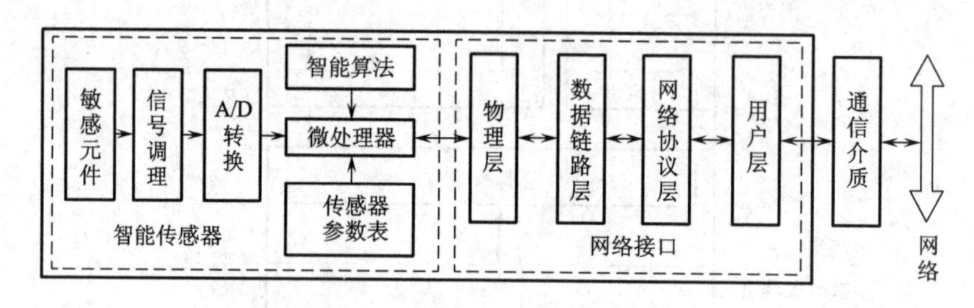

图 11-8　网络传感器的基本结构

网络化智能传感器是以嵌入式微处理器为核心，集成了传感单元、信号处理单元和网络接口单元的新一代传感器。与其他类型传感器相比，该传感器有如下特点。

①嵌入式技术和集成电路技术的引入，使传感器的功耗降低、体积缩小、抗干扰性和可靠性提高，更能满足工程应用的需要。

②处理器的引入使传感器成为硬件和软件的结合体，能根据输入信号值进行一定程度的判断和制定决策，实现自校正和自保护功能。非线性补偿、零点漂移和温度补偿等软件技术的应用，则使传感器具有很高的线性度和测量精度。同时，大量信息可由传感器进行处理，减少了现场设备与主控站之间的信息传输量，使系统的可靠性和实时性提高。

③网络接口技术的应用使传感器能方便地接入网络，为系统的扩充和维护提供了极大的方便。同时，传感器可就近接入网络，改变了传统传感器与特定测控设备间的点到点连接方式，从而显著减少了现场布线的复杂程度。

由此可以看出，网络化智能传感器使传感器由单一功能、单一检测向多功能和多点检测发展；从孤立元件向系统化、网络化发展；从就地测量向远距离实时在线测控发展。因此，网络化智能传感器代表了传感器技术的发展方向。

(2)网络传感器通用接口标准

构造一种通用智能化传感器的接口标准是解决传感器与各种网络相连的主要途径。从1994年开始,美国国家标准技术局(National Institute of Standard Technology,NIST)和IEEE联合组织了一系列专题讨论会商讨智能传感器通用通信接口问题和相关标准的制定,这就是IEEE1451的智能变送器接口标准(Standard for a Smart Transducer Interface for Sensors and Actuators)。其主要目标是定义一整套通用的通信接口,使变送器能够独立于网络与现有基于微处理器的系统,仪器仪表和现场总线网络相连,并最终实现变送器到网络的互换性与互操作性。现有的网络传感器配备了IEEE1451标准接口系统,也称为IEEE1451传感器。

符合IEEE1451标准的传感器和变送器能够真正实现现场设备的即插即用。该标准将智能变送器划分成两部分:一部分是智能变换器接口模块(Smart Transducer Interface Module, STIM);另一部分是网络适配器(Network Capable Application Processor, NCAP),亦称网络应用处理器。两者之间通过一个标准的10线制传感器数字接口(Transducer Independence Interface,TII)相连接,如图11-9所示。

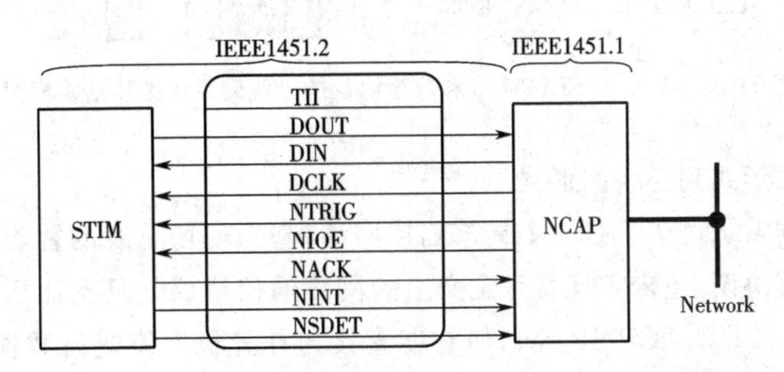

图11-9 符合IEEE1451标准的智能变送器示意

具体地说,该标准包括5个独立的标准。IEEE1451.1定义了独立的信息模型,使传感器接口与NCAP相连,把面向对象的模型定义提供给智能传感器及其组件;IEEE1451.2定义了智能传感器接口模块STIM、电子数据表格TEDS和数字接口TII;IEEE1451.3定义了分布式多点系统数字通信接口和电子数据表TEDS;IEEE1451.4定义了混合模式通信协议和电子数据表TEDS;IEEE1451.5定义了传感器、遥控器和处理器接口之间的联系。这些标准包括本地管脚之间的连接以及信号的通信格式。

STIM模块:现场STIM模块构成了传感器的节点部分,主要包括传感器接口、功能模块、核心控制模块、电子数据表格(TEDS)以及数字接口(TII)五部分。STIM模块主要完成现场数据的采集功能。

NCAP模块:此模块用于从STIM模块中获取数据,并将数据转发至互联网等网络。由于NCAP模块不需要完成现场数据采集功能,因此这个模块中只需要数字接口部分(TII)和网络通信部分即可。

(3)网络传感器的发展趋势

1)从有线形式到无线形式

在大多数测控环境下,传感器采用有线形式使用,即通过双绞线、电缆、光缆等与网络连接。然而在一些特殊测控环境下使用有线形式传输传感器信息是不方便的。为此,可将IEEE1451.2标准与蓝牙技术结合起来设计无线网络化传感器,以解决有线系统的局限性。

蓝牙技术是指爱立信(Ericsson)、国际商业机器(IBM)、英特尔(Intel)、诺基亚(Nokia)和东芝(Toshiba)等公司于1998年5月联合推出的一种低功率短距离的无线连接标准。它是实现语音和数据无线传输的开放性规范,其实质是建立通用的无线空中接口及其控制软件的公开标准,使不同厂家生产的设备在没有电线或电缆相互连接的情况下,能在近距离(10 cm~100 m)范围内具有互用、互操作的性能。蓝牙技术具有工作频段全球通用、使用方便、安全加密、抗干扰能力强、兼容性好、尺寸小、功耗低及多路多方向链接等优点。基于IEEE1451.2标准和蓝牙协议的无线网络传感器结构框图如图11-10所示。

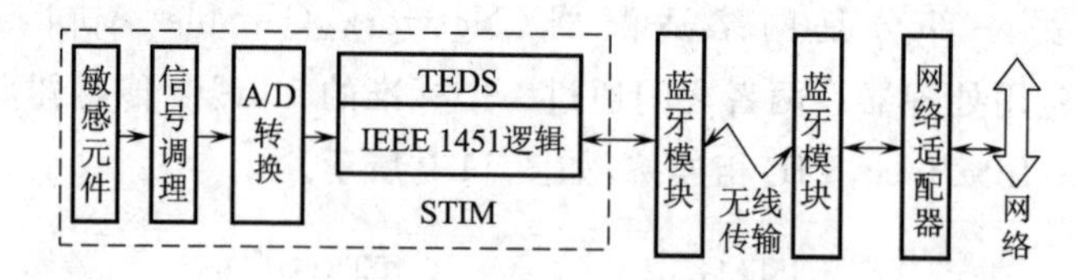

图11-10　基于IEEE1451.2和蓝牙协议的无线网络传感器结构框图

2)从现场总线形式到互联网形式

现场总线控制系统可认为是一个局部测控网络,基于现场总线的智能传感器只实现了某种现场总线通信协议,还未实现真正意义上的网络通信协议。只有让智能传感器实现网络通信协议(IEEE802.3、TCP/IP等),使它能直接与计算机网络进行数据通信,才能实现在网络上任何节点对智能传感器的数据进行远程访问、信息实时发布与共享及对智能传感器的在线编程与组态,这才是网络传感器的发展目标和价值所在。

图11-11是一种基于以太网IEEE802.3协议的网络传感器结构框图。这种网络传感器仅实现了OSI七层模型的物理层和数据链路层功能及部分用户层功能,数据通信方式满足CSMA/CD(即载波侦听多路存取冲突检测)协议,并可通过同轴电缆或双绞线直接与10 M以太网连接,从而实现现场数据直接进入以太网,使现场数据能实时在以太网上动态发布和共享。

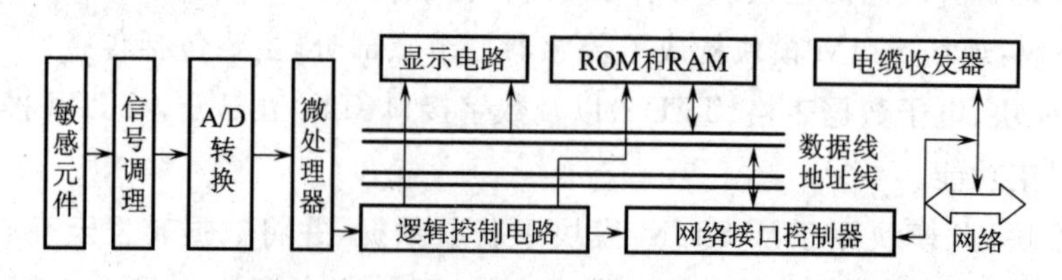

图11-11　基于以太网IEEE802.3协议的网络传感器结构框图

若能将TCP/IP协议直接嵌入网络传感器的ROM中,在现场级实现Intranet/Internet功能,则构成测控系统时可将现场传感器直接与网络通信线缆连接,使得现场传感器与普通计算机一样成为网络中的独立节点，如图 11-12 所示。此时，信息可跨越网络传输到所能及的任何领域，进行实时动态的在线测量与控制(包括远程)。只要有诸如电话线类的通信线缆存在的地方，就可将这种实现了 TCP/IP 协议功能的传感器就近接入网络，纳入测控系统，不仅节约大量现场布线，还可即插即用，为系统的扩充和维护提供极大的方便。这是网络传感器发展的最终目标。

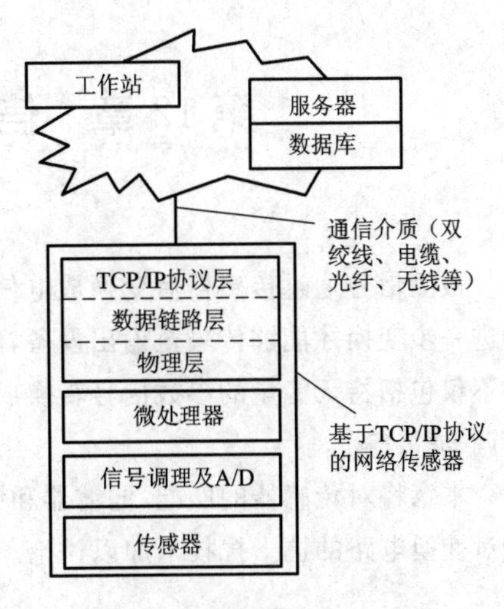

图 11-12　基于 TCP/IP 的网络传感器测控系统

第12章　信号变换与抗干扰技术

被测信号通过传感器后变换成电信号，例如电阻、电感、电容、电荷等。这些信号必须经过进一步变换才能够传输至输出设备，由输出设备进行信号的显示、记录及控制等。信号变换不仅包括将无能量的参数信号转换成有能量的电压、电流信号，还包括信号的放大、调制解调、滤波等。

本章将对传感器的匹配、滤波器和调制解调电路的工作原理及用途进行介绍和分析，并且对变换电路的抗干扰技术加以讨论。

12.1　传感器的阻抗匹配

不同传感器的输出阻抗不一样。有的传感器输出阻抗特别大，例如压电陶瓷传感器，输出阻抗高达 10^8 Ω；有的传感器输出阻抗比较小，如电位器式位移传感器，总电阻为 1 500 Ω；动圈式传声器的阻抗更低，只有 30～70 Ω。高阻抗的传感器，通常用场效应管和运算放大器来实现匹配。阻抗特别低的传感器，交变输入时往往可采用变压器匹配。

(1)阻抗匹配原理

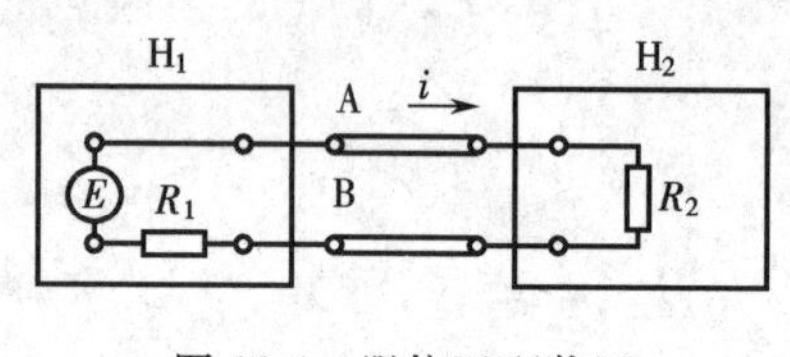

图 12-1　阻抗匹配装置

将前级输出能量的装置简化为一个由内阻 R_1 和电源电压 E 相串联的装置，其输出端为 A、B；后级接收能量的装置简化为一个具有输入阻抗 R_2 的装置，如图 12-1 所示。

当两个装置没有连接时，前级装置的开路电压为

$$E_{AB}=E$$

当两个装置连接后，两个装置间有电流 i，则

$$i=\frac{E}{R_1+R_2}$$

此时，A、B 两端的电压等于后级装置输入阻抗 R_2 上的电压，即

$$E_{AB}=iR_2=E\frac{R_2}{R_1+R_2} \tag{12-1}$$

输给后级装置 H_2 的功率

$$P=\frac{E_{AB}^2}{R_2}=\frac{E^2}{R_2}\left(\frac{R_2}{R_1+R_2}\right)^2=\frac{E^2R_2}{(R_1+R_2)^2} \tag{12-2}$$

在前级装置 H_1 输给后级装置 H_2 的能量最大时，必须满足

$$\frac{dP}{dR_2}=0$$

即
$$\frac{E^2(R_1+R_2)^2-2(R_1+R_2)E^2R_2}{(R_1+R_2)^4}=0$$

则得

$$R_1=R_2 \tag{12-3}$$

式(12-3)表明，当前级装置的输出阻抗与后级装置的输入阻抗相等时，前级装置输给后级装置的功率最大，这就是电路中或装置间阻抗匹配的原则。

(2)阻抗匹配方法

在仪器装置中，各电路间的阻抗匹配是由专门的阻抗匹配电路完成的，检测系统中常见的阻抗匹配装置有匹配变压器、匹配电阻、射极跟随放大器和电荷放大器。

1)匹配变压器法

采用匹配变压器进行匹配时，变压器的结构参数可按一般变压器要求进行设计。如图12-2所示，其初、次级线圈间的匝数比必须满足下述条件：

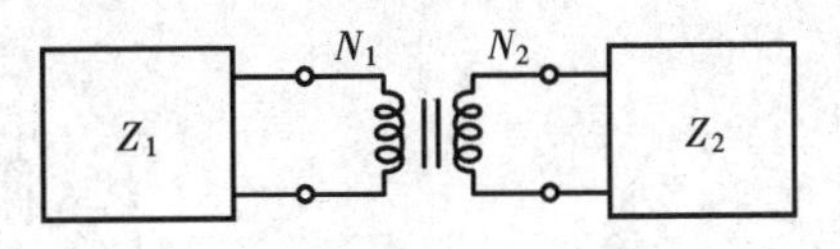

图12-2 匹配变压器法

$$\frac{N_1}{N_2}=\sqrt{\frac{Z_1}{Z_2}} \tag{12-4}$$

式中 $\frac{N_1}{N_2}$——变压器匝数比；

Z_1——前级装置的输出阻抗；

Z_2——后级装置的输入阻抗。

2)匹配电阻法

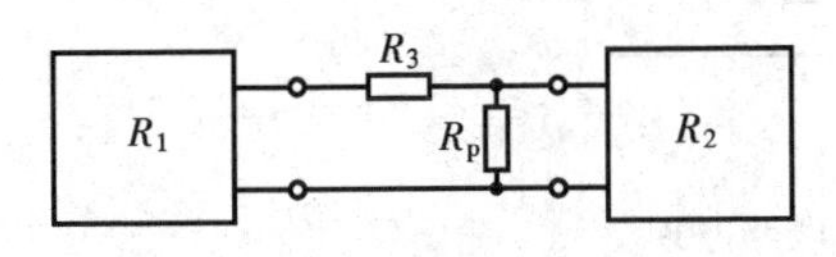

图12-3 匹配电阻法

在前、后级装置的输出阻抗、输入阻抗是纯电阻或不是纯电阻但匹配要求不高时，就可以用匹配电阻来进行匹配。如图12-3所示，匹配电阻(R_p)的接入和阻值的大小必须满足下述要求：

$$R_3=[R_1(R_1-R_2)]^{\frac{1}{2}} \tag{12-5}$$

$$R_p=\left[R_2\left(\frac{R_1R_2}{R_1-R_2}\right)\right]^{\frac{1}{2}} \tag{12-6}$$

由于使用匹配电阻元件，因此不可避免地损耗信号能量，这种损耗称为插入损耗。

3)射极跟随放大器法

射极跟随放大器如图12-4所示。在一般放大电路中，放大器的输出信号总是从集电极上发出，以获得较大的增益，达到信号放大的目的。在射极跟随器中，信号放大不是目的，其目的是阻抗变换。因此，射极跟随器的输出信号从晶体管的发射极上取出，它的放大增益总是小于1，但可将发射极上的高阻抗信号变换成低阻抗信号。

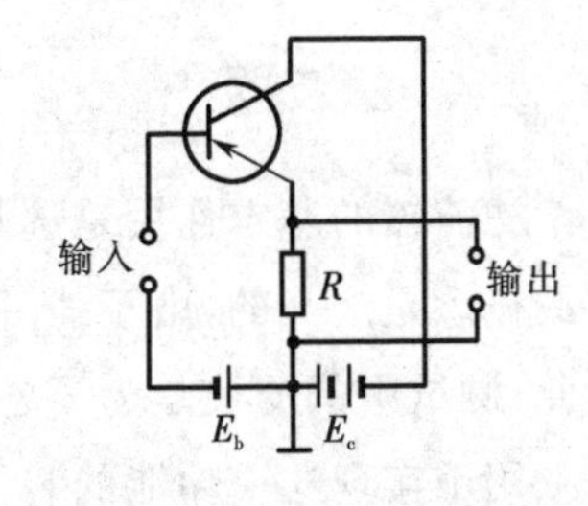

图12-4 射极跟随放大器法

这种电路广泛用于高阻抗传感器(如电容式传感器和压电式传感器)与低阻抗后级装置的匹配。

4)电荷放大器法

压电式传感器的输出阻抗,一般都高达数兆欧姆,采用上述射极跟随放大器进行匹配比较简单、方便,但无法避免连接电缆、接插件等产生的分布电容对测量的影响。电荷放大器是一种能把压电传感器输出的电荷量变换成电压输出的特殊装置,几乎已经成为压电式传感器专用的匹配装置。由于它可以避免杂散电容的干扰,因此除了能进行阻抗匹配外,还使连接电缆长度与传感器的灵敏度无关,从而能保证压电传感器的使用灵敏度。图 12-5 是 DHF-2 型电荷放大器的电荷转换及射极跟随器部分的电路原理图,其等效电路及分析见第 6.3 节中电荷放大器有关内容。

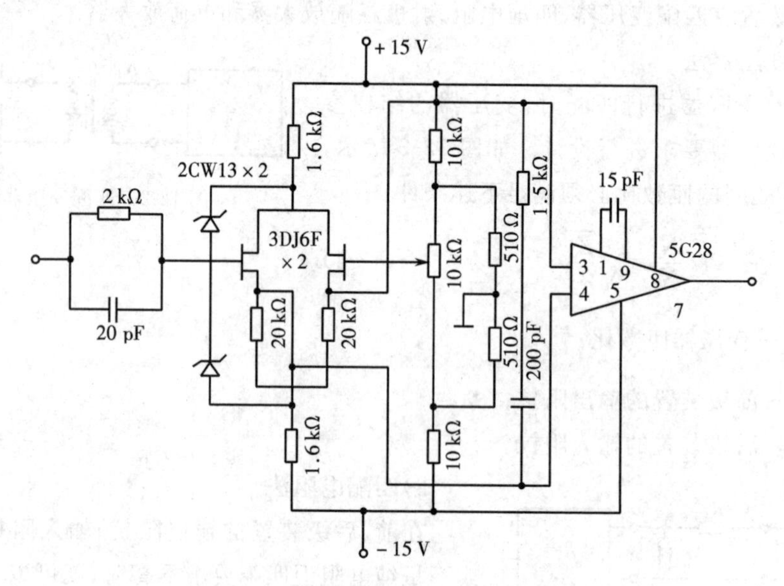

图 12-5　DHF-2 型电荷放大器电路原理

12.2　信号处理电路

来自前置放大电路的信号,其中可能包含着不期望的信号,需要剔除;或对其中某一特征信号感兴趣,需要提取出来;或者要对信号进行变换,以便传输或记录;或者需要对信号进行数字化处理等。信号处理电路一般包括滤波器、调制解调电路及 A/D 转换电路等。

12.2.1　滤波器

滤波器的基本作用是选频,即允许信号中某些频率成分通过,而抑制其他频率成分。滤波的概念是广义的,由于任一环节都有自己的传递特性,信号通过任一环节都会有所改变。因此,测试中的滤波是为了各种不同的目的提取出需要的频率成分,衰减掉不需要的频率成分。用于实现这一功能的装置称为滤波器。

对于滤波器,信号能够通过它的频率范围称为频率通带;被它抑制或者衰减掉的信号频率范围称为频率阻带;通带与阻带的交界点称为截止频率。

滤波器按照能够通过的频率范围可分为四类,即低通滤波器、高通滤波器、带通滤波器和带阻滤波器，它们的幅频特性如图 12-6 所示。图中，低通滤波器允许信号低频通过而抑制高频部分；高通滤波器正好相反，允许高频信号通过而抑制低频信号；带通滤波器允许信号中某段频率成分通过而抑制其余频率成分；与之相反，带阻滤波器抑制信号中某段频率成分而允许其余频率成分通过。

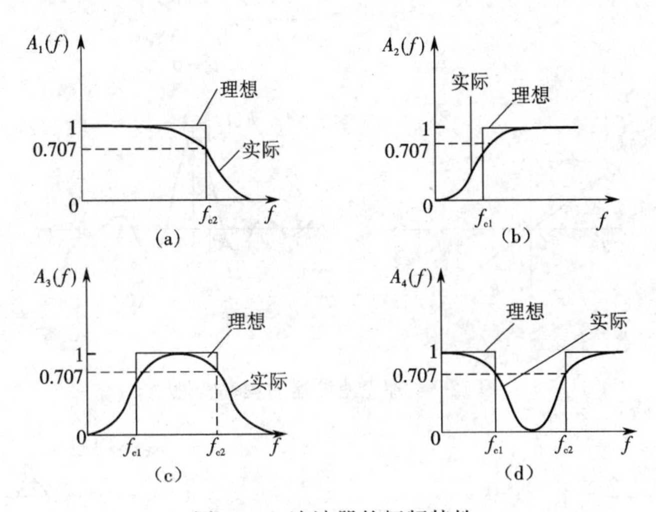

图 12-6　滤波器的幅频特性

(a)低通滤波器　(b)高通滤波器　(c)带通滤波器　(d)带阻滤波器

(1)理想滤波器

理想滤波器在通带频段内应满足不失真条件，即幅频特性为常数。相频特性是频率的线性函数，在阻带频段幅频特性应该等于零。系统频响函数为

$$H(f)=\begin{cases}A_0\mathrm{e}^{-\mathrm{j}2\pi f\tau} & (|f|<f_0)\\ 0 & (|f|>f_0)\end{cases} \tag{12-7}$$

其幅频、相频特性分别为

$$H(f)=A_0$$
$$\phi(f)=-2\pi f\tau$$

它对单位脉冲信号输入的响应为

$$h(t)=F^{-1}[H(f)]=2A_0f_0\frac{\sin 2\pi f_0(t-t_0)}{2\pi f_0(t-t_0)}$$

图 12-7 所示为理想滤波器的频率特性。各种理想滤波器在截止频率点上的幅频特性转折非常尖锐、陡峭，描述它的指标是截止频率 f_c 和带宽 B，并且 $B=f_{c1}-f_{c2}$。

把一个单位阶跃信号 $u(t)$[见图 12-8(a)]，输入到一个理想滤波器，其输出在时域就是理想滤波器的单位脉冲响应 $h(t)$[见图 12-8(b)]与单位阶跃信号 $u(t)$的卷积，如图 12-8(c)所示。

在图 12-8(c)中，如果定义由最小到最大值所需的时间为上升时间 τ_d，则其可表示为

$$\tau_d=\frac{1}{f_c}$$

此处 f_c 是这一低通滤波器的上截止频率，它的大小代表了这一低通滤波器的工作频带宽度 B。所以，可得到结论：滤波器的上升时间与截止频率(带宽)成反比。这一结论对其他类型滤波器也适用。

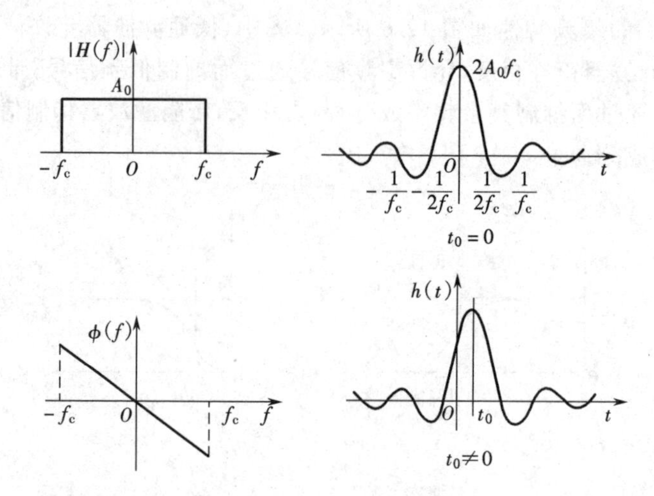

图 12-7　理想滤波器的频率特性

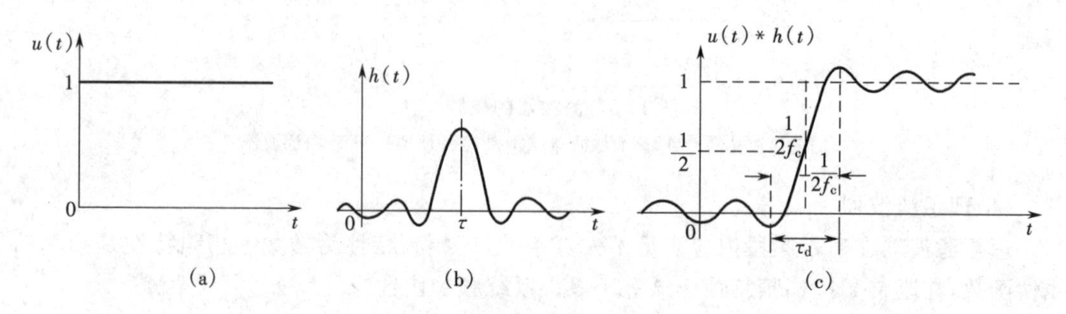

图 12-8　理想滤波器的单位阶跃响应

(a)单位阶跃信号　(b)理想滤波器的单位脉冲响应　(c)理想滤波器输出

建立上升时间 τ_d 与带宽 B 的关系,对理解和处理一些滤波器的问题是很重要的。例如在选用一个带通滤波器时,为了准确地选出某一频率成分,提高分辨力,就需将滤波器的带宽选择得尽量窄些。但是根据上述分析,带宽与上升时间成反比,选择带宽愈窄则输出信号上升时间愈长,这就造成高分辨力与快速响应要求的矛盾。应该根据具体情况作适当处理。

(2)实际滤波器

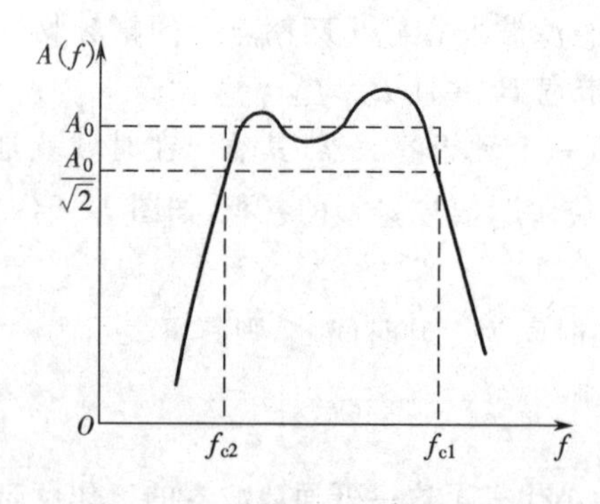

图 12-9　实际滤波器的幅频特性

实际滤波器不可能同时得到理想的不变幅度和理想的相位特性,但可以向理想滤波器逐步逼近,以满足实际的测量需要。

图 12-9 为一实际滤波器的幅频特性。实际滤波器在通带和阻带之间没有明显的转折点,存在一个过渡带。通带和阻带频段也不那么平直。实际滤波器用下列参数来描述。

1)纹波幅度

滤波器顶部幅值的波动量,称为纹波幅度,用 d 表示,幅频特性的平均值为 A_0。d/A_0 越小越好,至少应小于－3dB，即 $d \ll A_0/\sqrt{2}$。

2）截止频率

幅频特性值 A_0 下降到 $A_0/\sqrt{2}$ 时，所对应的频率为截止频率 f_c，也称为“负三分贝（－3dB）频率”。图12-9中，f_{c1}、f_{c2} 分别为上、下截止频率。

3）带宽和品质因数

上、下截止频率之间的频率范围称为滤波器带宽，因为

$$20\lg \frac{\frac{A_0}{\sqrt{2}}}{A_0} = -3 \text{ dB}$$

所以，$f_{c1} - f_{c2}$ 也称“负三分贝带宽”，以 $B_{-3\text{ dB}}$ 表示。

通常，把中心频率 f_n 和带宽 B 之比称为带通滤波器的品质因数，以 Q 表示，即

$$Q = \frac{f_n}{B}$$

$$f_n = \sqrt{f_{c1} f_{c2}}$$

4）倍频程选择性

倍频程选择性表征带宽外频率成分衰减的能力，以 $2f_{c1}$ 或 $1/2f_{c2}$ 的分贝数来表征。其绝对值越大衰减越快，滤波器选择性越好。

5）滤波器因数

滤波器因数也是表征带宽外频率成分衰减能力的参数，为－60 dB 处的带宽 $B_{-60\text{ dB}}$ 与－3 dB 处的带宽 $B_{-3\text{ dB}}$ 的比值，即

$$\lambda = \frac{B_{-60\text{ dB}}}{B_{-3\text{ dB}}}$$

当 $\lambda = 1$ 时，表示幅频特性曲线的两侧边是垂直下降的，即具有理想滤波器的幅频特性。实际滤波器的 λ 值越趋近1越好，即越接近理想滤波器。

（3）滤波器原理

实际滤波器的电路种类很多，本节仅对基本的 RC 滤波电路进行分析。

1）低通滤波器

如图12-10（a）所示，RC 低通滤波器电路的输入、输出微分方程式为

$$RC\frac{\mathrm{d}e_y}{\mathrm{d}t} + e_y = e_x \tag{12-8}$$

滤波器的频率响应函数为

$$H(f) = \frac{1}{1 + \mathrm{j}2\pi f\tau} \tag{12-9}$$

式中：时间常数 $\tau = RC$。由式（12-9）可得到它的幅频特性和相频特性方程分别为

$$A(f) = \frac{1}{\sqrt{1 + (2\pi f\tau)^2}} \tag{12-10}$$

$$\phi(f) = -\arctan 2\pi f\tau \tag{12-11}$$

幅频、相频特性曲线如图12-10（b）所示。

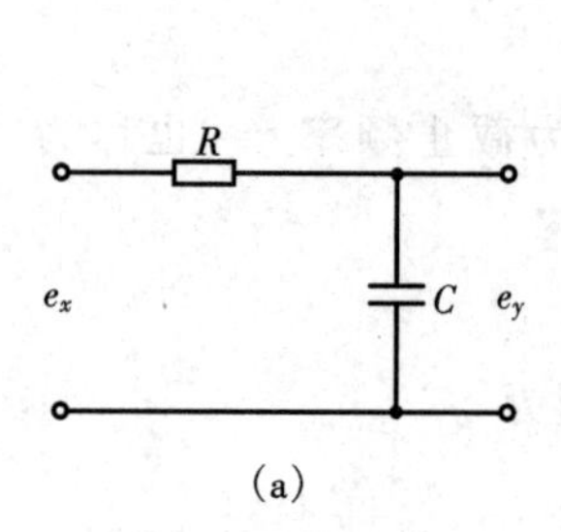

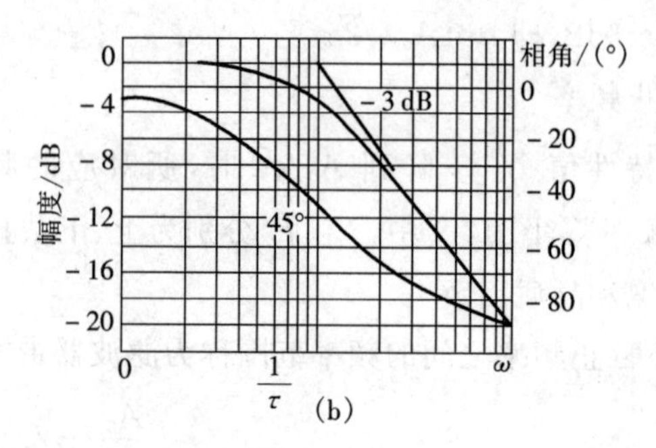

图 12-10　低通滤波器电路及其频率特性

(a)电路　(b)频率特性

讨论：

当 $f \ll 1/2\pi\tau$ 时，$A(f) \approx 1$，$\phi(f) \approx 0$，此时 RC 低通滤波器为一不失真传输系统；

当 $f = 1/2\pi\tau$ 时，$A(f) = 0.707$，滤波器的上截止频率 $f_{c1} = 1/2\pi\tau$，由于 $\tau = RC$，所以改变 R、C 值可以改变截止频率 f_{c1} 的大小。

2)高通滤波器

图 12-11 所示为高通滤波器电路及其频率特性。高通滤波器用于去掉直流漂移信号和低频噪声，其输入、输出之间的微分方程式为

$$e_y + \frac{1}{RC}\int e_y \mathrm{d}t = e_x \tag{12-12}$$

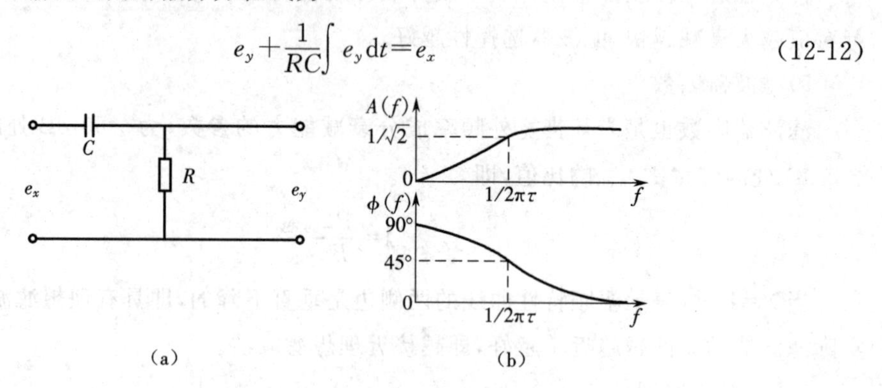

图 12-11　高通滤波器电路及其频率特性

(a)电路　(b)频率特性

高通滤波器的频率响应函数为

$$H(f) = \frac{\mathrm{j}2\pi f\tau}{1 + \mathrm{j}2\pi f\tau} \tag{12-13}$$

式中：时间常数 $\tau = RC$。它的幅频特性和相频特性方程分别为

$$A(f) = \frac{2\pi f\tau}{\sqrt{1 + (2\pi f\tau)^2}} \tag{12-14}$$

$$\phi(f) = \arctan\frac{1}{2\pi f\tau} \tag{12-15}$$

讨论：

当 $f \gg 1/2\pi\tau$ 时，$A(f) \approx 1$，$\phi(f) \approx 0$，此时 RC 高通滤波器近似为一不失真测试装置；

当 $f = 1/2\pi\tau$ 时，$A(f) = 0.707$，滤波器的下截止频率 $f_{c2} = 1/2\pi\tau$，同样改变 R、C 值可以改变截止频率 f_{c2} 的大小。

3)带通滤波器

将一个低通和一个高通滤波器级联便可获得一个带通滤波器。如图 12-12 所示,其传递函数为高通与低通滤波器传递函数的乘积,即

$$H(S)=H_1(S)H_2(S) \tag{12-16}$$

其中:$H_1(S)=\dfrac{1}{\tau_1 S+1}$,$H_2(S)=\dfrac{\tau_2 S}{\tau_2 S+1}$。

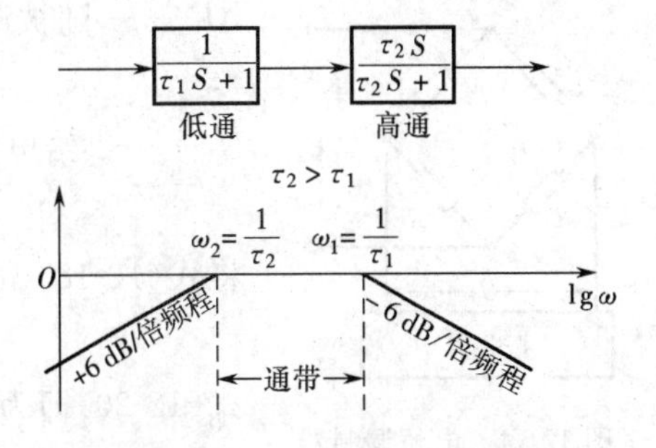

图 12-12　带通滤波器频率特性

级联后所得带通滤波器的上、下截止频率分别对应于原低通和原高通滤波器的上、下截止频率,即

$$f_{c1}=\frac{1}{2\pi\tau_1},f_{c2}=\frac{1}{2\pi\tau_2}$$

调节时间常数 τ_1 和 τ_2 便可得不同上、下截止频率和带宽的带通滤波器。但要注意两级串联耦合的影响,实际应用中常采用在两级间加射极跟随器或运算放大器进行隔离,因此常采用有源带通滤波器。

12.2.2　调制与解调电路

测量微弱的直流信号,不能采用直接耦合的直流放大器,因为这种放大器存在零点漂移,放大后的直流信号往往会被零点漂移所淹没,使测量无法进行。对这类缓慢变化的信号,测量时可以先将微弱的直流信号变换为交流信号,然后经交流放大器放大,最后再把放大的交流信号变换为直流信号,如图 12-13 所示。

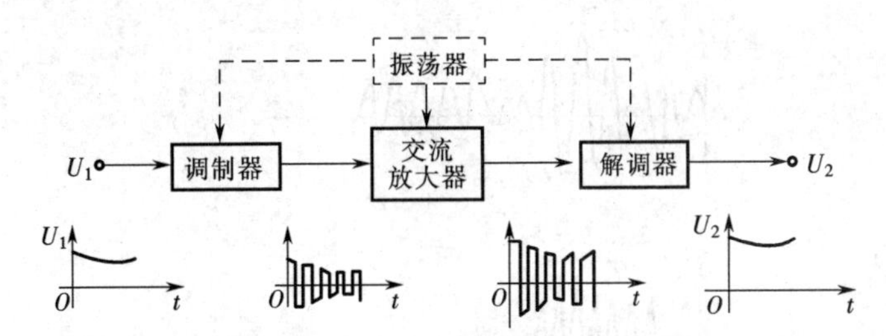

图 12-13　调制直流放大器框图

调制器的作用是把输入的微弱直流信号变换成一定频率的微弱交流信号,而解调器的作用是把放大后的交流信号变换成与输入信号相对应的放大了的直流信号。

(1)调制器的工作原理

调制的方法很多,本节仅以电桥调制法为例来说明调制器的工作原理。

图 12-14 可视为一个调制器。振荡器以数千赫兹的正弦交流电供给电桥,由振荡器提供的高频振荡波称为载波。被测信号使桥臂电阻 R_x 发生变化,它相当于调制信号。这样,电桥得到的是调幅输出电压 U_o,输出电压 U_o 称为调幅波。U_o 的幅值随被测信号的大小成比例变化,并且当被测信号极性改变时,U_o 的极性也发生变化。

由电桥原理可知,电桥的输出电压

$$U_o=K\Delta R_x U_1 \tag{12-17}$$

式中　K——与电桥接法有关的系数;

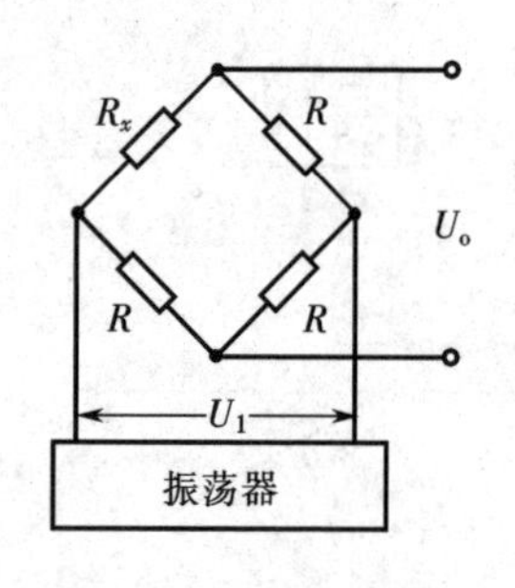

图 12-14 电桥调制器工作原理

ΔR_x——随被测量而变化的电阻变化量，设其为

$$\Delta R_x = R(t) \tag{12-18}$$

U_1——供给电桥的激励电压，设其为

$$U_1 = E_1 \sin(\omega t + \varphi) \tag{12-19}$$

将式(12-18)、式(12-19)代入式(12-17)可得电桥输出电压

$$U_o = E_1 K R(t) \sin(\omega t + \varphi) \tag{12-20}$$

式(12-20)即为电桥得到的调幅波表达式。

图 12-15(a)、(b)、(c)分别表示载波、调制信号及经放大后的调幅波波形。从图中可以看出，载波随调制信号变化的结果，其包络线接近于调制信号。显然，调幅波的包络线与调制信号的逼近程度将影响测量精度。分析表明，为了使调幅波的包络线不失真地描述被测信号，必须使载波频率为被测信号频率的5～10倍。图 12-15(d)、(e)分别表示调幅波经相敏检波和滤波后的波形。

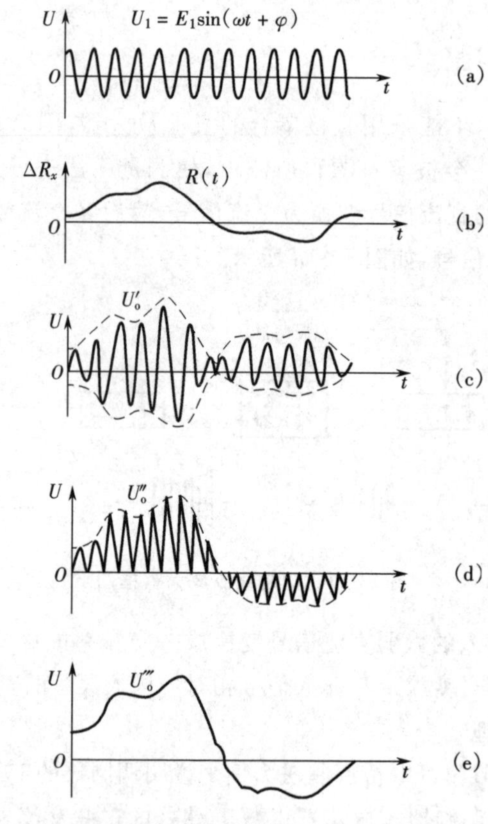

图 12-15 载波调幅及相敏检波器解调的波形变换过程

(a)载波 (b)调制信号 (c)放大后的调幅波 (d)相敏检波后波形 (e)滤波后波形

(2)解调器的工作原理

图 12-16 是解调器的工作原理图。设开关 K 的动作频率与交流输入电压 U_1 的频率相同，若 U_1 在正半周，则开关 K 接通，在 R_L 上就得到一个正向输出电压 U_2(上正下负)；若 U_1 在负半周，K 断开，则 $U_2=0$。这样，开关 K 不断动作的结果就会得到一个正向脉冲电压

U_2，如图 12-17(a)所示。同样，如果 U_1 相位改变 180°，开关 K 在负半周接通，在正半周断开，就能得到负向的脉冲输出电压，如图 12-17(b)所示。为了减小输出电压的脉动，R_L 上常并联一个滤波电容 C。这样在开关 K 接通的半周中，U_1 向电容 C 充电，而开关 K 断开的半周中电容 C 向 R_L 放电，只要 C 选得足够大，如图 12-17 所示，就能在 R_L 上得到一个平滑的直流电压。

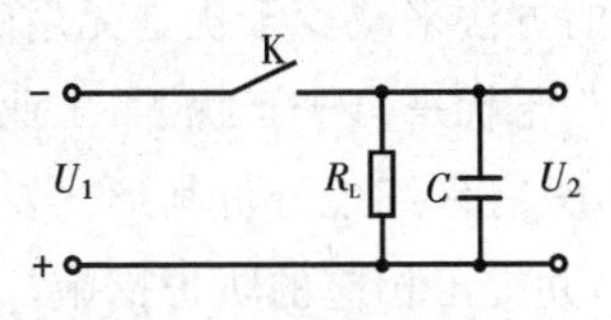

图 12-16 解调器工作原理

从上述分析可知，图 12-16 所示的解调器不仅能将交流输入电压变成与其幅值成正比的直流输出电压，而且还能反映交流输入电压的相位变化。

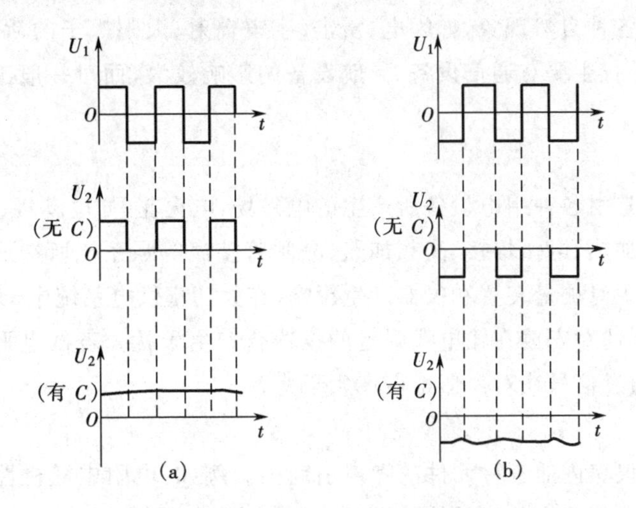

图 12-17 解调器工作原理波形

(a)U_1 在正半周 (b)U_1 在负半周

12.3 抗干扰技术

电子自动检测装置的噪声干扰是一个棘手的问题。目前，电子设备日趋小型化、集成化、微机化，在极小的空间里要处理大量信号，而且许多信号又是微弱的模拟信号，所以干扰问题显得越来越突出。因此，在自动检测装置的设计、制造、安装和使用中应充分注意抗干扰问题，为此要了解干扰源的种类、传输途径等，从而有针对性地采取有效措施以消除干扰。

在电子测量装置电路中出现的无用的信号称为噪声。噪声影响电路的正常工作，所以有时也将噪声称为干扰。

噪声对检测装置的影响必须与有用信号结合起来共同分析才有意义。衡量噪声对有用信号的影响常用信噪比(S/N)来表示，它是指信号通道中有用信号功率 P_S 与噪声功率 P_N 之比，或有用信号电压 U_S 与噪声电压 U_N 之比。信噪比常用对数形式来表示，单位为 dB，即

$$S/N=10\lg\ (P_S/P_N)=20\lg\ (U_S/U_N)$$

在测量过程中应尽量提高信噪比，以减少噪声对测量结果的影响。试图用增加放大倍

数的方法来减少干扰是无用的。

干扰来自于干扰源，工业现场的干扰源形式繁多，经常是几个干扰源同时作用于检测装置，只有仔细地分析其形式及种类，才能提出有效的抗干扰措施。现将常见的干扰源分析如下，并提出相应的防护措施。

12.3.1 干扰源的种类

1.外部干扰

外部干扰主要是来自自然界的干扰以及各种设备（主要是电气设备）的人为干扰。

(1)自然干扰

自然干扰来自各种自然现象，如闪电、雷击、宇宙辐射、太阳黑子的活动等，即主要来自天空。因此，自然干扰主要对通信设备、导航设备的影响较大，而对一般工业检测仪器影响不是很大。

(2)人为干扰

人为干扰主要是由各种用电设备所产生的电磁场、电火花（如电动机、开关的启停）造成的干扰以及电火花加热、电弧焊接、高频加热、晶闸管整流等强系统所造成的干扰。人为干扰主要通过供电电源对测量装置和仪器产生影响，在大功率供电系统中，大电流输电线周围产生交变电磁场，因此对安放在输电线附近的仪器会产生干扰。若低电平的信号有一段与输电线相平行，则通过信号线对仪器也会产生干扰。

2.内部干扰

内部干扰是由仪表内的各种元件的噪声引起的。例如：电阻中随机性的电热运动引起的热噪声；半导体、电子管内载流子的随机运动引起的散粒噪声；在两种不同导体接触处（如开关和继电器的触点、焊接点等），由于两种材料不能完全接触，引起电导率的起伏而产生的接触噪声；因布线不合理，寄生参数、泄漏电阻等耦合形成寄生反馈电流所造成的干扰；工艺上不合理造成的干扰。

12.3.2 干扰的传输途径

各种干扰之所以能够对仪表产生不良的影响，除了有干扰源及被干扰对象之外，还必须具有从干扰源到被干扰对象之间的干扰途径。换句话说，形成干扰影响必须具备以下三个要素：

①干扰源；

②对干扰敏感的被干扰对象；

③干扰源到被干扰对象之间的传输途径。

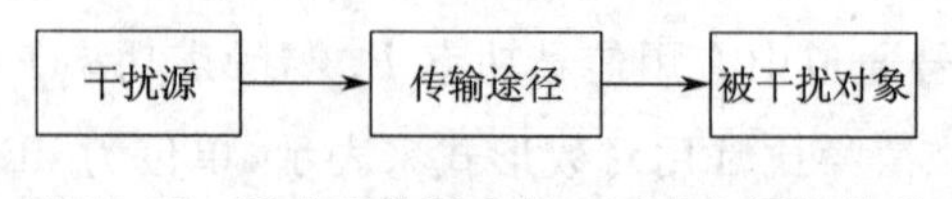

图 12-18 形成干扰影响的三要素之间的关系

以上三个要素之间的关系如图 12-18 所示，研究和分析干扰的传输途径，对掌握干扰的实质及抑制干扰是十分重要的。在分析干扰时，首先是确认有哪些干扰源存在，被干扰的对象中有哪些元件是敏感的以及干扰是如何传输和通过哪些途径传输的。

为了消除和抑制干扰，除了消除或减弱干扰源以及使对象对干扰不敏感之外，抑制或切断干扰的传输途径是重要手段之一。

干扰的传输途径有“路”和“场”两种形式。

1. 通过“路”的干扰

(1)泄漏电流干扰

元件支架、探头、接线柱、印刷电路以及电容器内部介质或外壳等绝缘不良都可能产生泄漏电流，从而引起干扰。图12-19是泄漏电流干扰的等效电路。图中U_i表示干扰源，R_i表示被干扰电路的输入电阻，R_o为泄漏电阻。作用在R_i上的干扰电压为

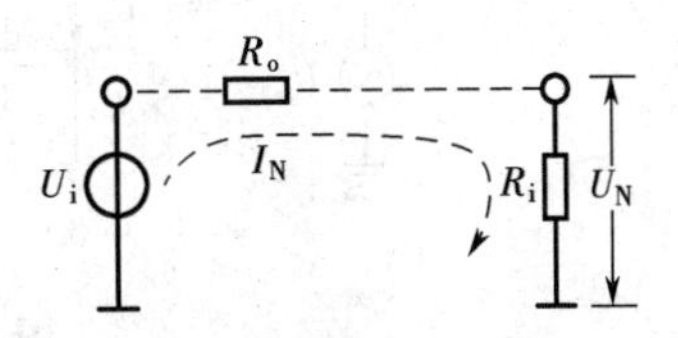

图12-19　泄漏电流干扰等效电路

$$U_N=\frac{R_i}{R_o+R_i}U_i\approx\frac{R_i}{R_o}U_i \qquad (12\text{-}21)$$

(2)共阻抗耦合干扰

两个以上电路共有一部分阻抗，一个电路的电流流经共阻抗所产生的电压降就成为其他电路的干扰源。在电路中的共阻抗主要有电源内阻和接地线阻抗。图12-20为共阻抗耦合干扰示意图。图中U_S为运算放大器A的输入信号电压，I_N为噪声电流源，Z_C为两者的共阻抗。其干扰电压为

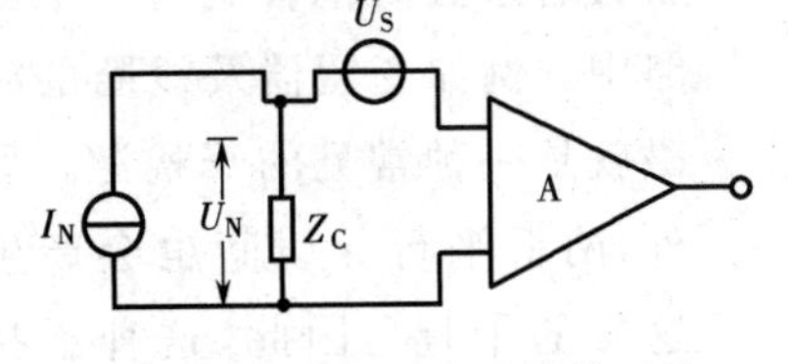

图12-20　共阻抗耦合干扰示意

$$U_N=I_NZ_C \qquad (12\text{-}22)$$

对多级放大器来说，共阻抗耦合实际上是一种寄生反馈。当满足正反馈条件时，轻则造成电子设备工作不稳定，重则引起自激振荡。

(3)经电源线引入干扰

交流供电线路在现场的分布很自然地构成了吸收各种干扰的网络，而且方便地以电路传导的形式传遍各处，并通过电源引线进入各种电子设备造成干扰。

2. 通过“场”的干扰

(1)通过电场耦合的干扰

电场耦合是由于两支路(或元件)之间存在着寄生电容，使一条支路上的电荷通过寄生电容传送到另一条支路上去，因此又称为电容性耦合。

图12-21所示为仪器测量线路因受电场耦合而产生干扰的示意图及其等效电路。图中，M为对地具有电压U_{ng}的干扰源；B为电子线路中输入端裸露在机壳外的导体；C_m为M与B之间的寄生电容；Z_i为电子路线的输入阻抗；U_{nc}为测量电路输出端的干扰电压。

设$C_m=0.01$ pF，$U_{ng}=5$ V，$f=1$ MHz，$Z_i=0.1$ MΩ，$K=100$。若$Z_i\gg1/\omega C_m$，则B处的干扰电压为

$$\begin{aligned}U_{ni}&=U_{ng}\omega C_mZ_i=5\times2\pi\times10^6\times0.01\times10^{-12}\times0.1\times10^6\\&=31.4\text{ mV}\end{aligned}$$

而放大器输出端的干扰电压为

$$U_{nc}=K\cdot U_{ni}=100\times31.4\text{ mV}=3.14\text{ V}$$

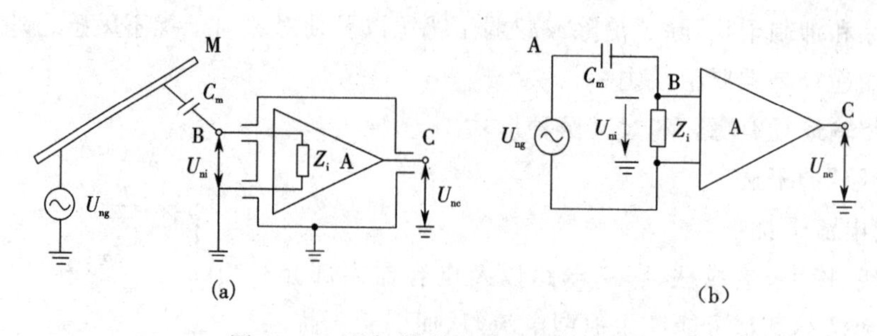

图 12-21 电场耦合对测量线路的干扰

(a)放大器输入端受到电容耦合干扰 (b)等效电路

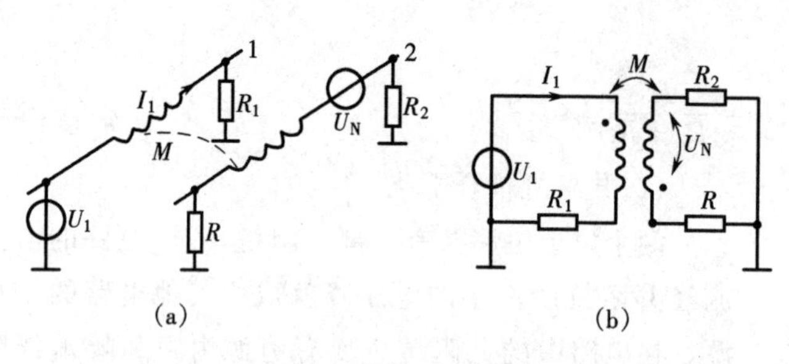

图 12-22 磁场耦合干扰

(a)原理示意 (b)等效电路

(2)通过磁场耦合的干扰

当两个电路之间有互感存在时，一个电路中的电流变化就会通过磁场耦合到另一个电路中。例如变压器及线圈的漏磁就是一种常见的干扰源。另外，两根平行导线间也会产生这样的干扰。因此，这种干扰又称为互感性干扰。图 12-22 为两个电路间磁场耦合的原理示意图及等效电路。图中 I_1 是电路 1 中的电流(即干扰电流)，M 是两支路间的互感，U_N 是在电路 2 中引起的干扰电压。由等效电路可得干扰电压

$$U_N=\omega MI_1 \tag{12-23}$$

(3)通过辐射电磁场耦合的干扰

辐射电磁场通常来自大功率高频用电设备、广播发射电台、电视台发射塔等。例如，当中波广播发射的垂直极化波的强度为 100 mV/m 时，长度为 10 cm 的垂直导体可以产生 5 mV 的感应电势。

12.3.3 干扰的作用方式

各种噪声源对测量装置的干扰一般都作用在输入端，并通过多种耦合方式进入仪表。根据干扰作用方式及其与有用信号的关系，可将其分为串模干扰和共模干扰两种形态。

1. 串模干扰

凡干扰信号与有用信号按电势源的形式串联(或按电流源的形式并联)起来作用在输入端的干扰称为串模干扰。串模干扰又称差模干扰或常态干扰。因为它和有用信号叠加起来直接作用于输入端，所以它直接影响测量结果。串模干扰的等效电路如图 12-23 所示。其中，E_1 表示等效干扰电压，I_1 表示等效干扰电流，Z_1 表示等效干扰阻抗。当干扰源的等效内阻抗较小时，宜用串联电压源形式；当干扰源等效内阻抗较大时，宜用并联电流源形式。

图 12-24 所示为用热电偶作为敏感元件进行温度测量时，由于交变磁通 ϕ 穿过信号传输回路产生干扰电势 E_1，造成串模干扰的情况。

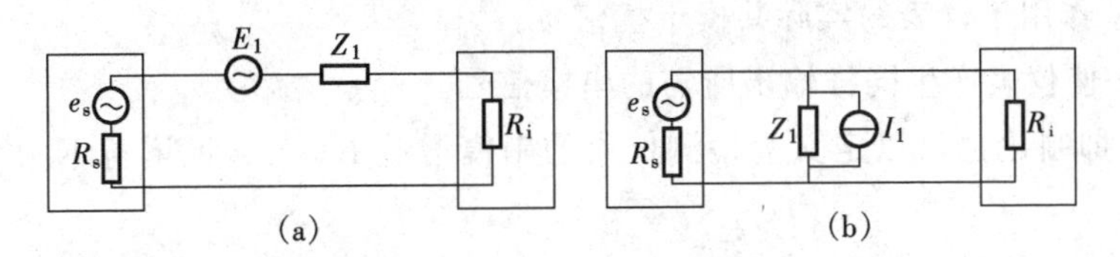

图 12-23　串模干扰等效电路

(a)串联电压源形式　(b)并联电流源形式

2. **共模干扰**

共模干扰又称横向干扰、对地干扰、同相干扰、共态干扰等。它是相对于公共的电位基准点(通常是接地点),在检测仪表的两个输入端上同时出现的干扰。虽然它不直接影响测量结果,但是当信号输入电路参数不对称时,它会转化为串模干扰,对测量产生影响。实际测量过程中,由于共模干扰的电压数值一般都比较大,而且它的耦合机理及耦合电路不易搞清楚,排除比较困难,所以共模干扰对测量影响更为严重。共模干扰通常用等效电压源表示,图 12-25 为一般共模干扰电压源等效电路。图中 E_1 表示干扰电压源,Z_{cm1} 和 Z_{cm2} 表示干扰源阻抗,Z_1、Z_2 表示信号传输线阻抗,Z_{s1}、Z_{s2} 表示传输线对地漏电阻,R_i 表示仪表输入电阻,R_s 表示信号源内阻。由图 12-25 可以看出,共模干扰电流的通路只是部分与信号电路所共有;共模干扰会通过干扰电流通路和信号电流通路的不对称性转化为串模干扰,从而影响测量结果。

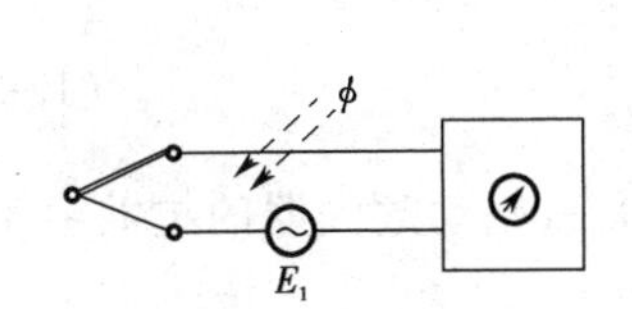

图 12-24　干扰电势造成的串模干扰

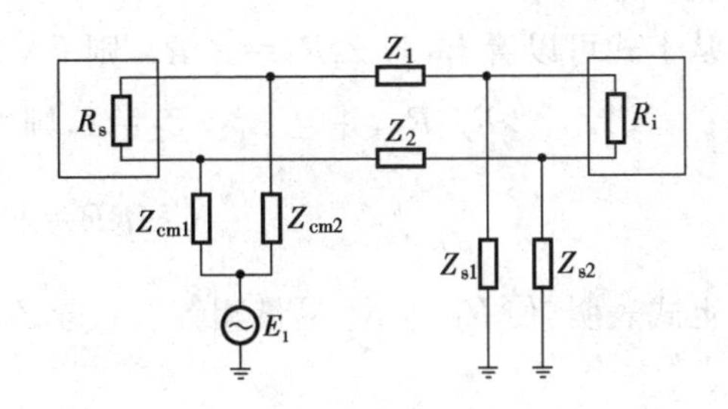

图 12-25　共模干扰等效电路

造成共模干扰的原因很多,图 12-26 为热电偶测温系统,热电偶的金属保护套管通过炉体外壳与生产管路接地,而热电偶的两条补偿导线与显示仪表外壳没有短接,但仪表外壳接大地,因而形成地电位差 U_{cm} 而造成共模干扰。

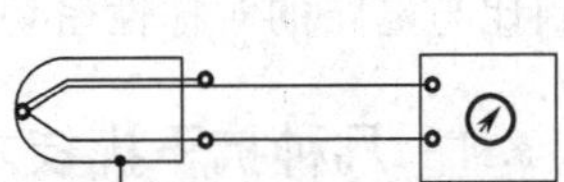

图 12-26　地电位差造成的共模干扰

3. **共模干扰抑制比(*CMRR*)**

由于共模干扰只有转换成串模干扰才能对检测仪表产生干扰作用,共模干扰对检测仪表的影响大小取决于共模干扰转换成串模干扰的大小。为了衡量检测仪表对共模干扰的抑制能力,通常引入“共模干扰抑制比”这一重要概念。共模干扰抑制比可定义为作用于检测仪表的共模干扰信号与使仪表产生同样输出所需的串模信号之比。它通常以对数形式表示为

$$CMRR = 20\lg \frac{U_{cm}}{U_{cd}} \tag{12-24}$$

式中　U_{cm}——作用于仪表的实际共模干扰信号；

U_{cd}——使仪表产生同样输出所需的串模信号。

共模干扰抑制比也可以定义为检测仪表的串模增益 K_d 与共模增益 K_c 之比。其数学表达式为

$$CMRR=20\lg\frac{K_d}{K_c} \tag{12-25}$$

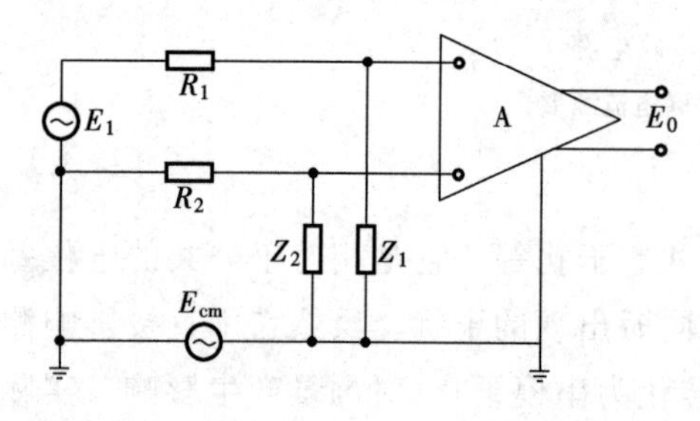

图 12-27　差动输入运算放大器受共模干扰的等效电路

以上两种定义说明，共模抑制比是检测仪表对共模干扰抑制能力的量度。其值越高，说明仪表对共模干扰的抑制能力越强。

图 12-27 是一个差动输入运算放大器受共模干扰的等效电路。图中 E_{cm} 为共模干扰电压，Z_1 和 Z_2 为共模干扰源阻抗，R_1、R_2 为信号传输线路电阻，E_1 为信号源电压。由图 12-27 可以写出在 E_{cm} 作用下出现在放大器两输入端之间的串模干扰电压表达式为

$$E_{cd}=E_{cm}\left(\frac{Z_1}{R_1+Z_1}-\frac{Z_2}{R_2+Z_2}\right)$$

从而可求得差动运算放大器的共模抑制比

$$CMRR=20\lg\frac{E_{cm}}{E_{cd}}=20\lg\frac{(R_1+Z_1)(R_2+Z_2)}{Z_1R_2-Z_2R_1}$$

从上式可以看出，若 $Z_1R_2=Z_2R_1$，则 CMRR 趋于无穷大，但实际上很难做到这一点。一般$|Z_1|$、$|Z_2|\gg R_1$、R_2，并且 $Z_1\approx Z_2=Z$，则上式可简化表示为

$$CMRR=20\lg\frac{Z}{R_2-R_1} \tag{12-26}$$

上式表明，使 R_1 与 R_2 尽量相等、Z_1 与 Z_2 尽量大，可以提高差动放大器的抗共模干扰能力。

通过以上分析可以看出，共模干扰在一定条件下会转换成串模干扰，而电路的共模干扰抑制比与电路的对称性密切相关。

12.3.4　几种抗干扰技术

1. 屏蔽技术

用金属材料制成容器，将需要防护的电路置入其中，可以防止电场或磁场的耦合干扰，此种方法称为屏蔽。屏蔽可分为静电屏蔽、电磁屏蔽和低频磁屏蔽等几种。

(1)静电屏蔽

根据电学原理，在静电场中，密闭的空心导体内部无电力线，即内部各点等电位。以铜或铝等良导体金属材料制作的封闭金属容器，与地线连接，把需要屏蔽的电路置于其中，可以使外部干扰电场的电力线不影响内部的电路。反之，内部电路产生的电力线也无法外逸去影响外电路。必须说明的是，静电屏蔽的容器壁上允许有供引线出入的小孔，它对屏蔽效果影响不大。

(2)电磁屏蔽

电磁屏蔽也是采用良导体金属材料做成屏蔽罩,基于电涡流原理,使高频干扰电磁场在屏蔽金属内产生电涡流,消耗干扰磁场的能量,并利用涡流磁场抵消高频干扰磁场,从而使屏蔽罩内部的电路免受高频电磁场的干扰。

若电磁屏蔽层接地,则同时兼有静电屏蔽的作用。通常使用铜质网状屏蔽电缆可同时起到电磁屏蔽和静电屏蔽作用。

(3)低频磁屏蔽

在低频磁场中,电涡流的作用不太明显,因此必须用高导磁材料做屏蔽层,以便将低频干扰磁力线限制在磁阻很小的屏蔽层内部,以使低频磁屏蔽层内部电路免受低频磁场耦合干扰的影响。干扰严重的地方常使用复合屏蔽电缆,其最外层是低磁导率、高饱和的铁磁材料,内层是高磁导率、低饱和的铁磁材料,最里层是铜质电磁屏蔽层,以便一步步地消耗干扰磁场的能量。工业中常用的方法是将屏蔽电缆穿在铁质蛇皮管或普通铁管内,以达到双重屏蔽的目的。

2.接地技术

(1)地线的种类

图12-28为电气设备接大地示意图。对于仪器、通信、计算机等电子技术来说,“地线”是指电信号的基准电位,也称为“公共参考端”。它除了作为各级电路的电流通道之外,还是保证电路工作稳定、抑制干扰的重要环节。仪器设备中的公共参考端通常称为信号地线。信号地线又可分为以下四种。

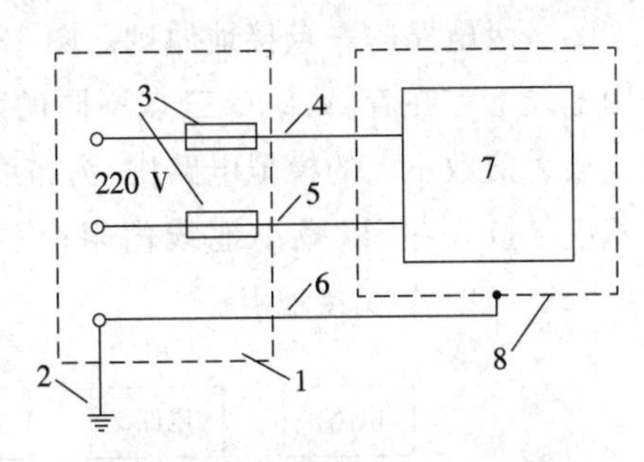

图12-28　单相三线交流配电原理

1—接线盒;2—大地;3—熔断器;4—火线;5—中线;6—保安地线;7—电气设备;8—外壳

①模拟信号地线。它是模拟信号的零信号电位公共线。因为模拟信号有时较弱、易受干扰,所以对模拟信号地线的面积、走向、连接有较高的要求。

②数字信号地线。它是数字信号的零电平公共线。由于数字信号 R 处于脉冲工作状态,动态脉冲电流在接地阻抗上产生的压降会成为微弱模拟信号的干扰源,为了避免数字信号对模拟信号的干扰,两者地线应分别设置。

③信号源地线。传感器可以看作测量装置的信号源。通常传感器设置在现场,而测量装置在离现场有一定距离的控制室内,从测量装置角度看,可以认为传感器的地线即信号源地线。它必须与测量装置进行适当的连接才能提高整个检测系统的抗干扰能力。

④负载地线。负载电流一般都较前级信号电流大很多,负载地线上的电流有可能干扰前级微弱的信号,因此负载地线必须与其他地线分开,有时两者在电气上甚至是绝缘的,信号通过磁耦合或光耦合来传输。

(2)一点接地原则

上述4种地线一般应分别设置,在电位需要连通时,也必须仔细选择合适的点,在一个地方相连,才能消除各地线间的干扰。

①单级电路的一点接地原则。现以单级放大器为例说明单级电路一点接地原则。电路

如图 12-29(a)所示,图中有 8 个线端要接地,如果只从原理图的要求进行接线,则这 8 个线端可接在接地母线的任意点上,这几点可能相距较远,不同点之间的电位差就有可能成为这级电路的干扰信号,因此应采取图 12-29(b)所示的一点接地方式。

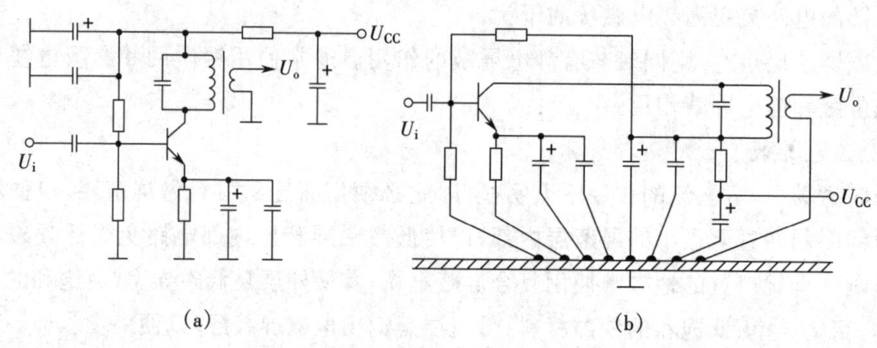

图 12-29　单级电路的一点接地

(a)电路原理　(b)实际采用的一点接地方式

②多级电路的一点接地原则。图 12-30(a)所示的多级电路利用一段公用地线,在这段公用地线上存在着 A、B、C 三点不同的对地电位差,有可能产生共阻抗干扰。只有数字电路或放大倍数不大的模拟电路中,为布线简便才可以采取上述电路,但应注意公用地线截面面积应尽量大些,以减小地线内阻;应把最低电平的电路放在距接地点最近的地方,即图 12-30(a)中的 A 接地点。

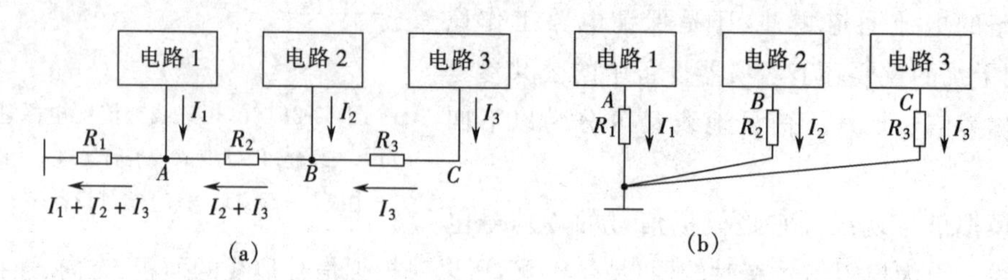

图 12-30　多级电路的一点接地

(a)串联式　(b)并联式

图 12-30(b)为并联接地方式。这种接法不易产生共阻耦合干扰,但需要很多根地线,在高频时反而会引起各地线间的互感耦合干扰,因此只在频率为 1 MHz 以下时才采用,当频率较高时,应采取大面积的地线,并允许多点接地,这是因为接地面积十分大,内阻很低,反而不易产生级与级之间的共阻耦合。

信号电路一点接地是消除公共阻抗耦合干扰的一种重要方法。在一点接地的情况下,虽然避免了干扰电流在信号电路中流动,但还存在着绝缘电阻、寄生电容等组成的漏电通路,所以干扰不可能全部被抑制掉。

图 12-31(a)是一个两点接地测量系统,它分别在信号源和测量装置处接地。由于两点接地,地电位差产生的较大干扰电流流经信号零线造成严重干扰。图 12-31(b)是将两点接地改为一点接地后的测量系统,此时地电位差造成的干扰电流很小,主要是存在容性漏电流,但该电流流经屏蔽层,不流经电路的信号零线。

如果测量仪器放大器的公共端既不接机壳,也不接大地,则成为浮空。被浮空的测量系

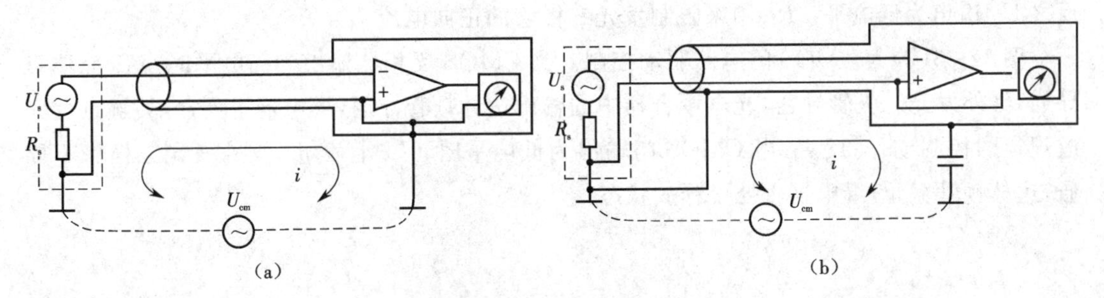

图 12-31　检测系统的接地

(a)系统两点接地　(b)系统一点接地

统，其测量电路与机壳或大地之间没有任何导电性的直接联系。

浮空的目的是要阻断干扰电流的通路。当测量系统被浮空后，测量电路的公共线与大地（或外壳）之间的阻抗（绝缘电阻）很大，因此浮空与接地相比能更强地抑制共模干扰电流。

图 12-32 为目前较流行的浮空加保护屏蔽方式。图中检测电路有两层屏蔽，因检测电路与内层保护屏蔽层不相连接，因此属于浮置输入。信号屏蔽线外皮 A 点接保护屏蔽层 G 点，r_3 为双芯屏蔽线外皮电阻，Z_3 为保护屏蔽层相对机壳的绝缘阻抗，机壳 B 点接地。

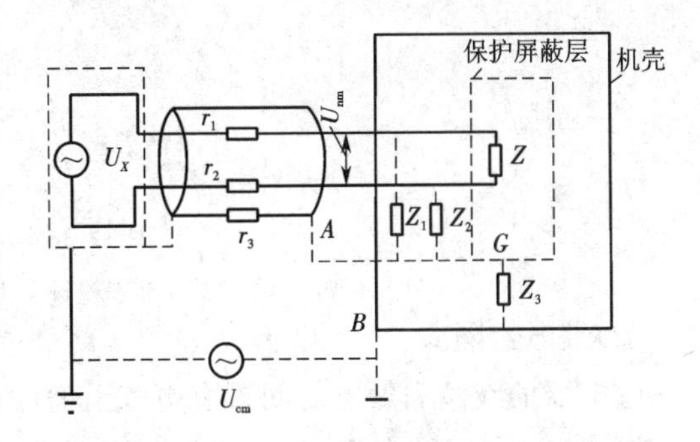

图 12-32　浮空加保护屏蔽方式

共模电压 U_{cm} 先经 r_3、Z_3 分压，再由 r_1、r_2、Z_1、Z_2 分压后才形成 U_{nm} 其关系式为

$$U_{nm}=\frac{r_3}{r_3+Z_3}\frac{r_1Z_2-r_2Z_1}{(r_1+Z_1)(r_2+Z_2)}U_{cm}\approx\frac{r_3(r_1Z_2-r_2Z_1)}{Z_3(r_1+Z_1)(r_2+Z_2)}U_{cm} \tag{12-27}$$

很显然，只要增加屏蔽层对机壳的绝缘电阻，减少相应的分布电容，使得

$$\frac{r_3}{Z_3}\ll 1$$

成立，则由 U_{cm} 引起的差模噪声 U_{nm} 有显著的减少，说明浮空加屏蔽的方法是从阻抗上截断了共模噪声电压 U_{cm} 与信号回路的通路。

3. **隔离技术**

信号隔离的目的之一是从电路上把干扰源和易干扰的部分隔离开来，使测控装置与现场仅保持信号联系，但不直接发生电的联系。隔离的实质是切断干扰通道，从而达到隔离现场干扰的目的。

(1)光电隔离

光电隔离是通过光电耦合器件来完成的。由于光电耦合器不是将输入侧和输出侧的电信号进行直接耦合，而是以光为媒介进行间接耦合，具有较高的电气隔离和抗干扰能力。

光电耦合器的输入部分为红外发光二极管，可采用 TTL 或 CMOS 数字电路驱动，如图 12-33 所示。在图 12-33(a)中，输出电压 U_o 受 TTL 电路反相器控制。当反相器的输入信号为低电平时，输出信号为高电平，发光二极管截止，光敏三极管不导通，U_o 输出为高电平。

反之U_o输出为低电平。R_F用来限制发光二极管的正向电流I_f。

图 12-33(b)为CMOS门电路驱动控制。当CMOS反相器输出为高电平时,VT晶体管导通,红外发光二极管导通,光电耦合器中的输出达林顿管导通,继电器J吸合,其触点可完成规定的控制动作;反之,当CMOS门输出为低电平时,VT管截止,红外发光二极管不导通,达林顿管截止,继电器J处于释放状态。

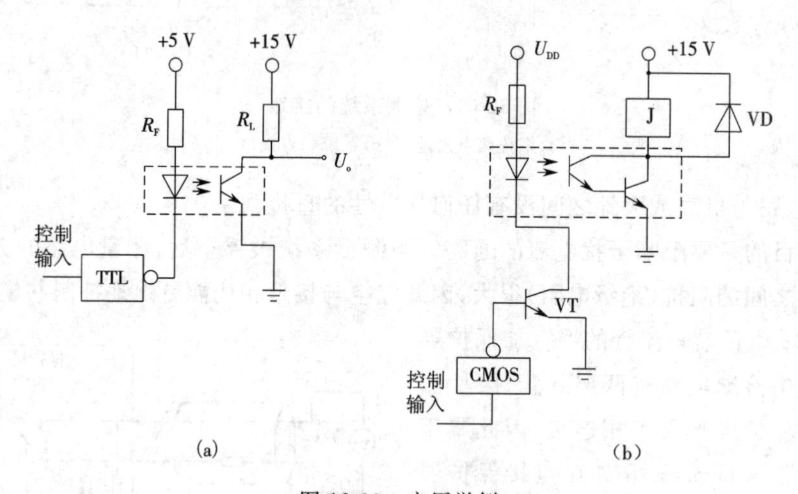

图 12-33　应用举例

(a)TTL 电路反相器控制　(b)CMOS 门电路驱动控制

(2)继电器隔离

继电器的线圈和触点之间没有电气上的联系,因此可利用继电器的线圈接收电气信号,利用触点发送和输出信号,从而避免强电和弱电信号之间的直接接触,实现了抗干扰隔离,如图 12-34 所示。

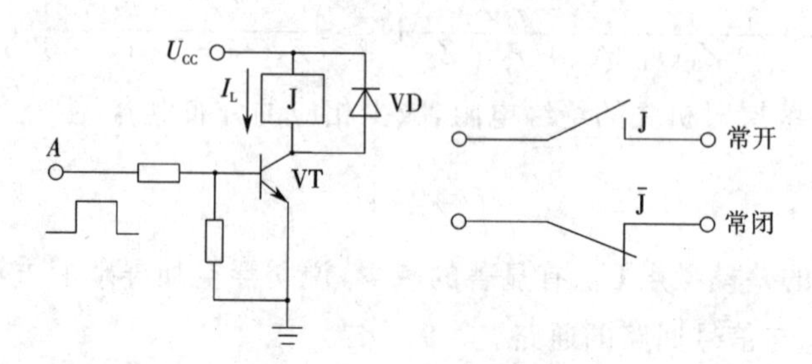

图 12-34　继电器隔离

当输入高电平时,晶体三极管VT饱和导通,继电器J吸合;当A点为低电平时,VT截止,继电器J则释放,完成了信号的传送过程。VD是保护二极管。当VT由导通变为截止时,继电器线圈两端产生很高的反电势,以继续维持电流I_L。由于该反电势一般很高,容易造成VT的击穿。加入二极管VD后,为反电势提供了放电回路,从而保护了三极管VT。

(3)变压器隔离

脉冲变压器可实现数字信号的隔离。脉冲变压器的匝数较少,而且一次和二次绕组分别缠绕在铁氧体磁芯的两侧,分布电容仅几皮法,所以可作为脉冲信号的隔离器件。图 12-35 所示电路外部的输入信号经RC滤波电路和双向稳压管抑制噪声干扰,然后输入脉冲变压器的一次侧。为了防止过高的对称信号击穿元件，脉冲变压器的二次侧输出电压被稳压管限幅后进入测控系统内部。

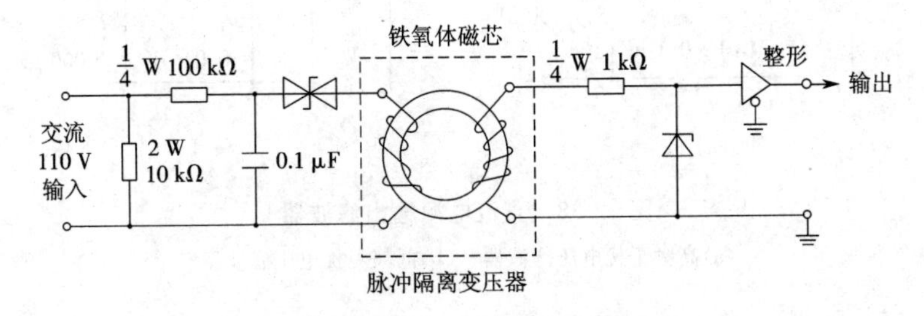

图 12-35 脉冲变压器隔离

4.**滤波技术**

滤波器是一种只允许某一频带信号通过或阻止某一频带信号通过的电路，是抑制噪声干扰的有效手段之一。

(1)交流电源进线对称滤波器

在使用交流电源的电子测量仪表电路中，噪声经电源线传导耦合到测量电路中对仪表工作造成干扰是最常见的情况。为此，在交流电源进线端子间加装滤波器十分必要。图 12-36 是低频干扰电压抑制电路，此电路对抑制电源波形失真而含有较多高次谐波的干扰非常有效。图 12-37 所示的三种高频干扰电压对称滤波器对于抑制中波段的高频噪声干扰效果比较好。

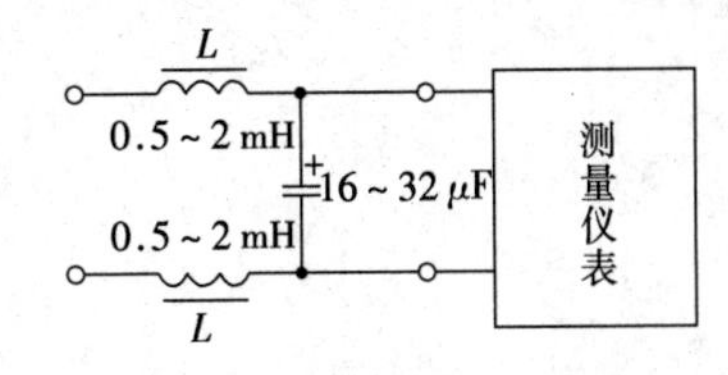

图 12-36 低频干扰电压滤波电路

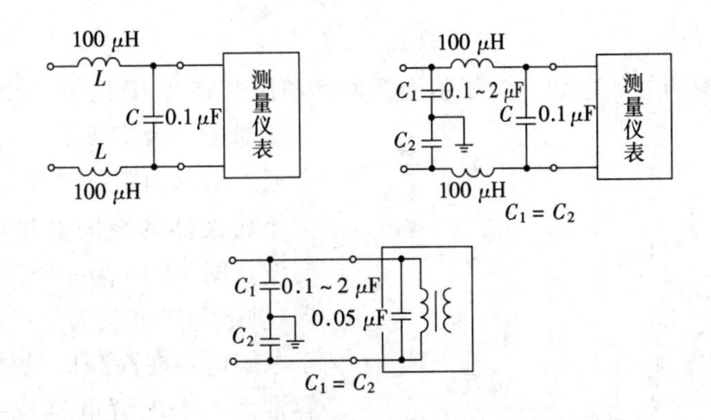

图 12-37 三种高频干扰电压对称滤波器

(2)直流电源输出滤波器

任何直流供电的仪表，其直流电源往往被几个电路共用。为了减弱经公用电源内阻在各电路之间形成的噪声耦合，对直流电源输出还需加装滤波器，如图 12-38 所示。

(3)退耦滤波器

当一个直流电源对几个电路同时供电时，为了避免通过电源内阻造成的几个电路之间互相干扰，应在每个电路的直流电源进线与地之间加装退耦滤波器，如图 12-39 所示。

图 12-39(b)所示 LC 退耦滤波器有一个谐振频率，其值为

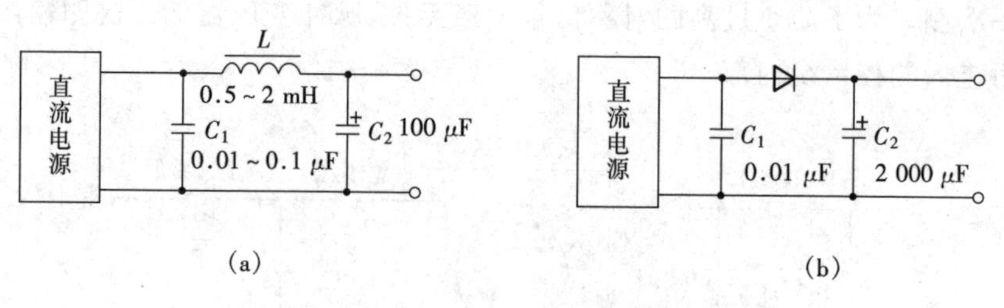

图 12-38　直流电源输出滤波器

(a)高频干扰电压滤波器　(b)低频干扰电压滤波器

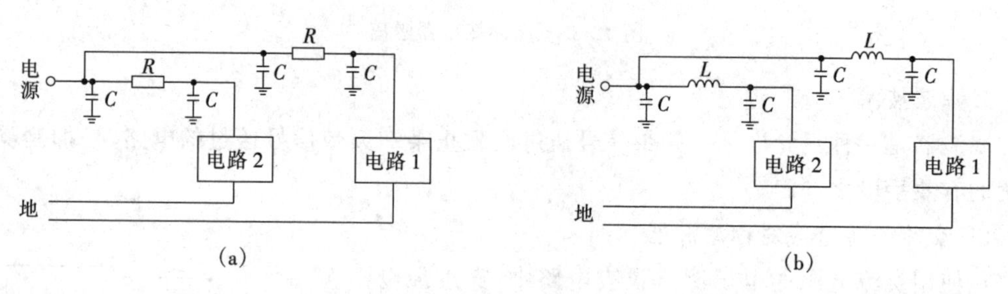

图 12-39　电源退耦滤波器

(a)RC 退耦滤波器　(b)LC 退耦滤波器

$$f_{\tau}=\frac{1}{2\pi\sqrt{LC}} \tag{12-28}$$

应将这个谐振频率取在电路通频带之外。在谐振时，增益与阻尼系数 ξ 成反比，LC 滤波器的阻尼系数为

$$\xi=\frac{R}{2}\sqrt{\frac{C}{L}} \tag{12-29}$$

式中：R 是电感线圈的等效电阻。为了将谐振时增益限制在 2 dB 以下，应取 $\xi>0.5$。

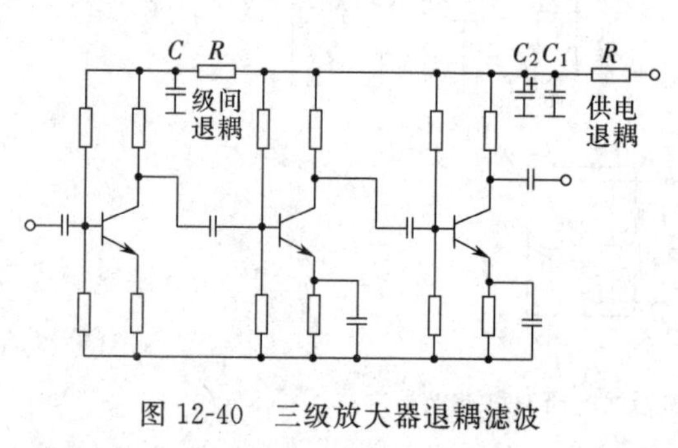

图 12-40　三级放大器退耦滤波

对于一台多级放大器，各放大级之间会通过电源内阻抗产生耦合干扰。因此，多级放大器的级间及供电必须进行退耦滤波。图 12-40 为一个三级阻容耦合放大器，供电和级间接有 RC 退耦滤波器。由于电解电容在高频时呈感性，所以退耦电容常由一个电解电容与一个高频电容并联组成。

5. 软件干扰抑制技术

计算机应用系统的抗干扰措施除上面介绍的硬件方法外，还可以利用软件进行数字滤出。

①限幅滤波。限幅滤波的原理是比较相邻(n 和 $n-1$ 时刻)的两个采样值 y_n 和 y_{n-1}，如果它们的差值太大，即超出了参数可能的最大范围，可认为发生了随机干扰，并视后一次采样值为非法值，予以剔除。其算法为

$$\Delta y_n=|y_n-y_{n-1}|\begin{cases}\leqslant a & y_n=y_n\\ >a & y_n=y_{n-1}\end{cases} \tag{12-30}$$

式中：a 表示两次采样值之差最大可能的变化范围，其值应根据实际情况确定。

②中值滤波。中值滤波能有效地克服因偶然因素引起的波动，或采样器不稳定引起误码造成的脉冲干扰，适用于变化缓慢的参数测量。其算法是对某一被测量连续采样 n 次（一般 n 取奇数），然后把 n 次采样值按大小排队，取中间值为本次测量值。

③算术平均值滤波。算术平均值滤波适用于对一般随机干扰信号进行滤波。它通常取 N 次测量值的算术平均值作为最终测量值。N 值较大时，平滑度高，灵敏度低；反之，则平滑度低，灵敏度高。

④RC 滤波。RC 滤波适用于要求滤波时间常数较大的场合，它对周期性干扰具有良好的抑制作用。其算法为

$$\overline{y}_n=(1-a)y_n+a\overline{y}_{n-1} \tag{12-31}$$

$$a=\frac{T_f}{T+T_f}$$

式中　y_n——未经滤波的第 n 次采样值；

$\overline{y}_n$——经过滤波后的第 n 次采样值；

T——采样周期(s)；

T_f——滤波时间常数(s)。

⑤复合滤波。实际应用中所面临的干扰往往不是单一的，因此常把上述两种以上的方法结合起来使用，形成复合滤波。

附录 例题分析及习题

第2章 传感器的一般特性

[基本要求]

1. 了解传感器定义、构成及发展趋势；
2. 掌握传感器静态特性指标及定量描述方法；
3. 掌握传感器动态特性指标及定量描述方法；
4. 初步了解构成差动式传感器的方式及其特点。

[例题分析]

例 2-1 一台精度等级为0.5级、量程范围600～1 200 ℃的温度传感器，其最大允许绝对误差是多少？检验时某点最大绝对误差是4 ℃，问此表是否合格？

解：根据精度定义表达式 $A=\frac{\Delta A}{Y_{F\cdot S}}\times 100\%$，并由题意可知 $A=0.5\%$，$Y_{F\cdot S}=(1\ 200-600)$ ℃，得最大允许绝对误差

$$\Delta A=AY_{F\cdot S}=0.5\%\times(1\ 200-600)=3\ ℃$$

即此温度传感器最大允许绝对误差为3 ℃。检验某点的最大绝对误差为4 ℃，大于3 ℃，故此传感器不合格。

例 2-2 已知某传感器静态特性方程为 $Y=e^X$，试分别用切线法、端基法及最小二乘法，在 $0<X\leqslant 1$ 范围内拟合刻度直线方程，并求出相应的线性度。

解：(1)切线法：如图2-1所示，在 $X=0$ 处作切线为拟合直线①，其表达式为 $Y=a_0+KX$。

当 $X=0$，则 $Y=1$，得 $a_0=1$；当 $X=1$，则 $Y=e$，得 $K=\left.\frac{dY}{dX}\right|_{X=0}=\left.e^X\right|_{X=0}=1$。故切线法刻度直线方程为 $Y=1+X$。

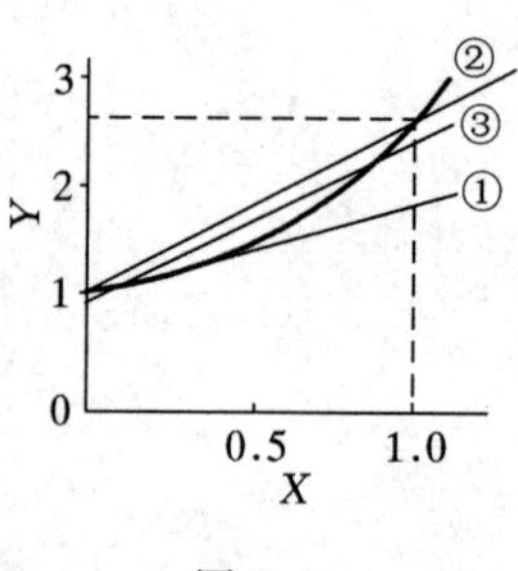

图 2-1

最大偏差 ΔY_{max} 在 $X=1$ 处，则

$$\Delta Y_{max}=|e^X-(1+X)|_{X=1}=0.718\ 3$$

切线法线性度

$$\delta_L=\frac{\Delta Y_{max}}{Y_{F\cdot S}}\times 100\%=\frac{0.718\ 3}{e-1}\times 100\%=41.8\%$$

(2)端基法：在测量两端点间连直线为拟合直线②，其表达式为 $Y=a_0'+K'X$，则 $a_0'=1$，$K'=\frac{e-1}{1-0}=1.718$，得端基法刻度直线方程为 $Y=1+1.718X$。

由$\frac{d[e^X-(1+1.718X)]}{dX}=0$，解得 $X=0.5412$ 处存在最大偏差

$$\Delta Y_{max}=|e^X-(1+1.718X)|_{X=0.5412}=0.2117$$

得端基法线性度

$$\delta_L=\frac{\Delta Y_{max}}{Y_{F\cdot S}}\times 100\%=\frac{0.2117}{e-1}\times 100\%=12.3\%$$

(3)最小二乘法：求拟合刻度直线③，其表达式为 $Y=a_0''+K''X$。根据计算公式将测量范围 6 等分，取 $n=6$，列表如下：

X	0	0.2	0.4	0.6	0.8	1.0
Y	1	1.221	1.492	1.822	2.226	2.718
X^2	0	0.04	0.16	0.36	0.64	1
XY	0	0.244	0.597	1.093	1.781	2.718

分别计算 $\sum X=3$，$\sum Y=10.479$，$\sum XY=6.433$，$\sum X^2=2.2$。

由公式得

$$a_0''=\frac{\sum XY\sum X-\sum Y\sum X^2}{(\sum X)^2-n\sum X^2}=\frac{6.433\times 3-10.479\times 2.2}{3^2-6\times 2.2}=0.894$$

$$K''=\frac{\sum X\sum Y-n\sum XY}{(\sum X)^2-n\sum X^2}=\frac{3\times 10.479-6\times 6.433}{3^2-6\times 2.2}=1.705$$

从而得最小二乘法拟合直线方程为 $Y=0.894+1.705X$。

由$\frac{d[e^X-(0.894+1.705X)]}{dX}=0$ 解出 $X=0.5336$。故

$$\Delta Y_{max}=|e^X-(0.894+1.705X)|_{X=0.5336}=0.0987$$

得最小二乘法线性度

$$\delta_L=\frac{0.0987}{e-1}\times 100\%=5.74\%$$

此题计算结果表明用最小二乘法拟合的刻度直线 δ_L 值最小，因而此法拟合精度最高，在计算过程中 n 取值愈大，则其拟合刻度直线 δ_L 值愈小。用三种方法拟合的刻度直线如图 2-1 所示。

例 2-3　某玻璃水银温度计微分方程式为 $4\frac{dQ_0}{dt}+2Q_0=2\times 10^{-3}Q_i$，式中：$Q_0$ 为水银柱高度(m)；Q_i 为被测温度(℃)。试确定该温度计的时间常数和静态灵敏度。

解：该温度计为一阶传感器，其微分方程基本形式为 $a_1\frac{dY}{dt}+a_0Y=b_0X$，此式与已知微分方程比较可得时间常数与静态灵敏度，即

$$\tau=\frac{a_1}{a_0}=\frac{4}{2}=2\ \text{s}$$

$$K=\frac{b_0}{a_0}=\frac{2\times 10^{-3}}{2}=10^{-3}\ \text{m/℃}$$

[思考题与习题]

2-1　何为传感器静态特性？静态特性主要技术指标有哪些？

2-2　何为传感器动态特性？动态特性主要技术指标有哪些？

2-3　传感器的精度等级是如何确定的？

2-4　传感器的线性度是怎样确定的？拟合刻度直线有几种方法？

2-5　已知某温度计测量范围为 0～200 ℃，检验测试其最大误差 $\Delta Y_{max}=4$ ℃，求其满度相对误差，并根据精度等级标准判断精度等级。

2-6 检定一台1.5级刻度0～100 Pa压力传感器，现发现50 Pa处误差最大为1.4 Pa，问这台压力传感器是否合格？

2-7 已知某传感器静态特性方程为$Y=\sqrt{1+X}$，试分别用切线法、端基法、最小二乘法在$0<X\leqslant 0.5$范围内拟合刻度直线方程，并求出相应的线性度。

2-8 已知某位移传感器，当输入量$\Delta X=10\ \mu m$时，其输出电压变化量$\Delta U=50\ mV$，求其平均灵敏度K_1。若采用两个相同的上述传感器组成差动测量系统，则该差动式位移传感器的平均灵敏度K_2为多少？

第3章 应变式传感器

[基本要求]

1.掌握金属应变片式传感器的构成原理及特性；

2.掌握压阻式传感器工作原理和固态压阻器件设计特点；

3.通过分析电阻应变片测量桥路，掌握直流惠斯通电桥结构形式及特点。

[例题分析]

例3-1 已知试件受力横截面面积$S=0.5\times 10^{-4}\ m^2$，弹性模量$E=2\times 10^{11}\ N/m^2$，将100 Ω电阻应变片贴在弹性试件上，若有$F=5\times 10^4$ N的拉力引起应变电阻变化为1 Ω。试求该应变片的灵敏度系数。

解：由题意得应变片电阻相对变化量$\frac{\Delta R}{R}=\frac{1}{100}$。

根据材料力学理论可知应变$\varepsilon=\frac{\sigma}{E}$（$\sigma$为试件所受应力，$\sigma=\frac{F}{S}$），故应变

$$\varepsilon=\frac{F}{SE}=\frac{5\times 10^4}{0.5\times 10^{-4}\times 2\times 10^{11}}=0.005$$

应变片灵敏度系数

$$K=\frac{\Delta R/R}{\varepsilon}=\frac{1/100}{0.005}=2$$

例3-2 一台用等强度梁作为弹性元件的电子秤，在梁的上、下面各贴两片相同的电阻应变片（$K=2$），如图3-1(a)所示。已知$l=100$ mm、$b=11$ mm、$t=3$ mm，$E=2\times 10^4\ N/mm^2$。现将四个应变片接入图3-1(b)所示直流桥路中，电桥电源电压$U=6$ V。当重力$W=4.9$ N时，求电桥输出电压U_o。

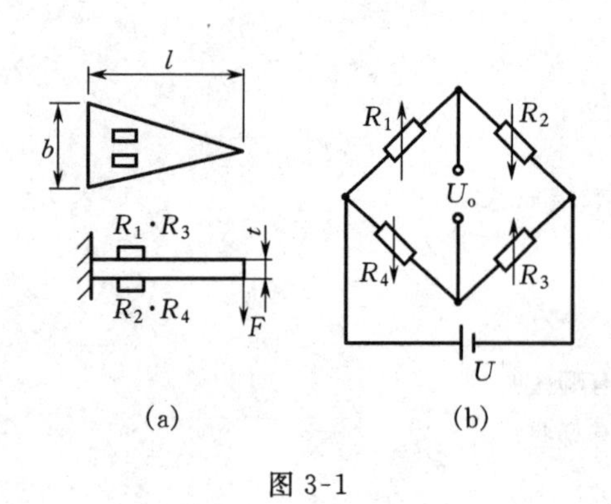

图3-1

解：如图3-1(a)所示，四片相同的电阻应变片贴于等强度梁上、下面各两片。当重力W作用于梁端部后，梁上表面R_1和R_3产生正应变电阻变化而下表面R_2和R_4则产生负应变电阻变化，其应变绝对值相等，即

$$\varepsilon_1=\varepsilon_3=|-\varepsilon_2|=|-\varepsilon_4|=\varepsilon=\frac{6Wl}{bt^2E}$$

电阻相对变化量为

$$\frac{\Delta R_1}{R_1}=\frac{\Delta R_3}{R_3}=\left|-\frac{\Delta R_2}{R_2}\right|=\left|-\frac{\Delta R_4}{R_4}\right|=\frac{\Delta R}{R}=K\varepsilon$$

现将四个应变电阻按图 3-1(b)所示接入桥路组成等臂全桥电路，其输出桥路电压为

$$U_o=\frac{\Delta R}{R}U=K\varepsilon U=KU\frac{6Wl}{bt^2E}$$

$$=2\times6\times\frac{6\times4.9\times100}{11\times3^2\times2\times10^4}=0.0178\ \text{V}=17.8\ \text{mV}$$

例 3-3 将四片相同的金属丝应变片($K=2$)贴在实心圆柱形测力弹性元件上。如图 3-2(a)所示，力 $F=9\,800$ N，圆柱断面半径 $r=1$ cm，杨氏模量 $E=2\times10^7\ \text{N/cm}^2$，泊松比 $\mu=0.3$。要求：

(1)画出应变片在圆柱上粘贴位置及相应测量桥路原理图；

(2)计算各应变片的应变和电阻相对变化量 $\Delta R/R$；

(3)若供桥电压 $U=6$ V，求桥路输出电压 U_o；

(4)指出此种测量方式能否补偿环境温度对测量的影响，并说明原因。

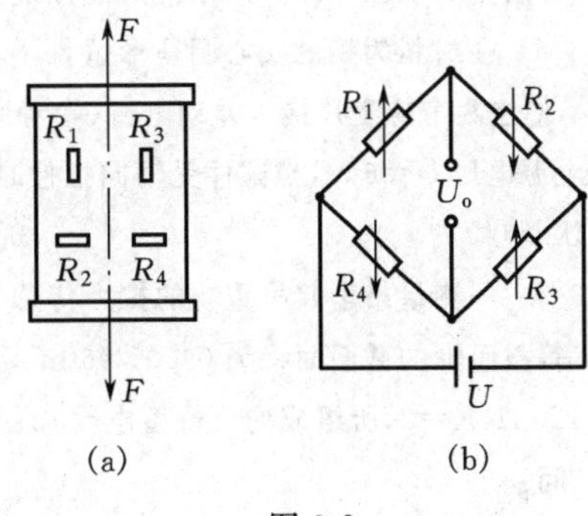

图 3-2

解:(1)按题意采用四个相同应变片贴在测力弹性元件上，贴的位置如图 3-2(a)所示。R_1、R_3 沿轴向在力 F 作用下产生正应变，即 $\varepsilon_1>0,\varepsilon_3>0$；$R_2$、$R_4$ 沿圆周方向贴则产生负应变，即 $\varepsilon_2<0,\varepsilon_4<0$。

四个应变电阻接入桥路位置如图 3-2(b)所示，从而组成全桥测量电路，可以提高输出电压灵敏度。

(2)
$$\varepsilon_1=\varepsilon_3=\frac{F}{SE}=\frac{9\,800}{\pi\times1^2\times2\times10^7}=1.56\times10^{-4}=156\ \mu\varepsilon$$

$$\varepsilon_2=\varepsilon_4=-\mu\frac{F}{SE}=-0.3\times1.56\times10^{-4}=-0.47\times10^{-4}=-47\ \mu\varepsilon$$

$$\frac{\Delta R_1}{R_1}=\frac{\Delta R_3}{R_3}=K\varepsilon_1=2\times1.56\times10^{-4}=3.12\times10^{-4}$$

$$\frac{\Delta R_2}{R_2}=\frac{\Delta R_4}{R_4}=-K\varepsilon_2=-2\times0.47\times10^{-4}=-0.94\times10^{-4}$$

(3)
$$U_o=\frac{1}{4}\left(\frac{\Delta R_1}{R_1}-\frac{\Delta R_2}{R_2}+\frac{\Delta R_3}{R_3}-\frac{\Delta R_4}{R_4}\right)U=\frac{1}{2}\left(\frac{\Delta R_1}{R_1}-\frac{\Delta R_2}{R_2}\right)U$$

$$=\frac{1}{2}(3.12\times10^{-4}+0.94\times10^{-4})\times6$$

$$=1.22\times10^{-3}\ \text{V}$$

$$=1.22\ \text{mV}$$

(4)此种测量方式可以补偿环境温度变化对测量的影响。因为四个相同的电阻应变片在同样环境条件下，感受温度变化产生的电阻相对变化量相同，在全桥电路中不影响输出电压值，即

$$\frac{\Delta R_1(t)}{R_1}=\frac{\Delta R_2(t)}{R_2}=\frac{\Delta R_3(t)}{R_3}=\frac{\Delta R_4(t)}{R_4}=\frac{\Delta R(t)}{R}$$

故
$$\Delta U_{ot}=\frac{1}{4}\left[\frac{\Delta R_1(t)}{R_1}-\frac{\Delta R_2(t)}{R_2}+\frac{\Delta R_3(t)}{R_3}-\frac{\Delta R_4(t)}{R_4}\right]U=0$$

[思考题与习题]

3-1 何为金属材料的应变效应？何为半导体材料的压阻效应？

3-2 比较金属丝应变片和半导体应变片的相同点和不同点。

3-3 何为金属应变片的灵敏度系数？它与金属丝灵敏度函数有何不同？

3-4 采用应变片进行测量时为什么要进行温度补偿？常用温度补偿方法有哪些？

3-5 固态压阻器件的结构特点是什么？受温度影响会产生哪些温度漂移？如何进行补偿？

3-6 直流电桥是如何分类的？各类桥路输出电压与电桥灵敏度关系如何？

3-7 已知传感元件的应变片的电阻 $R=120\ \Omega$，$K=2.05$，应变为 800 μm/m。要求：

(1)计算 ΔR 和 $\Delta R/R$；

(2)若电源电压 $U=3$ V，求此时惠斯通电桥的输出电压 U_o。

3-8 在材料为钢的实心圆柱形试件上，沿轴线和圆周方向各贴一片电阻为 120 Ω 的金属应变片 R_1 和 R_2，把这两个应变片接入差动电桥(参看图 3-3)。若钢的泊松比 $\mu=0.285$，应变片的灵敏度系数 $K=2$，电桥电源电压 $U=6$ V，当试件受轴向拉伸时，测得应变片 R_1 的电阻变化值 $\Delta R_1=0.48\ \Omega$。试求电桥的输出电压 U_o。

3-9 一测量吊车起吊重物的拉力传感器如图 3-4(a)所示。R_1、R_2、R_3、R_4 按要求贴在等截面轴上。已知：等截面轴的截面面积为 0.001 96 m^2，弹性模量 $E=2\times10^{11}\ N/m^2$，泊松比 $\mu=0.3$，且 $R_1=R_2=R_3=R_4=120\ \Omega$，$K=2$，所组成的全桥型电路如图 3-4(b)所示，供桥电压 $U=2$ V。现测得输出电压 $U_o=2.6$ mV。问：

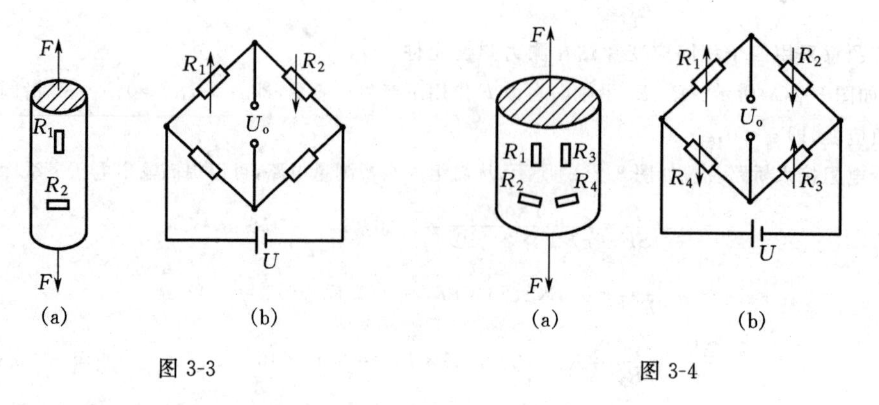

图 3-3　　　图 3-4

(1)等截面轴的纵向应变及横向应变为多少？

(2)F 为多少？

3-10 如图 3-5(a)所示，在悬臂梁距端部为 L 位置上、下面各贴两片完全相同的电阻应变片 R_1、R_2、R_3、R_4。试求图 3-5(c)、(d)、(e)三种桥臂接法桥路输出电压对图 3-5(b)接法输出电压的比值。图中 U 为电源电压，R 是固定电阻并且 $R_1=R_2=R_3=R_4=R$，U_o 为桥路输出电压。

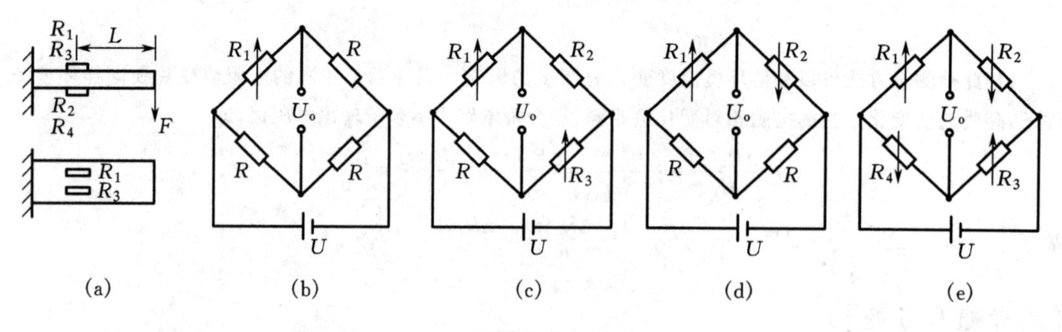

图 3-5

3-11　图 3-6 所示为自补偿式半导体应变片，R_1 为 P-Si 电阻条，R_2 为 N-Si 电阻条，并且不受应变时 $R_1=R_2$。现将其接入直流电桥电路中，要求桥路输出有最高的电压灵敏度，并能补偿环境温度影响。试画出桥路原理图，并解释满足上述要求的理由。

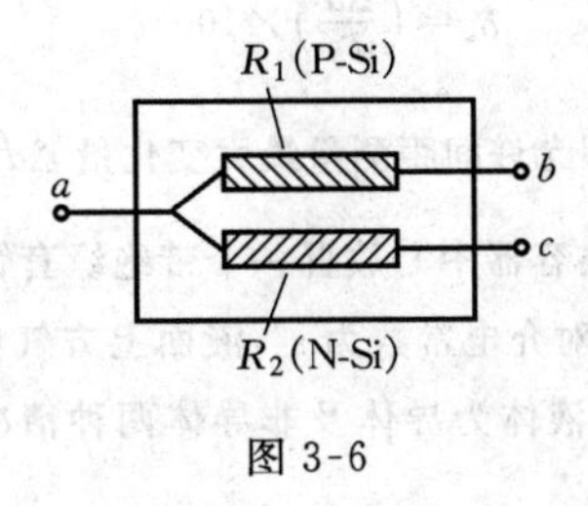

图 3-6

第 4 章　电容式传感器

[基本要求]

1. 掌握不同类型的电容传感器构造原理及其用途，并结合应用设计电容式传感器；

2. 分析各种电容式传感器测量电路（如交流不平衡电桥、二极管环形检波电路和差动脉冲宽度调制电路）的特点；

3. 了解杂散电容产生原因及减少或消除杂散电容影响的方法；

4. 了解电容式差压变送器结构原理，并学会分析计算电容式差压变送器初始电容及灵敏度变化的方法。

[例题分析]

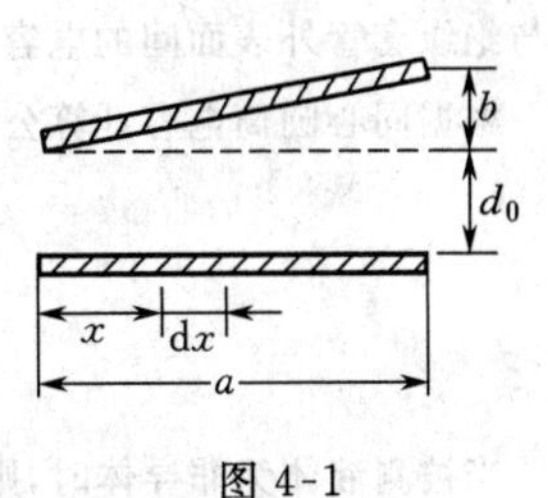

图 4-1

例 4-1　已知：平板电容传感器极板间介质为空气，极板面积 $S=a\times a=(2\times 2)\text{cm}^2$，间隙 $d_0=0.1$ mm。

(1)试求传感器初始电容值。

(2)若由于装配关系，两极板间不平行，如图 4-1 所示，一侧间隙为 d_0，而另一侧间隙为 $d_0+b(b=0.01$ mm$)$，求此时传感器电容值。

解：(1)由题意可知 $S=(2\times 2)\text{cm}^2$，$d_0=0.1$ mm$=0.01$ cm，又已知 $\varepsilon_0=\frac{1}{3.6\pi}$pF/cm，$\varepsilon_r=1$，则得初始电容值

$$C_0=\frac{\varepsilon S}{d}=\frac{\varepsilon_0\varepsilon_r S}{d_0}=\frac{2\times 2}{3.6\pi\times 0.01}=35.39\ \text{pF}$$

(2)如图 4-1 所示，两极板不平行时电容值

$$C=\int_0^a\frac{\varepsilon_0\varepsilon_r a\mathrm{d}x}{d_0+\frac{b}{a}x}=\int_0^a\frac{\varepsilon_0\varepsilon_r a\frac{a}{b}}{d_0+\frac{b}{a}x}\mathrm{d}\left(\frac{b}{a}x+d_0\right)=\frac{\varepsilon_0\varepsilon_r a^2}{b}\ln\left(\frac{b}{d_0}+1\right)$$

$$=\frac{2\times 2}{3.6\pi\times 0.001}\ln\left(\frac{0.01}{0.1}+1\right)=33.7\ \text{pF}$$

例 4-2　变间距(d)型平板电容传感器，当 $d_0=1$ mm 时，若要求测量线性度为 0.1%，问允许间距测量

最大变化量是多少？

解：当变间距型平板电容传感器的$\frac{\Delta d}{d_0} \ll 1$时，其线性度表达式为

$$\delta_L = \left(\frac{\Delta d}{d_0}\right) \times 100\%$$

由题意，故得 $0.1\% = \left(\frac{\Delta d}{1}\right) \times 100\%$，即允许间距测量最大变化量 $\Delta d = 0.001$ mm。

例 4-3　如图 4-2 所示，圆筒形金属容器中心放置一个带绝缘套管的圆柱形电极用来测介质液位。绝缘材料相对介电常数为 ε_1，被测液体相对介电常数为 ε_2，液面上方气体相对介电常数为 ε_3，电极各部位尺寸如图所示，并忽略底面电容。在被测液体为导体及非导体两种情况下，试分别推导出传感器特性方程 $C_H = f(H)$。

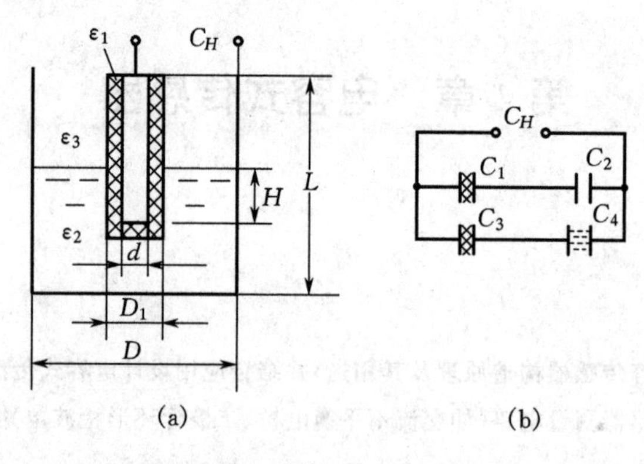

图 4-2

解：根据题意画出该测量系统等效电路如图 4-2(b)所示。其中，C_1 和 C_3 分别为绝缘套在电极上、下两部分形成的电容，C_2 为液面上方气体在容器壁与绝缘套管外表面间形成的电容，C_4 为被测液体在容器壁与绝缘套管外表面间的电容。

根据同心圆筒电容计算公式可得以上电容表达式分别为

$$C_1 = \frac{\varepsilon_1 (L-H)}{1.8\ln(D_1/d)} \qquad C_2 = \frac{\varepsilon_3 (L-H)}{1.8\ln(D/D_1)}$$

$$C_3 = \frac{\varepsilon_1 H}{1.8\ln(D_1/d)} \qquad C_4 = \frac{\varepsilon_2 H}{1.8\ln(D/D_1)}$$

当被测液体为非导体时，则

$$\begin{aligned} C_H &= C_1 /\!/ C_2 + C_3 /\!/ C_4 \\ &= \frac{\varepsilon_1 \varepsilon_3 (L-H)}{1.8[\varepsilon_1 \ln(D/D_1) + \varepsilon_3 \ln(D_1/d)]} + \frac{\varepsilon_1 \varepsilon_2 H}{1.8[\varepsilon_1 \ln(D/D_1) + \varepsilon_2 \ln(D_1/d)]} \\ &= A + BH \end{aligned}$$

式中

$$A = \frac{\varepsilon_1 \varepsilon_3 L}{1.8[\varepsilon_1 \ln(D/D_1) + \varepsilon_3 \ln(D_1/d)]}$$

$$B = \frac{\varepsilon_1}{1.8}\left[\frac{\varepsilon_2}{\varepsilon_1 \ln(D/D_1) + \varepsilon_2 \ln(D_1/d)} - \frac{\varepsilon_3}{\varepsilon_1 \ln(D/D_1) + \varepsilon_3 \ln(D_1/d)}\right]$$

当液体为导电体时 $C_4 = 0$，则

$$\begin{aligned} C_H &= C_1 /\!/ C_2 + C_3 \\ &= \frac{\varepsilon_1 \varepsilon_3 (L-H)}{1.8[\varepsilon_1 \ln(D/D_1) + \varepsilon_3 \ln(D_1/d)]} + \frac{\varepsilon_1 H}{1.8\ln(D_1/d)} \\ &= A + BH \end{aligned}$$

式中

$$A=\frac{\varepsilon_1\varepsilon_3 L}{1.8[\varepsilon_1\ln(D/D_1)+\varepsilon_3\ln(D_1/d)]}$$

$$B=\frac{\varepsilon_1}{1.8}\left[\frac{1}{\ln(D_1/d)}-\frac{\varepsilon_3}{\varepsilon_1\ln(D/D_1)+\varepsilon_3\ln(D_1/d)}\right]$$

例 4-4 已知：差动式电容传感器的初始电容 $C_1=C_2=100$ pF，交流信号源电压有效值 $U=6$ V，频率 $f=100$ kHz。要求：

(1)在满足有最高输出电压灵敏度条件下设计交流不平衡电桥电路，并画出电路原理图；

(2)计算另外两个桥臂的匹配阻抗值；

(3)当传感器电容变化量为±10 pF 时，计算桥路输出电压。

解：(1)根据交流电桥电压灵敏度曲线可知，当桥臂比 A 的模 $a=1$，相角 $\theta=90°$时，桥路输出电压灵敏度系数有最大值 $k_m=0.5$，按此设计的交流不平衡电桥如图 4-3 所示。

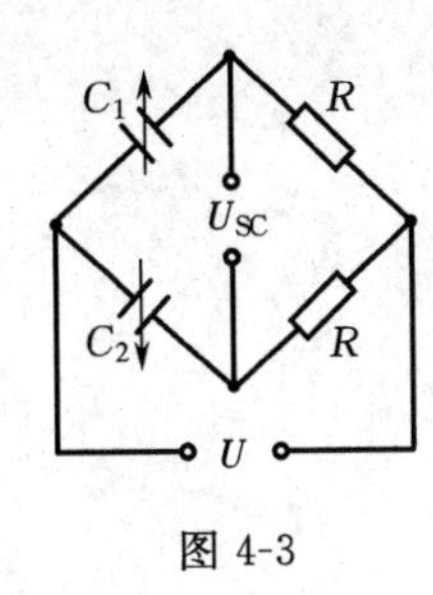

图 4-3

因为满足 $a=1$，则 $\left|\frac{1}{j\omega C}\right|=R$。当 $\theta=90°$时要选择电容和电阻元件匹配。

(2)$R=\left|\frac{1}{j\omega C}\right|=\frac{1}{2\pi fC}=\frac{1}{2\pi\times10^5\times10^{-10}}=1.59\times10^4\ \Omega=15.9\ \text{k}\Omega$。

(3)交流电桥输出信号电压根据差动测量原理及桥压公式得

$$U_{SC}=2k_m\frac{\Delta C}{C}U=2\times0.5\times\frac{\pm10}{100}\times6=\pm0.6\ \text{V}$$

[思考题与习题]

4-1 电容式传感器有哪些优点和缺点？

4-2 分布和寄生电容的存在对电容传感器有什么影响？一般采取哪些措施可以减小其影响？

4-3 如何改善单极式变极板间距型电容传感器的非线性？

4-4 差动脉冲宽度调制电路用于电容传感器测量电路，具有什么特点？

4-5 如图 4-4 所示平板式电容位移传感器。已知：极板尺寸 $a=b=4$ mm，间隙 $d_0=0.5$ mm，极板间介质为空气。要求：

(1)求该传感器静态灵敏度；

(2)若极板沿 x 方向移动 2 mm，求此时电容量。

4-6 如图 4-5 所示差动式同心圆筒电容传感器，其可动极筒外径为 9.8 mm，定极筒内径为 10 mm，上、下遮盖长度均为 1 mm。要求：

(1)试求电容值 C_1 和 C_2；

(2)当供电电源频率为 60 kHz 时，求它们的容抗值。

4-7 如图 4-6 所示为一液体储罐，采用电容式液面计测液面。已知罐的内径 $D=4.2$ m，金属圆柱电容电极直径 $d=3$ mm，液位量程 $H=20$ m，罐内含有瓦斯气，介电常数 $\varepsilon_1=13.27\times10^{-12}$ F/m，液体介电常

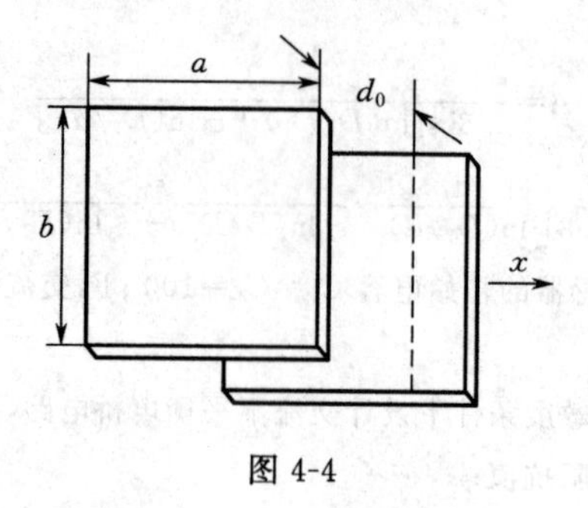

图 4-4

数 $\varepsilon_2=39.82\times10^{-12}$ F/m。求液面计零点迁移电容值和量程电容值。

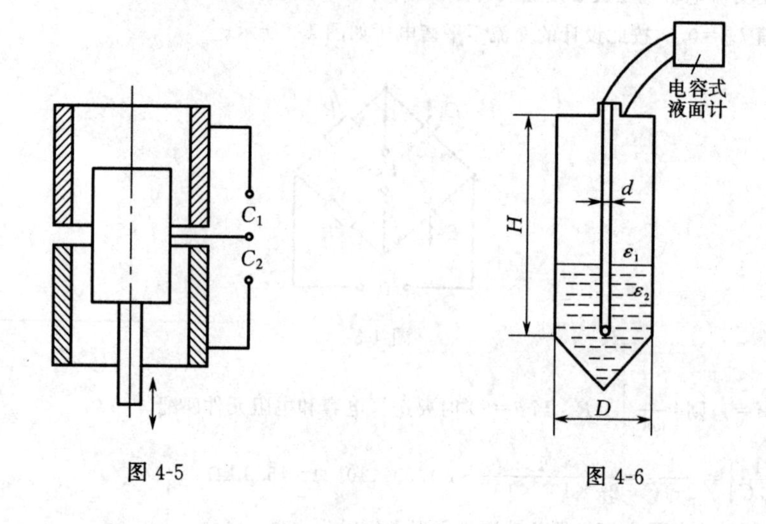

图 4-5　　图 4-6

第 5 章　电感式传感器

[基本要求]

1. 掌握自感式传感器结构原理及其相应的测量电路；
2. 掌握差动变压器组成、原理、特点及提高测量灵敏度的方法；
3. 学会分析差动整流电路及相敏检波电路的工作原理，并能应用；
4. 了解电涡流式传感器的特点、工作原理及应用。

[例题分析]

例 5-1　如图 5-1 所示气隙型电感传感器，衔铁横截面面积 $S=(4\times4)\text{mm}^2$，气隙总长度 $l_\delta=0.8$ mm，衔铁最大位移 $\Delta l_\delta=\pm0.08$ mm，激励线圈匝数 $N=2\ 500$ 匝，导线直径 $d=0.06$ mm，电阻率 $\rho=1.75\times10^{-6}\,\Omega\cdot\text{cm}$。当激励电源频率 $f=4\ 000$ Hz 时，忽略漏磁及铁损。要求计算：

(1)线圈电感值；

(2)电感的最大变化量；

(3)当线圈外断面为$(11\times11)\text{mm}^2$时的直流电阻值；

(4)线圈的品质因数；

(5)当线圈存在200 pF分布电容与之并联后的等效电感变化值。

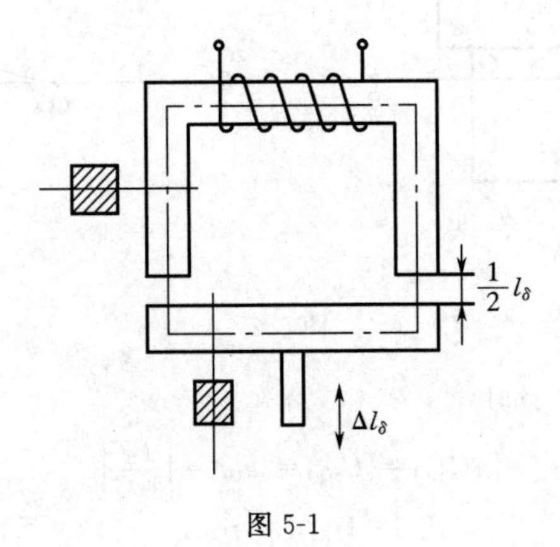

图 5-1

解：(1)由图5-1可知气隙型电感计算公式为

$$L_0=\frac{N^2\mu_0 S}{l_\delta}=\frac{2\ 500^2\times4\pi\times10^{-7}\times4\times4\times10^{-6}}{0.8\times10^{-3}}=0.157\ \text{H}=157\ \text{mH}$$

(2)当衔铁最大位移$\Delta l_\delta=\pm0.08$ mm时，分别计算$\Delta l_\delta=+0.08$ mm时电感值L_1为

$$L_1=\frac{N^2\mu_0 S}{l_\delta+2\Delta l_\delta}=\frac{2\ 500^2\times4\pi\times10^{-7}\times4\times4\times10^{-6}}{(0.8+2\times0.08)\times10^{-3}}=0.131\ \text{H}=131\ \text{mH}$$

$\Delta l_\delta=-0.08$ mm时电感值L_2为

$$L_2=\frac{N^2\mu_0 S}{l_\delta-2\Delta l_\delta}=\frac{2\ 500^2\times4\pi\times10^{7}\times4\times4\times10^{-6}}{(0.8-2\times0.08)\times10^{-3}}=0.196\ \text{H}=196\ \text{mH}$$

所以当衔铁最大位移变化±0.08 mm时相应的电感变化量$\Delta L=L_2-L_1=196-131=65$ mH。

(3)根据铁芯截面$(4\times4)\text{mm}^2$及线圈外断面$(11\times11)\text{mm}^2$取平均值，按断面为$(7.5\times7.5)\text{mm}^2$计算每匝总长$l_{CP}=4\times7.5=30\ \text{mm}=3\ \text{cm}$，则线圈直流电阻

$$R_e=\frac{4\rho Nl_{CP}}{\pi d^2}=\frac{4\times1.75\times10^{-6}\times2\ 500\times3}{\pi\times(0.06\times10^{-1})^2}=464\ \Omega$$

(4)线圈品质因数

$$Q=\frac{\omega L}{R_e}=\frac{2\pi fL}{R_e}=\frac{2\pi\times4\ 000\times157\times10^{-3}}{464}=8.5$$

(5)当线圈存在分布电容$C=200$ pF时引起的电感变化可按下式计算：

$$\begin{aligned}\Delta L_P&=L_P-L_0=\frac{L_0}{1-\omega^2L_0C}-L_0\\&=\frac{157\times10^{-3}}{1-(2\pi\times4\ 000)^2\times157\times10^{-3}\times2\times10^{-10}}-157\times10^{-3}\\&=(160-157)\times10^{-3}\ \text{H}\\&=3\ \text{mH}\end{aligned}$$

以上结果说明分布电容的存在使等效电感L_P值增大。

例 5-2　试分析图5-2(a)所示差动变压器零点残余电压$\dot{U}_0$补偿电路原理并画出向量图。

解：补偿前设$|\dot{e}_{21}|>|\dot{e}_{22}|$，并且$\dot{e}_{21}$超前$\dot{e}_{22}\theta$相角，此时补偿可采用如图5-2(a)所示电路，在$\dot{e}_{21}$回路中串联电位器$R$与可调电容$C$来调节。

向量图如图5-2(b)所示。方法是通过调R和C使$\dot{U}_{AB}=\dot{U}_{AO}-\dot{U}_{OB}\approx0$为差动变压器输出。在向量图

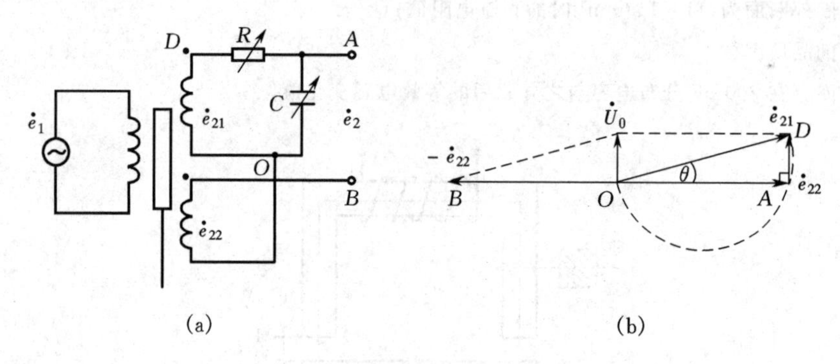

图 5-2

上 A 点在以 OD 为直径的圆上。此时

$$|\dot{U}_{AO}|=|\dot{U}_{BO}|=|\dot{e}_{22}|=\left|\frac{\dot{I}_{21}}{\mathrm{j}\omega C}\right|$$

$$\dot{U}_{AD}=\dot{I}_{21}R$$

以上分析说明差动变压器的输出电压为 $\dot{U}_{AB}=\dot{U}_{AO}-\dot{e}_{22}\approx 0$，但由于 $\dot{U}_{AO}$ 和 $\dot{e}_{22}$ 相角差仍存在但远小于原相角差 θ 值，故调节结果 $\dot{U}_{AB}\ll\dot{U}_0$。

例 5-3 利用电涡法测板材厚度，已知：激励电源频率 $f=1$ MHz，被测材料相对磁导率 $\mu_r=1$，电阻率 $\rho=2.9\times10^{-6}\ \Omega\cdot\mathrm{cm}$，被测板厚为(1+0.2)mm。要求：

(1)计算采用高频反射法测量时涡流穿透深度 h；

(2)判断能否用低频透射法测板厚，若可以需要采取什么措施，并画出检测示意图。

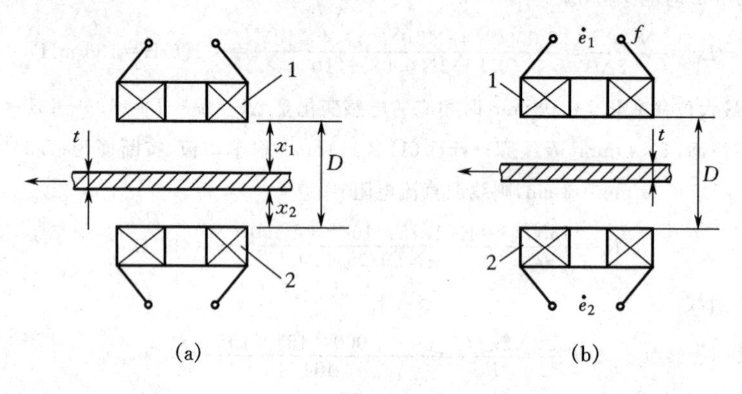

图 5-3

解：高频反射法求涡流穿透深度公式为

$$h=50.3\sqrt{\frac{\rho}{\mu_r f}}=50.3\sqrt{\frac{2.9\times10^{-6}}{1\times10^6}}=85.7\times10^{-6}\ \mathrm{m}=0.085\ 7\ \mathrm{mm}$$

高频反射法测板厚一般采用双探头，如图 5-3(a)所示，两探头间距离 D 为定值，被测板从线圈间通过，可计算出板厚

$$t=D-(x_1+x_2)$$

式中：x_1 和 x_2 通过探头 1 和 2 可以测出。

(2)若采用低频透射法，需要降低信号源频率使涡流穿透深度大于板材厚度 $t_{\max}=1.2$ mm，即应满足 $t_{\max}<50.3\sqrt{\dfrac{\rho}{\mu_r f}}$，$\rho$ 和 μ_r 为定值，则

$$f<\frac{\rho}{\mu_r}\times\left(\frac{50.3}{t_{max}}\right)^2=\frac{2.9\times10^{-6}}{1}\times\left(\frac{50.3}{0.12}\right)^2=0.51\ \text{kHz}$$

在 $f<0.51$ kHz 时采用低频透射法测板材厚度如图 5-3(b)所示。发射线圈在磁电压 e_1 作用之下产生磁力线，经被测板后到达接收线圈 2 使之产生感应电势 e_2，由于 $e_2=f(t)$，只要线圈之间距离 D 一定，测得 e_2 的值即可计算出板厚 t。

[思考题与习题]

5-1 电感式传感器分哪几类？各有何特点？

5-2 说明差动式电感传感器与差动变压器工作原理的区别。

5-3 说明差动变压器零点残余电压产生的原因并指出消除残余电压的方法。

5-4 如何提高差动变压器的灵敏度？

5-5 有一只螺管型差动式电感传感器如图 5-4(a)所示。传感器线圈铜电阻 $R_1=R_2=40\ \Omega$，电感 $L_1=L_2=30$ mH，现用两只匹配电阻设计成四臂等阻抗电桥，如图 5-4(b)所示。问：

(1)匹配电阻 R_3 和 R_4 值为多大才能使电压灵敏度达到最大值？

(2)当 $\Delta Z=\pm10\ \Omega$ 时，电源电压为 4 V，$f=400$ Hz，电桥输出电压值 U_{SC} 是多少？

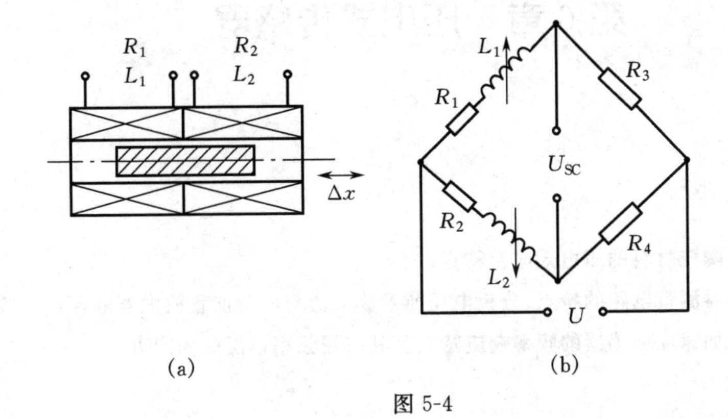

图 5-4

5-6 现有一只螺管型差动式电感传感器如图 5-4(a)所示，通过实验测得 $L_1=L_2=100$ mH，其线圈导线电阻很小可以忽略。已知：电源电压 $U=6$ V，频率 $f=400$ Hz。要求：

(1)从电压灵敏度最大角度考虑设计四臂交流电桥匹配，计算桥臂电阻最佳参数 R_1 和 R_2；

(2)画出相应四臂交流电桥电路原理图；

(3)当输入参数变化使线圈阻抗变化 $\Delta Z=\pm20\ \Omega$ 时，计算电桥差动输出信号电压 U_{SC}。

5-7 图 5-5 为差动式电感传感器测量电路。L_1、L_2 是差动电感，$VD_1\sim VD_4$ 是检波二极管(设其正向电阻为零，反向电阻为无穷大)，C_1 是滤波电容，其阻抗很大，输出端电阻 $R_1=R_2=R$，输出端电压由 C、D 引出为 e_{CD}，U_P 为正弦波信号源。要求：

(1)分析电路工作原理(即指出铁芯移动方向与输出电压 e_{CD} 极性的关系)；

(2)分别画出铁芯上移及下移时流经电阻 R_1 和 R_2 的电流 i_{R_1} 和 i_{R_2} 及输出端电压 e_{CD} 的波形图。

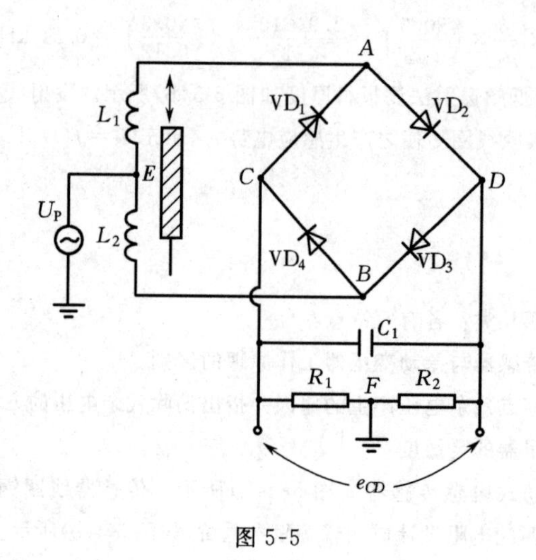

图 5-5

第 6 章　压电式传感器

[基本要求]

1. 了解石英及压电陶瓷材料的压电效应及特点；
2. 掌握压电式传感器测量电路的特点，分析电压前置放大器与电荷前置放大器的区别及特点；
3. 学会分析压电式加速度传感器的频率响应特性及其应用频率范围的确定方法。

[例题分析]

例 6-1　有一压电晶体，其面积 $S=3\ \text{cm}^2$，厚度 $t=0.3$ mm，在零度 x 切型纵向石英晶体压电系数 $d_{11}=2.31\times10^{-12}$ C/N。求受到压力 $p=10$ MPa 作用时产生的电荷 q 及输出电压 U_o。

解：受力 F 作用后，石英晶体产生电荷量为

$$q=d_{11}F=d_{11}pS$$

代入数据得

$$q=2.31\times10^{-12}\times10\times10^{6}\times3\times10^{-4}=6.93\times10^{-9}\ \text{C}$$

晶体的电容量

$$C=\frac{\varepsilon_0\varepsilon_r S}{t}$$

式中：ε_0 为真空介电常数，$\varepsilon_0=8.85\times10^{-12}$ F/m；ε_r 为石英晶体相对介电常数，$\varepsilon_r=4.5$，故

$$C=\frac{8.85\times10^{-12}\times4.5\times3\times10^{-4}}{0.3\times10^{-3}}=3.98\times10^{-11}\ \text{F}$$

则输出电压

$$U=\frac{q}{C}=\frac{6.93\times10^{-9}}{3.98\times10^{-11}}=174\ \text{V}$$

例 6-2　某压电式压力传感器为两片石英晶片并联，每片厚度 $t=0.2$ mm，圆片半径 $r=1$ cm，$\varepsilon_r=4.5$，x 切型 $d_{11}=2.31\times10^{-12}$ C/N。当 0.1 MPa 压力垂直作用于 p_X 平面时，求传感器输出电荷和电极间电压

的值。

解:当两片石英晶片并联,输出电荷 q'_X 为单片的2倍,所以得到

$$q'_X=2q_X=2d_{11}F_X=2d_{11}\pi r^2 p_X=2\times 2.31\times 10^{-12}\times \pi\times 1^2\times 0.1\times 10^2$$
$$=145\times 10^{-12}\ \mathrm{C}=145\ \mathrm{pC}$$

并联总电容为单电容的2倍,得

$$C'=2C=2\frac{\varepsilon_0\varepsilon_r\pi r^2}{t}=\frac{2\times 1/3.6\pi\times 4.5\times\pi\times 1^2}{0.02}=125\ \mathrm{pF}$$

所以电极间电压

$$U_X=q'_X/C'=\frac{145}{125}=1.16\ \mathrm{V}$$

例6-3 分析压电式加速度传感器的频率响应特性。若电压前置放大器测量电路的总电容 $C=1\ 000$ pF,总电阻 $R=500\ \mathrm{M\Omega}$,传感器机械系统固有频率 $f_0=30$ kHz,相对阻尼系数 $\xi=0.5$。求幅值误差小于2%时,其使用的频率范围。

解:根据压电式加速度传感器频率响应特性可知其下限截止频率取决于前置放大器参数,对电压前置放大器而言,其实际输入电压与理想输入电压之比的相对幅频特性为

$$K=\frac{\omega\tau}{\sqrt{1+(\omega\tau)^2}}$$

式中:ω 为作用于压电元件上的信号角频率,$\omega=2\pi f$;τ 为前置放大器回路时间常数,$\tau=RC$。

由题意可知,当 $K=\frac{\omega_L\tau}{\sqrt{1+(\omega_L\tau)^2}}=1-2\%$ 时,代入数据 $\tau=RC=500\times 10^6\times 1\ 000\times 10^{-12}=0.5$ s,可计算出 $\omega_L=10$,而 $\omega_L=2\pi f_L$,所以其输入信号频率下限为

$$f_L=\frac{\omega_L}{2\pi}=\frac{10}{2\pi}=1.6\ \mathrm{Hz}$$

而上限截止频率可由传感器本身频率特性确定,即

$$\left|\frac{X_i}{a_0}\right|=\frac{\left(\frac{1}{\omega_0}\right)^2}{\sqrt{\left[1-\left(\frac{\omega}{\omega_0}\right)^2\right]^2+\left[2\xi\left(\frac{\omega}{\omega_0}\right)\right]^2}}$$

式中:X_i 为质量块相对于传感器壳体的位移幅度;a_0 为加速度幅值;ω_0 为传感器本身固有角频率,$\omega_0=2\pi f_0$。

当低频时,即 $\omega/\omega_0\ll 1$ 时,式中忽略此项,得到理想频率特性表达式为

$$\left|\frac{X_i}{a_0}\right|'=\left(\frac{1}{\omega_0}\right)^2$$

根据题意在高频 ω_H 时,幅值误差为2%,即

$$\frac{\left|\frac{X_i}{a_0}\right|-\left|\frac{X_i}{a_0}\right|'}{\left|\frac{X_i}{a_0}\right|'}=2\%$$

将 $\left|\frac{X_i}{a_0}\right|$ 和 $\left|\frac{X_i}{a_0}\right|'$ 表达式代入上式化简计算可得

$$\frac{1}{\sqrt{\left[1-\left(\frac{\omega_H}{\omega_0}\right)^2\right]^2+\left[2\xi\left(\frac{\omega_H}{\omega_0}\right)\right]^2}}=1.02$$

$$\left[1-\left(\frac{\omega_H}{\omega_0}\right)^2\right]^2+\left[2\xi\left(\frac{\omega_H}{\omega_0}\right)\right]^2=0.96$$

$$\left(\frac{\omega_H}{\omega_0}\right)^4-\left(\frac{\omega_H}{\omega_0}\right)^2+0.04=0$$

解上述方程得

$$\left(\frac{\omega_H}{\omega_0}\right)^2=\begin{cases}0.96(\text{舍})\\0.042(\text{取})\end{cases}$$

计算得

$$\frac{\omega_H}{\omega_0}=\frac{f_H}{f_0}=0.205$$

则

$$f_H=0.205f_0=0.205\times30=6.15\ \text{kHz}$$

另外，f_H 也可按 $f_H=\left(\frac{1}{5}\sim\frac{1}{3}\right)f_0$ 估算，则得 f_H 在 6～10 kHz 范围之内。

总之，分析结果表明该加速度计使用信号频率的范围在 1.6 Hz～6 kHz 时比较理想。

例 6-4　如图 6-1 所示电荷前置放大器电路。已知：$C_a=100$ pF，$R_a=\infty$，$C_F=10$ pF。若考虑引线 C_c 的影响，当 $A_0=10^4$ 时，要求输出信号衰减小于 1%。问使用 90 pF/m 的电缆，其最大允许长度为多少？

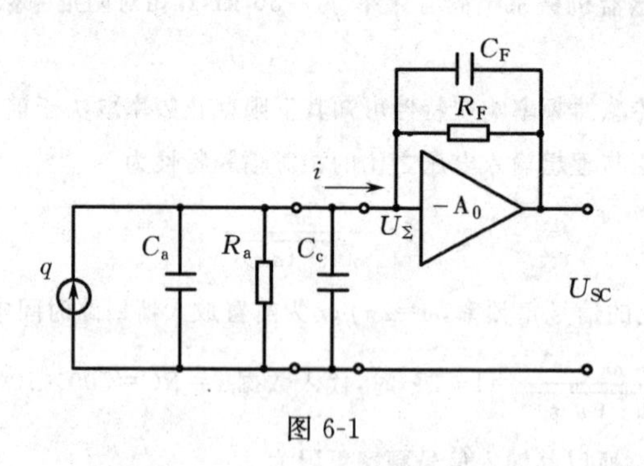

图 6-1

解：由电荷前置放大器输出电压表达式

$$U_{SC}=\frac{-A_0q}{C_a+C_c+(1+A_0)C_F}$$

可知，当运算放大器处于理想状态，$A_0\to\infty$ 时，上式可简化为 $U'_{SC}=-\frac{q}{C_F}$。则实际输出与理想输出信号的误差为

$$\delta=\frac{U'_{SC}-U_{SC}}{U'_{SC}}\approx\frac{C_a+C_c}{(1+A_0)C_F}$$

由题意已知要求 $\delta<1\%$ 并代入 C_a、C_F、A_0 得

$$\delta=\frac{100+C_c}{(1+10^4)\times10}<1\%$$

解出

$$C_c=900\ \text{pF}$$

所以电缆线最大允许长度为

$$L=\frac{900}{90}=10\ \text{m}$$

[思考题与习题]

6-1　何谓压电效应？正压电效应传感器能否测静态信号？为什么？

6-2　石英晶体的压电效应有何特点？标出图 6-2(b)、(c)、(d)中压电片上电荷的极性。并结合下图说明什么是纵向压电效应，什么是横向压电效应。

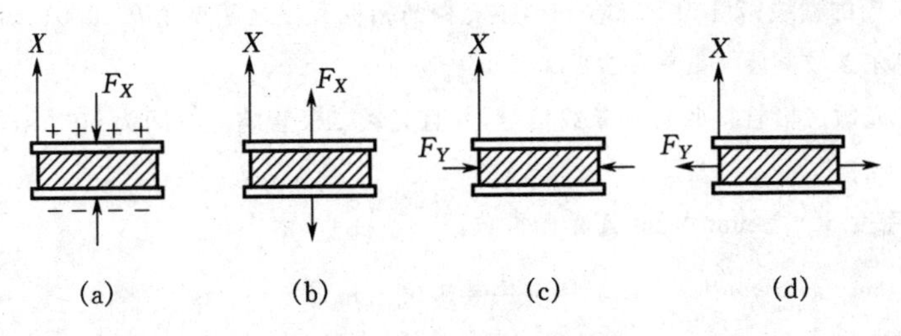

图 6-2

6-3　压电式传感器的前置放大器作用是什么？比较电压式和电荷式前置放大器各有何特点，并说明为何电压灵敏度与电缆长度有关，而电荷灵敏度与电缆长度无关。

6-4　压电元件在使用时常采用多片串接或并接的结构形式。试述在不同接法下输出电压、电荷、电容的关系，并指出它们分别适用于何种应用场合。

6-5　何谓电压灵敏度和电荷灵敏度？两者之间有何关系？

6-6　某石英晶体压电元件 x 切型 $d_{11}=2.31\times10^{-12}$ C/N，$\varepsilon_r=4.5$，截面面积 $S=5\ \text{cm}^2$，厚度 $t=0.5$ cm。

(1)试求纵向受压力 $F_X=9.8$ N 时，压电片两极片间输出电压值。

(2)若此元件与高阻抗运放间连接电缆电容 $C_c=4$ pF，试求该压电元件的输出电压。

6-7　压电式传感器测量电路如图 6-1 所示。其中压电片固有电容 $C_a=1\ 000$ pF，固有电阻 $R_a=10^{14}$ Ω，连线电缆电容 $C_c=300$ pF，反馈回路 $C_F=100$ pF，$R_F=1$ MΩ。要求：

(1)推导输出电压 U_o 表达式；

(2)当 $A_0=10^4$ 时，计算系统的测量误差；

(3)计算该测量系统下限截止频率。

第 7 章　数字式传感器

[基本要求]

1. 了解码盘式传感器工作原理及不同的结构形式；

2. 掌握光栅传感器结构原理及莫尔条纹的形成原理以及通过测量电路提高测量精度的方法。

[例题分析]

例 7-1　一个 21 码道的循环码盘，其最小分辨力 θ_1 是多少？若一个 θ_1 角对应圆弧长度至少为 0.001 mm，问码盘直径多大？

解：已知码道数 $n=21$，代入码盘最小分辨力公式得

$$\theta_1=\frac{360^\circ}{2^n}=\frac{360^\circ}{2^{21}}=0.000\ 171\ 7^\circ==3.00\times10^{-6}\ \text{rad}$$

码盘直径 $D=2r=2\dfrac{L}{\theta_1}$，式中 L 表示圆弧长度，已知 $L=0.001$ mm，所以

$$D=2r=2\times\frac{0.001}{3.00\times10^{-6}}=667\ \text{mm}$$

例 7-2 若某光栅的栅线密度为 50 线/mm，主光栅与指标光栅之间夹角 $\theta=0.01$ rad。

(1)其形成的莫尔条纹间距 B_H 是多少？

(2)若采用 4 个光敏二极管接收莫尔条纹信号，并且光敏二极管响应时间为 10^{-6} s，问此时光栅最大允许运动速度 v 是多少？

解：(1)由光栅密度 50 线/mm 可知，其光栅常数

$$W=\frac{1}{50}=0.02\ \text{mm}$$

根据公式可求莫尔条纹间距 $B_H=\frac{W}{\theta}$，式中 θ 为主光栅与指标光栅夹角，得

$$B_H=\frac{0.02}{0.01}=2\ \text{mm}$$

(2)光栅运动速度与光敏二极管响应时间成反比，即

$$v=\frac{W}{t}=\frac{0.02}{10^{-6}}=2\times10^{4}\ \text{mm/s}=20\ \text{m/s}$$

所以最大允许速度为 20 m/s。

[思考题与习题]

7-1 莫尔条纹是如何形成的？它有哪些特性？

7-2 如何提高光栅传感器的分辨力？

7-3 绝对式光电编码器和增量式光电编码器各有何优缺点？

7-4 如何提高增量编码器的分辨力？

7-5 若两个 100 线/mm 的光栅相互叠合，它们的夹角为 0.1°，试计算所形成的莫尔条纹的宽度。

7-6 用 4 个光敏二极管接收长光栅的莫尔条纹信号，如果光敏二极管的响应时间为 10^{-6} s，光栅的线密度为 50 线/mm，试计算长光栅所允许的最大运动速度。

7-7 一光电式增量编码器的计数器计了 100 个脉冲，对应的角位移量为 $\Delta\alpha=17.58°$，则该编码器的分辨力为多少？

第 8 章 热电式传感器

[基本要求]

1. 掌握热电偶、热电阻、热敏电阻测温的工作原理及应用方法；
2. 熟悉热电偶温度测量中冷端温度补偿方法；
3. 熟悉热电阻温度计三线制测量电桥原理及其特点；
4. 了解热敏电阻分类、特点及应用。

[例题分析]

例 8-1 将一支灵敏度为 0.08 mV/℃的热电偶与电压表相连，电压表接线端处温度为 50 ℃。电压表上读数为 60 mV，求热电偶热端温度。

解：根据题意，电压表上的毫伏数是由热端温度 t、冷端温度 50 ℃产生的，即 $E(t,50)=60$ mV。又因

为

$$E(t,50)=E(t,0)-E(50,0)$$

则
$$E(t,0)=E(t,50)+E(50,0)=60+50\times0.08=64\ \text{mV}$$

所以热端温度 $t=64/0.08=800$ ℃。

例 8-2　现用一支镍铬—铜镍热电偶测某换热器内温度，其冷端温度为 30 ℃，而显示仪表机械零位为 0 ℃，这时指示值为 400 ℃，若认为换热器内的温度为 430 ℃，对不对？为什么？正确值为多少？

解：不对。

因为仪表机械零位在 0 ℃与冷端 30 ℃温度不一致，而仪表刻度是以冷端为 0 ℃刻度的，故此时指示值不是换热器真实温度 t。必须经过计算、查表、修正方可得到真实温度 t 值。由题意首先查相关热电势表，得

$$E(400,0)=28.943\ \text{mV},E(30,0)=1.801\ \text{mV}$$

实际热电势为实际温度 t ℃与冷端 30 ℃产生的热电势，即

$$E(t,30)=E(400,0)=28.943\ \text{mV}$$

而
$$E(t,0)=E(t,30)+E(30,0)=28.943+1.801\ \text{mV}=30.744\ \text{mV}$$

查热电势表得 $t=422$ ℃。

以上结果表明，不能用指示温度与冷端温度之和表示实际温度，而必须通过计算热电势之和，查表得到真实温度。

例 8-3　一支分度号为 Cu100 的热电阻，在 130 ℃时它的电阻 R_t 是多少？要求精确计算和估算。

解：应根据铜电阻体电阻—温度特性公式，精确计算如下：

$$R_t=R_0(1+At+Bt^2+Ct^3)$$

式中：R_0 为 Cu100 铜电阻在 0 ℃时阻值，$R_0=100\ \Omega$；A、B、C 为分度系数，其中 $A=4.289\times10^{-3}/℃$，$B=-2.133\times10^{-7}/(℃)^2$，$C=1.233\times10^{-9}/(℃)^3$。则

$$\begin{aligned}R_t&=100\times(1+4.289\times10^{-3}\times130-2.133\times10^{-7}\times130^2+1.233\times10^{-9}\times130^3)\\&=155.667\ \Omega\end{aligned}$$

若近似计算，可根据 $R_t=R_0(1+\alpha t)$，式中 $\alpha=0.004\ 25$，得

$$R_t=100\times(1+0.004\ 25\times130)=155.25\ \Omega$$

另一种近似计算法可以根据 $R_{100}/R_0=1.428$ 计算：

$$\begin{aligned}R_t&=\frac{R_{100}-R_0}{100}t+R_0=\frac{1.428R_0-R_0}{100}t+R_0\\&=\frac{1.428\times100-100}{100}\times130+100=155.64\ \Omega\end{aligned}$$

从上面分析可看出，在仪表使用维护中，可用估算法在测得热电阻值情况下，近似算出温度或已知温度，粗略地判断相应的电阻值，从而可以分析判断仪表工作是否正常。

例 8-4　已知某负温度系数热敏电阻，在温度为 298 K 时阻值 $R_{T_1}=3\ 144\ \Omega$；当温度为 303 K 时阻值 $R_{T_2}=2\ 772\ \Omega$。试求该热敏电阻的材料常数 B_n 和 298 K 时的电阻温度系数 α_{tn}。

解：根据负温度系数电阻温度特性 $R_T=R_{T_0}\exp B_n\left(\frac{1}{T}-\frac{1}{T_0}\right)$ 公式，代入已知条件 $T_1=298\ \text{K}$，$R_{T_1}=3\ 144\ \Omega$，$T_2=303\ \text{K}$，$R_{T_2}=2\ 772\ \Omega$，解出

$$B_n=\frac{\ln R_{T_1}-\ln R_{T_2}}{\frac{1}{T_1}-\frac{1}{T_2}}=\frac{\ln 3\ 144-\ln 2\ 772}{\frac{1}{298}-\frac{1}{303}}=2\ 274\ \text{K}$$

温度系数 $\alpha_{tn}=\frac{1}{R_T}\frac{dR_T}{dT}=-\frac{B_n}{T^2}$，与 T^2 成反比，在 $T=298$ K 时，有

$$\alpha_{tn}=-\frac{2\ 274}{298\times 298}=-2.56\%/\mathrm{K}$$

[思考题与习题]

8-1 热电偶的测温原理是什么？热电偶测温计由哪几部分组成？

8-2 何为热电效应？热电势由哪几部分组成？热电偶产生热电势的必要条件是什么？

8-3 热电偶测温时为什么要进行冷端温度补偿？其冷端温度补偿的方法有哪几种？

8-4 试述热电阻测温原理。常用热电阻的种类有哪些？R_0 各为多少？

8-5 常用热电偶有哪几种？所配用的补偿导线是什么？选择补偿导线有什么要求？

8-6 热敏电阻测温有什么特点？热敏电阻可分为几种类型？

8-7 图 8-1(a)、(b)两种电阻测温桥路有什么区别？其各自特点是什么？(图中：R_T 为测温电阻；R_L 为引线电缆电阻；R 为桥臂固定电阻；E 为桥路电源；U 为桥路输出信号电压。)

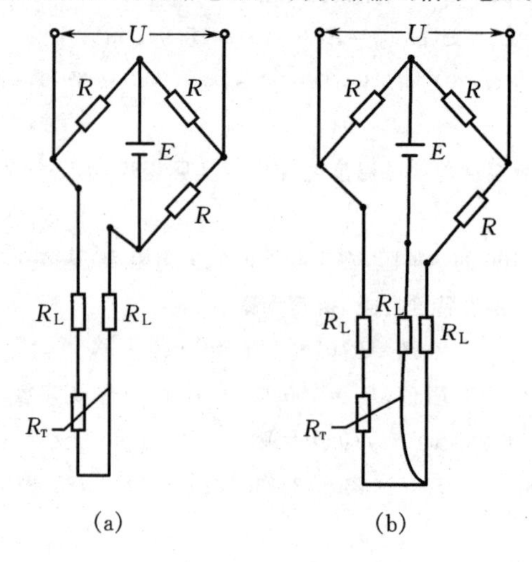

图 8-1

8-8 如图 8-2 所示热电偶回路，只将 B 一根丝插入冷筒中作为冷端，t 为待测温度，问 C 这段导线应采用哪种导线(是 A、B 还是铜线)，并说明原因。对 t_1 和 t_2 有什么要求？为什么？

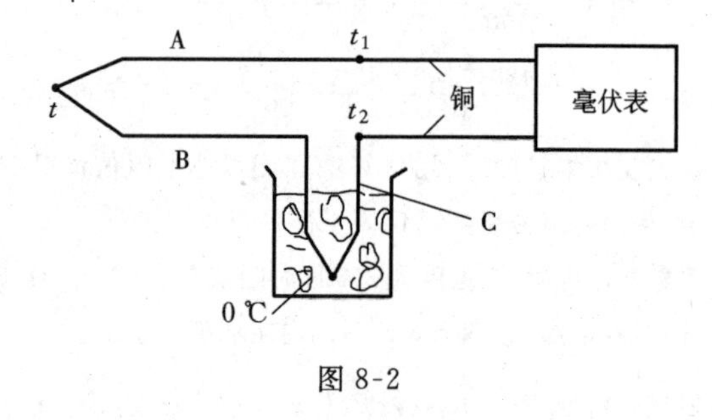

图 8-2

8-9 某热电偶灵敏度为 0.04 mV/℃，把它放在温度为 1 200 ℃处，若以指示表处温度 50 ℃为冷端，试求热电势的大小。

8-10 某热电偶的热电势 $E(600,0)=5.257$ mV，若冷端温度为 0 ℃，测某炉温输出热电势 $E=5.267$ mV。试求该加热炉实际温度 t。

8-11 已知铂电阻温度计 0 ℃时电阻为 100 Ω，100 ℃时电阻为 139 Ω，当它与热介质接触时，电阻值增至 281 Ω,试确定该介质温度。

8-12　当某热电偶高温接点为 1 000 ℃,低温接点为 50 ℃,试计算在热电偶上产生的热电势。假设该热电偶在 1 000 ℃时热电势为 $E_{1\,000}=1.31$ mV,50 ℃时热电势为 $E_{50}=2.02$ mV。

8-13　已知某负温度系数热敏电阻(NTC)的材料系数 B 值为 2 900 K,若 0 ℃电阻值为 500 kΩ,试求 100 ℃时电阻值。

第 9 章　磁敏传感器

[基本要求]

1. 掌握霍尔效应及霍尔元件工作原理,并了解减小霍尔传感器测量误差的方法;
2. 了解霍尔元件的应用。

[例题分析]

例 9-1　已知某霍尔元件尺寸为长 $L=10$ mm,宽 $b=3.5$ mm,厚 $d=1$ mm。沿 L 方向通以电流 $I=1.0$ mA,在垂直于 $b\times d$ 两方向上加均匀磁场 $B=0.3$ T,输出霍尔电势 $U_H=6.55$ mV。问该霍尔元件的灵敏度系数 K_H 和载流子浓度 n 分别是多少?

解:根据霍尔元件输出电势表达式 $U_H=K_H IB$,得

$$K_H=\frac{U_H}{IB}=\frac{6.55}{1\times 0.3}=21.8\ \text{mV/(mA}\cdot\text{T)}$$

而灵敏度系数 $K_H=\frac{1}{ned}$,式中电荷电量 $e=1.602\times 10^{-19}$ C,故载流子浓度

$$n=\frac{1}{K_H ed}=\frac{1}{21.8\times 1.602\times 10^{-19}\times 1\times 10^{-3}}=2.86\times 10^{20}/\text{m}^3$$

例 9-2　某霍尔压力计弹簧管最大位移±1.5 mm,控制电流 $I=10$ mA,要求变送器输出电动势±20 mV,选用 HZ-3 霍尔片,其灵敏度系数 $K_H=1.2$ mV/(mA·T)。问所要求线性磁场梯度至少多大?

解:根据 $U_H=K_H IB$ 公式可得

$$B=\frac{U_H}{K_H I}=\frac{\pm 20}{1.2\times 10}=\pm 1.67\ \text{T}$$

由题意可知在位移量变化为 $\Delta X=\pm 1.5$ mm 时,要求磁场强度变化 $\Delta B=\pm 1.67$ T。故得磁场梯度 K_B 至少为

$$K_B=\frac{\Delta B}{\Delta X}=\frac{\pm 1.67}{\pm 1.5}=1.11\ \text{T/mm}$$

例 9-3　试分析如图 9-1(a)所示霍尔测量电路中,要使负载电阻 R_L 上压降不随环境温度变化,应如何选取 R_L 值?

解:按图 9-1(a)基本电路画出如图 9-1(b)所示等效电路。图中 R_i、R_v 分别为霍尔元件的输入和输出内阻,均是温度的函数 $R_v=R_{v_0}[1+\beta(t-t_0)]$,产生的霍尔电势 U_H 也是温度的函数 $U_H=U_{H_0}[1+\alpha(t-t_0)]$,式中 t_0 为初始温度。此时输出内阻为 R_{v_0},霍尔电势为 U_{H_0},β 是电阻温度系数,α 为霍尔电势的温度系数,而且 $\beta\gg\alpha$。

由图 9-1(b)可得负载电阻上压降为

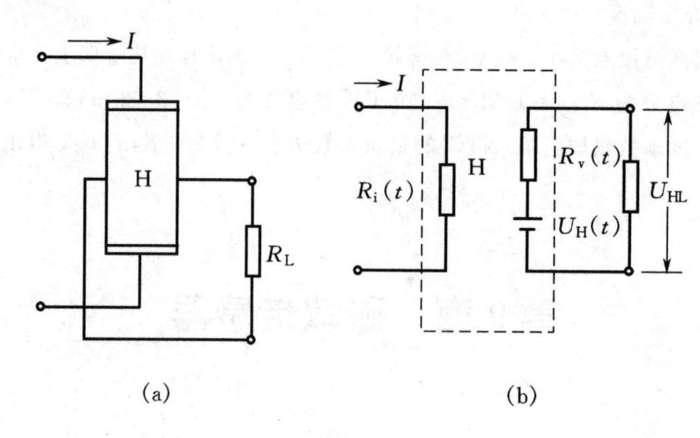

图 9-1

$$U_{HL}=\frac{U_H}{R_v+R_L}R_L$$

将 R_v 和 U_H 的温度变量代入上式有

$$U_{HL}=\frac{U_{H_0}[1+\alpha(t-t_0)]}{R_L+R_{v_0}[1+\beta(t-t_0)]}R_L$$

满足 U_{HL}不随 t 变化的条件是$\frac{dU_{HL}}{dt}=0$，即

$$\frac{dU_{HL}}{dt}=\frac{U_{H_0}\alpha\{R_L+R_{v_0}[1+\beta(t-t_0)]\}-U_{H_0}[1+\alpha(t-t_0)]R_{v_0}\beta}{\{R_L+R_{v_0}[1+\beta(t-t_0)]\}^2}R_L=0$$

又因为 $\alpha\ll1,\beta\ll1$，故上式括号中 $\beta(t-t_0)$ 及 $\alpha(t-t_0)$ 可忽略，解得

$$R_L=\frac{\beta-\alpha}{\alpha}R_{v_0}$$

又因为 $\beta\gg\alpha$，故可简化为

$$R_L=\frac{\beta}{\alpha}R_{v_0}$$

所以选负载电阻近似满足上式，可以有补偿环境温度变化的作用。

[思考题与习题]

9-1　什么是霍尔效应？

9-2　制作霍尔元件应采用什么材料，为什么？如何确定霍尔元件尺寸？

9-3　霍尔元件不等位电势是如何产生的？减小不等位电势可以采用哪些方法？为了减小霍尔元件的温度误差可采用哪些补偿方法？

9-4　说明霍尔压力传感器的转换原理。

9-5　举例说明霍尔元件的应用。

9-6　磁敏电阻温度补偿有哪些方法？

9-7　磁敏二极管与磁敏三极管的基本原理有何区别？

9-8　某霍尔压力计弹簧管的最大位移为±1.5 mm，控制电流 $I=10$ mA，要求变送器输出电动势为±20 mV，选用 HZ-3 霍尔片，其灵敏度系数 $K_H=1.2$ mV/(mA · T)。问所需的线性磁场梯度至少为多大？

9-9　已知某霍尔元件的长度 $L=8$ mm，宽度 $b=4$ mm，厚度 $d=0.2$ mm，其灵敏度系数为 1.2 mV/(mA · T)，沿 L 方向通过的工作电流 $I=5$ mA，在垂直于 L 与 b 的方向所加的均匀磁场 $B=0.6$ T。问其输出的霍尔电势及载流子浓度分别为多大？

9-10　试说明图 9-2 所示的各种磁敏二极管温度补偿电路的工作原理，并指出其各自特点。

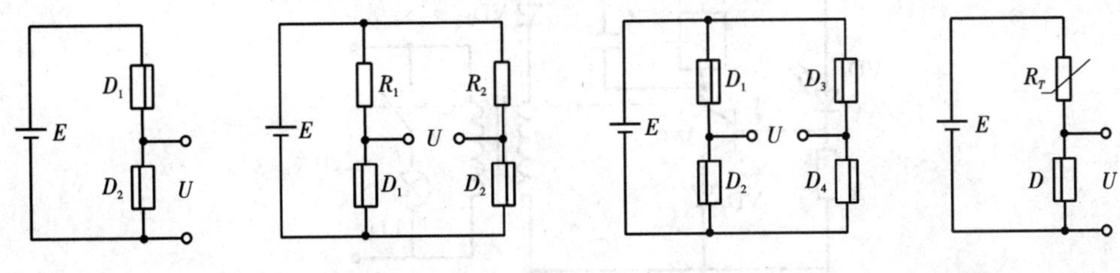

图 9-2

9-11　试说明图 9-3 所示的各种磁敏三极管温度补偿电路的工作原理，并指出其各自特点。

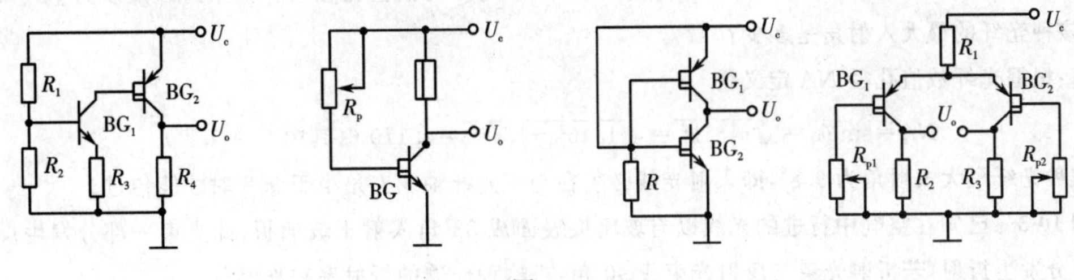

图 9-3

第 10 章　光电传感器

[基本要求]

1. 掌握光电效应及其相应器件如光电阻、光电池、光敏二(三)极管的特点及应用方法；
2. 熟悉光纤传光原理和结构形式；
3. 掌握光纤传感器结构原理及在测量温度、压力等场合的应用方法。

[例题分析]

例 10-1　拟定用光敏二极管控制的交流电压供电的明通及暗通直流电磁控制原理图。

解：根据题意，直流器件用在交流电路中应采用整流和滤波措施，方可使直流继电器吸合可靠，又因光敏二极管功率小，不足以直接控制直流继电器，故要采用晶体管或运算放大电路。拟定原理图如图 10-1 所示。

图中：VT 为晶体三极管；VD_1 为光电二极管；VD_2 为整流二极管；VD_Z 为射极电位稳压管；K 为直流继电器；C 为滤波电容；T 为变压器；R 为降压电阻；LD 为被控电灯。

原理：当有足够强的光线照射到光敏二极管上时，其内阻下降，在电源变压器为正半周时，三极管 VT 导通使 K 通电吸合，灯亮。无光照时则灯灭，故是一个明通电路。若图中光敏二极管 VD_1 与电阻 R 调换位置，则可得到一个暗通电路。

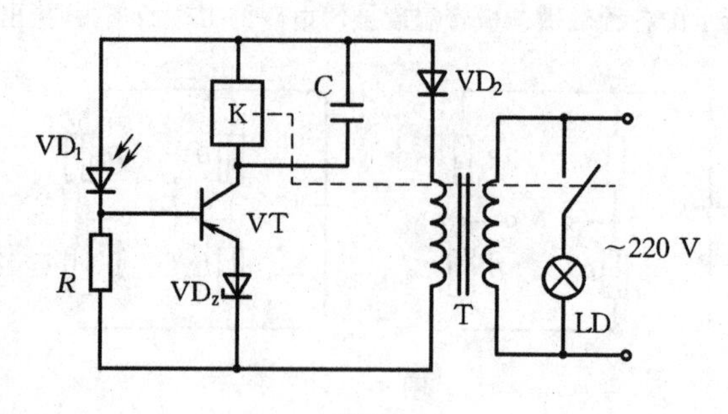

图 10-1

例 10-2 试计算 $n_1=1.46$，$n_2=1.45$ 的阶跃折射率光纤的数值孔径值。如果外部媒质为空气（$n_0=1$），问该种光纤的最大入射角是多少？

解：根据光纤数值孔径 NA 定义得

$$NA=\sin\theta_{i0}=\sqrt{n_1^2-n_2^2}=\sqrt{1.46^2-1.45^2}=0.1706（其中\ \theta_{i0}=9.8°）$$

故得该种光纤最大入射角为 9.8°，即入射光线必须在与该光纤轴线夹角小于 9.8°时才能传过。

例 10-3 已知在空气中行进的光线以与玻璃板表面成 33°角入射于玻璃板，此光束一部分发生反射，另一部分发生折射，若折射光束与反射光束成 90°角，求这种玻璃的折射率和临界角。

解：根据已知条件可得到图 10-2 所示情况，$\theta_1=\theta_3=\theta_4=33°$，入射角 $\theta_2=90°-\theta_1=57°$，折射角 $\theta_4=33°$。

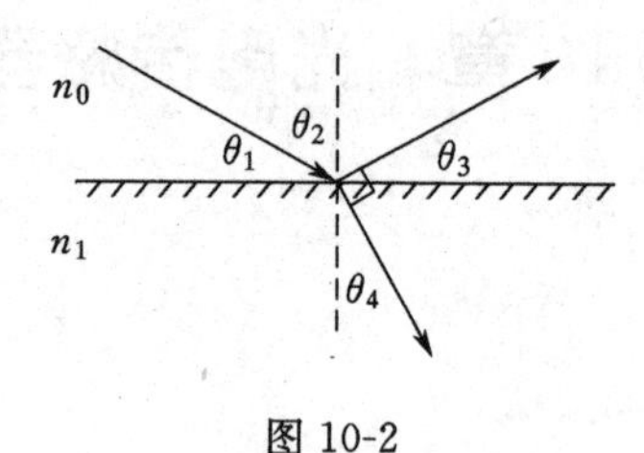

图 10-2

设空气折射率 $n_0=1$，玻璃折射率为 n_1，根据斯涅耳定理可知 $n_0\sin\theta_2=n_1\sin\theta_4$，故得

$$n_1=n_0\frac{\sin\theta_2}{\sin\theta_4}=\frac{\sin 57°}{\sin 33°}=1.54$$

当 $\theta_2=90°$ 时，$\theta_4=\theta_{4_0}=\arcsin\frac{n_0}{n_1}=\arcsin\frac{1}{1.54}$，故得玻璃临界角 $\theta_{4_0}=40.5°$。

[思考题与习题]

10-1 说明光导纤维的组成并分析其传光原理。

10-2 光导纤维传光的必要条件是什么？光纤数值孔径 NA 的物理意义是什么？

10-3 光纤传感器测量的基本原理是什么？光纤传感器分为几类？举例说明。

10-4 试计算 $n_1=1.48$ 和 $n_2=1.46$ 的阶跃折射率光纤的数值孔径。如果外部是空气（$n_0=1$），试问：对于这种光纤来说，最大入射角 θ_{max} 是多少？

10-5 光电效应可分为几类？说明其原理并指出相应的光电器件。

10-6 何谓光电池的开路电压及短路电流？为什么作为检测元件时要采用短路电流输出形式？

10-7 某光敏三极管在强光照时的光电流为 2.5 mA，选用的继电器吸合电流为 50 mA，直流电阻为 250 Ω。现欲设计两个简单的光电开关，其中一个是有强光照时继电器吸合，另一个是有强光照时继电器释放。请分别画出两个光电开关的电路图(采用普通三极管放大),并标出电源极性及选用的电压值。

10-8　某光电开关电路如图 10-3 所示,请分析其工作原理,并说明各元件的作用以及该电路在无光照的情况下继电器 K 是处于吸合状态还是释放状态。

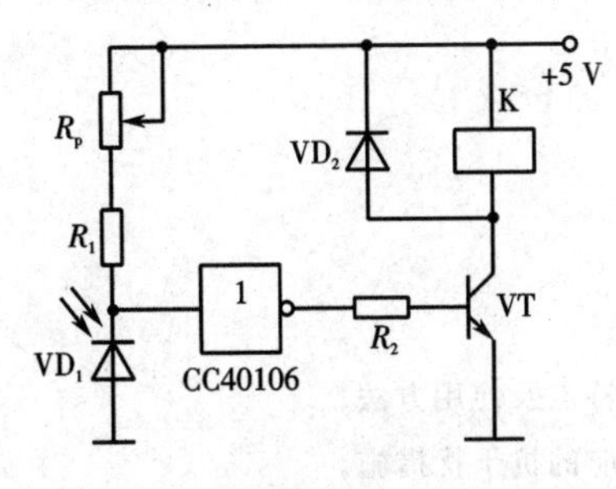

图 10-3

10-9　试设计一个较精密的光电池测量电路。要求电路的输出电压 U_o 与光照度成正比,且当光照度为 1 000 lx 时输出电压 $U_o=4$ V。

10-10　造纸工业中经常需要测量纸张的“白度”以提高产品质量,请设计一个自动检测纸张“白度”的测量仪,要求:

(1)画出传感器简图;

(2)画出测量电路简图;

(3)简要说明其工作原理。

第 11 章　智能传感技术

[基本要求]

1. 了解智能传感器的基本功能及体系结构;
2. 了解网络传感器的特点及发展概况。

[思考题与习题]

11-1　什么是智能传感器?其主要功能和特点是什么?

11-2　非线性校正方法有哪些?

11-3　说明无线传感器网络的体系架构及其特点。

11-4　举例说明无线传感器网络在实际中的应用。

第12章　信号变换与抗干扰技术

[基本要求]

1. 熟悉传感器阻抗匹配的方法；
2. 了解传感器常用滤波电路的特点及使用方法；
3. 掌握传感器干扰源种类和相应的抗干扰措施。

[例题分析]

例 12-1　以一阶 RC 低通滤波器对单位阶跃输入的响应特性，说明带宽 B 与信号建立时间 t_c 的关系。

解：图 12-1 所示是一阶 RC 低通滤波器的构成及其对阶跃输入的响应曲线。

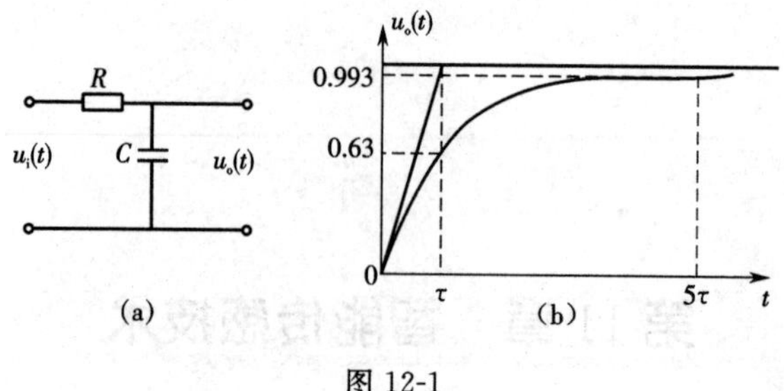

图 12-1

设 $\tau=RC$，则低通滤波器的截止频率为 $\omega_c=\frac{1}{\tau}$。从响应曲线可知：当 $t=\tau$ 时，$u_o(t)=0.63$；$t=5\tau$ 时，$u_o(t)=0.993$；当 $t>5\tau$ 时，幅值误差已小于 0.7%，说明输出信号已趋稳定，把 $t_c=5\tau$ 定义为信号的建立时间，而低通滤波器的带宽为 $B=\omega_c=\frac{1}{\tau}$，所以

$$B\cdot t_c=\frac{1}{\tau}\cdot 5\tau=5=\text{常数}$$

滤波器的带宽愈窄，则选择性愈好，但是对信号的响应时间将延长。这两个参数应综合考虑，一般情况下取 $B\cdot t_c=5\sim10$ 即可。

例 12-2　RC 有源滤波器如图 12-2 所示，求其频率特性、截止频率和放大倍数，并说明滤波器的性质。

解：根据运算放大器的性质可得

$$i_1=i_2+i_c$$

$$i_1=\frac{u_i}{R_1};i_2=-\frac{u_o}{R_2};i_c=-C\frac{du_o}{dt}$$

则有

$$\frac{u_i}{R_1}=-C\frac{du_o}{dt}-\frac{u_o}{R_2}$$

$$u_i=-R_1C\frac{du_o}{dt}-\frac{R_1}{R_2}u_o$$

取拉氏变换　$$U_i(s)=-RCSU_o(s)-\frac{R_1}{R_2}U_o(s)$$

传递函数 $H(s)=\dfrac{U_o(s)}{U_i(s)}=-\dfrac{\dfrac{R_2}{R_1}}{R_2CS+1}$

频率特性为 $H(j\omega)=-\dfrac{R_2/R_1}{1+j\dfrac{\omega}{\omega_c}}$

截止频率为 $\omega_c=\dfrac{1}{R_2C}$或 $f_c=\dfrac{1}{2\pi R_2C}$

放大倍数 $K=\left|-\dfrac{R_2}{R_1}\right|=\dfrac{R_2}{R_1}$

该滤波器是一阶低通滤波器。

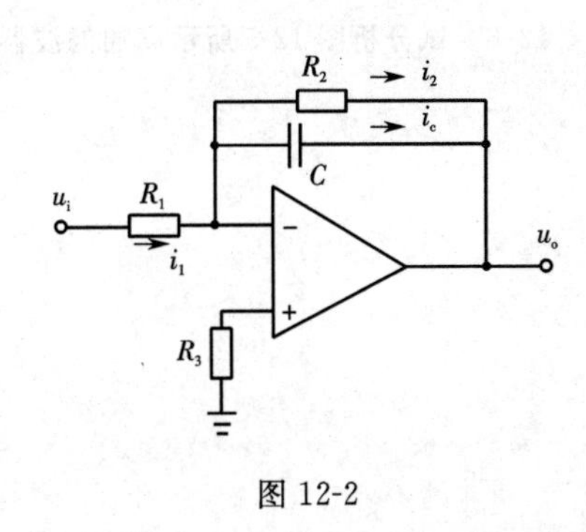

图 12-2

[思考题与习题]

12-1 传感器阻抗匹配的原理是什么？常采用的阻抗匹配装置有哪些？

12-2 滤波器按通过的信号频率范围可分为几类？并说明其特点。

12-3 简述调制器和解调器的作用及其工作原理。

12-4 噪声形成干扰的三要素是什么？抑制干扰的措施有哪些？

12-5 什么叫共模干扰？什么叫差模干扰？共模抑制比的含义是什么？

12-6 如图 12-3 所示，放大器 A_1 和 A_2 用来放大热电偶的低电平信号。有一个用开关 S 周期性通断的大功率负载连接到同一个电源上。说明噪声源、耦合通道和干扰接收电路。

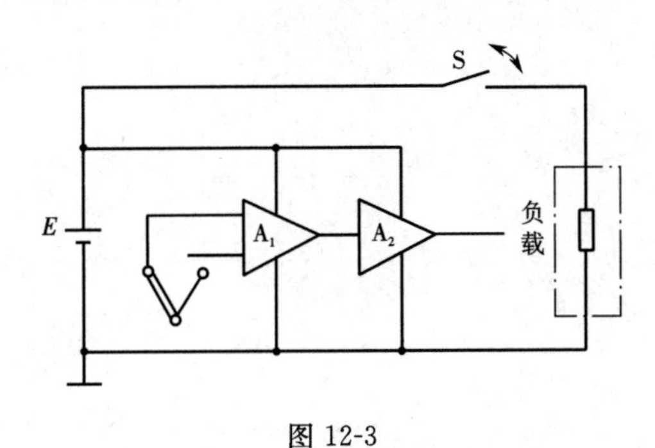

图 12-3

12-7 图 12-4 是实际滤波器的幅频特性图，指出它们各属于哪一种滤波器，并在图上标出上、下截止频率的位置。

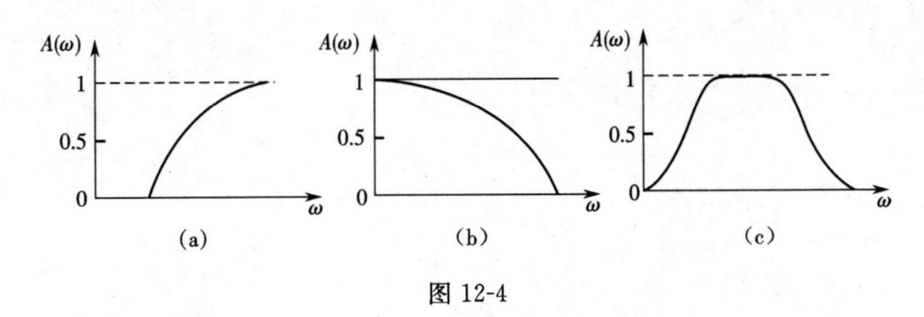

图 12-4

12-8　试分析图 12-5 所示高通滤波器的频率响应特性。

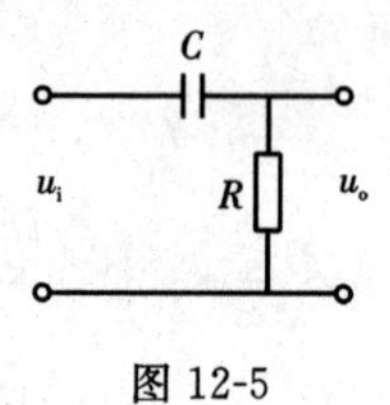

图 12-5

部分习题参考答案

第 2 章

2-5 $A=2\%$， 2.5 极

2-6 合格

2-7 11.2%， 2.52%， 1.25%

2-8 5 mV/μm， 10 mV/μm

第 3 章

3-7 (1)0.197 Ω， 1.64×10^{-3} (2)1.23 mV

3-8 7.71 mV

3-9 (1)10^{-3}， -0.3×10^{-3} (2)3.92×10^{5} N

3-10 2,2,4

第 4 章

4-5 (1)0.07 pF/mm (2)0.142 pF

4-6 (1)$C_1=C_2=2.75$ pF (2)964.6 kΩ

4-7 230.3 pF， 460.5 pF

第 5 章

5-5 (1)$R_3=R_4=85.4$ Ω (2)0.32 V

5-6 (1)$R_1=R_2=251$ Ω (3)0.48 V

第 6 章

6-6 (1)5.79 V (2)2.86 V

6-7 (2)0.13% (3)1.59 kHz

第 7 章

7-5 5.7 mm

7-6 20 m/s

7-8 0.175 8°

第 8 章

8-8 选 A， $t_1=t_2$

8-9 46 mV

8-10 601.14 ℃

8-11 464.1 ℃

8-12 39.29 mV

8-13 29 kΩ

第 9 章

9-9 3.6 mV， $2.6\times10^{22}/\text{m}^3$

第 10 章

10-4 0.242 5， 14°

参 考 文 献

[1] NEUBERT H K P. Instrument transducer: an introduction to their performance and design[M]. 2nd ed. Oxford, Eng. :Clarendon Press,1975.

[2] BENTLEY J P. Principles of measurement systems[M]. London: Longman Group Ltd. , 1983.

[3] 南京航空学院,北京航空学院. 传感器原理[M]. 北京:国防工业出版社,1980.

[4] 严钟豪,谭祖根. 非电量电测技术[M]. 北京:机械工业出版社,1983.

[5] 潘天明. 半导体光电器件及其应用[M]. 北京:冶金工业出版社,1985.

[6] 徐开先,叶济民. 热敏电阻器[M]. 北京:机械工业出版社,1981.

[7] 莫以豪,李标荣,周国良. 半导体陶瓷及其敏感元件[M]. 上海:上海科学技术出版社,1983.

[8] 张宝芬,张毅,曹丽. 自动检测技术及仪表控制系统[M]. 北京:化学工业出版社,2000.

[9] 王化祥,张淑英. 传感器原理及应用[M]. 天津:天津大学出版社,2007.